슈뢰딩거의
생명이란 무엇인가

생명의 법칙을 찾아 나선
양자 물리학자의 지적 탐험

주니어클래식 17

슈뢰딩거의 생명이란 무엇인가

생명의 법칙을 찾아 나선 양자 물리학자의 지적 탐험

2022년 6월 29일 1판 1쇄
2023년 10월 31일 1판 2쇄

지은이 오철우

기획 이권우
편집 이진, 이창연, 홍보람
디자인 신종식
제작 박홍기
마케팅 이병규, 이민정, 최다은, 강효원
홍보 조민희

인쇄 천일문화사
제책 J&D바인텍

펴낸이 강맑실
펴낸곳 (주)사계절출판사 | **등록** 제406-2003-034호
주소 (우)10881 경기도 파주시 회동길 252
전화 031)955-8588, 8558
전송 마케팅부 031)955-8595 편집부 031)955-8596
홈페이지 www.sakyejul.net | **전자우편** skj@sakyejul.com
블로그 blog.naver.com/skjmail | **트위터** twitter.com/sakyejul | **페이스북** facebook.com/sakyejul

ⓒ 오철우 2022

ISBN 979-11-6094-951-3 44470
ISBN 978-89-5828-407-9 44080(세트)

Junior *Classic*

슈뢰딩거의
생명이란 무엇인가

생명의 법칙을 찾아 나선
양자 물리학자의 지적 탐험

오철우 지음
배상수 감수

사계절

영어 '라이프'life는 흔히 우리말로 생명 또는 생활, 삶으로 번역되곤 한다. 우리 개개인의 삶과 생활은 그 수만큼 다양하다. 개인의 삶은 구구절절 다르게 펼쳐진다. 서로 다른 시공간과 다른 경험은 다른 이야기를 만들고, 저마다 다른 이야기를 진솔하게 말하고 경청할 때 다양한 공감을 불러일으킨다. '라이프'를 생물학에서 다루는 생명의 의미로 생각하면, 우리 관심은 개인 경험의 궤적에 앞서 삶과 생활을 만들고 유지하고 보존하는 '살아 있음'의 신비하고 기적적인 현상을 향한다. 그래서 '생명이란 무엇인가'라고 물을 때 우리는 '삶이란 무엇인가'라고 물을 때와 다른 마음으로 생명의 문제에 접근하게 된다.

에르빈 슈뢰딩거의 책 『생명이란 무엇인가What is Life?』는 늦깎이 대학원생 시절에 처음 읽은 책이다. 지금 생각해 보면, 물리학의 역사를 공부할 때 읽었는지, 분자 생물학의 역사를 공부할 때 읽었는지는 분명하지 않다. 다만 양자 물리학의 거장인 슈뢰딩거가 주로 물리학의 관점에서 생명의 문제에 접근하며 쓴 독특하고 인상적인 책으로 기억한다.

한참의 시간이 흘러 『갈릴레오의 두 우주 체계에 관한 대화, 태양계의 그림을 새로 그리다』(2009)를 쓴 인연으로 두 번째 과학 고전 해설서를 쓰게 되었을 때, 후보 중 하나로 이 책이 바로 떠올랐다. 검색해 보니 국내외의 과학 고전 추천 도서 목록에도 자주 오르는 책이었다. 그만큼 '생명이란 무엇인가'를 묻는 슈뢰딩거의 책은 같은 물음을 떠올리는 사람들에게, 생명 과학자를 꿈꾸는 예비 연구자들에게 꾸준히 읽히는 고전이 된 듯하다.

해설서를 쓰기 위해 이 책을 꼼꼼하게 다시 읽으면서, 책의 첫인상과는 달리 슈뢰딩거의 이야기를 다 이해하기가 만만찮은 것임을 깨달았다. 슈뢰딩거가 책을 쓸 당시인 1940년대와 지금의 과학 지식은 많이 다르기에, 슈뢰딩거의 설명이 오늘날 과학에서도 여전히 유효한지를 확인해야 했다. 또한 슈뢰딩거는 물리학, 화학, 생물학의 영역을 종횡무진 넘나들었기에, 그것들을 좇아가며 이해하는 데 어려움도 있었다. 게다가 슈뢰딩거는 당시의 방사선 돌연변이 실험 같은 연구를 매우 자세히 다루었는데, 이를 읽으려면 당대 지식 상황과 맥락을 함께 파악해야 하는 문제도 있었다.

다행히 슈뢰딩거의 전기(『슈뢰딩거의 삶』)는 생명과 진화의 문제에 오래 관심을 기울여 온 그의 삶을 이해하는 데 도움을 주었으며, 이 책 출간 이후로 나온 여러 기사와 비평, 논문들은 지금 시점에 이 책을 어떻게 읽어야 할지를 일러 주는 길잡이 같은 자료가 되었다. 1940년대와 현대의 물리학, 화학, 생물학을 비교하며 이해하는 데는 고등학교 과학 교과서들을 참조했다. 나름대로 공부하며 해설서를 쓰고자 했으나 믿음직한 해설서가 되었는지를 걱정스럽게 돌아보지 않을 수 없다.

책 출간에는 저자뿐 아니라 여러 분들의 관심과 작업이 배어 있다. 게으른 원고 마감을 줄곧 기다려준 사계절출판사에 감사함을 전한다. 원고에서 부족한 점을 지적하고 교정해 준 홍보람 편집자와 교열, 디자인을 같이해 준 분들께 감사드린다. 바쁘신 중에 졸고를 읽고 감수해 주신 배상수 교수께 감사드린다. 책을 쓰는 시간을 함께한 아내 정숙과 딸 휘진은 언제나 그렇듯이 고맙다.

2022년 6월
오철우

차례

일러두기

1. 이 책에서 에르빈 슈뢰딩거의 저서 『생명이란 무엇인가』의 모든 인용은 *What is Life? & Mind and Matter*, Cambridge University Press, 1967[1944]를 번역해 사용했다. 이 책의 집필을 위해 필자가 이 원서를 직접 번역했으며, 국내에 출간된 번역서(서인석·황상익 옮김, 한울, 2001; 전대호 옮김, 궁리, 2007)를 일부 참조했다.

2. 인용문의 맨 뒤에 따로 밝히지 않고 괄호 안에 쓴 숫자는 원서의 쪽수를 가리킨다.

3. [그림 1] [그림 2]……[그림 12]라 붙은 도판은 슈뢰딩거의 『생명이란 무엇인가』에서 가져왔으며, 그 외의 도판은 필자가 해설을 위하여 보충한 것이다.

4. 인용문에 쓰인 소괄호 ( )는 슈뢰딩거가 쓴 것이며 대괄호 [ ]는 필자가 보조 설명을 위하여 사용한 것이다.

5. 단행본은 겹낫표 『 』로, 글 제목은 홑낫표 「 」로, 정기 간행물은 겹화살괄호 《 》로, 미술 작품명은 홑화살괄호 〈 〉로 묶었다.

물리학자,
생명 수수께끼의
탐험에 나서다

1962년 노벨 생리의학상의 영예는 20세기 과학의 중요한 성취 중 하나로 DNA가 이중 나선 구조임을 밝힌 세 명의 과학자에게 돌아갔다. 단짝이 되어 연구했던 제임스 왓슨James Watson, 1928-과 프랜시스 크릭Francis Crick, 1916-2004, 그리고 이들과 교류하며 따로 연구한 모리스 윌킨스Maurice Wilkins, 1916-2004가 수상의 주인공들이었다.

그런데 이들에게 작은 공통점이 하나 있었다. 흥미롭게도 세 사람은 모두 과학자의 꿈을 키우던 청소년 또는 청년 시기에 『생명이란 무엇인가』라는 책을 읽고서 큰 영향을 받았다고 한다. 책의 제목은 생물학에 가까웠으나 이 책의 저자는 양자 물리학의 대가이자 1933년 노벨 물리학상 수상자인 에르빈 슈뢰딩거Erwin Schrödinger, 1887-1961였다. 그는 이 책에서 당대의 유전학과 물리

equipment, and to Dr. G. E. R. Deacon and the captain and officers of R.R.S. *Discovery II* for their part in making the observations.

[1] Young, F. B., Gerrard, H., and Jevons, W., *Phil. Mag.*, 40, 149 (1920).
[2] Longuet-Higgins, M. S., *Mon. Not. Roy. Astro. Soc., Geophys. Supp.*, 5, 285 (1949).
[3] Von Arx, W. S., Woods Hole Papers in Phys. Oceanog. Meteor., 11 (3) (1950).
[4] Ekman, V. W., *Arkiv. Mat. Astron. Fysik. (Stockholm)*, 2 (11) (1905).

MOLECULAR STRUCTURE OF NUCLEIC ACIDS

A Structure for Deoxyribose Nucleic Acid

WE wish to suggest a structure for the salt of deoxyribose nucleic acid (D.N.A.). This structure has novel features which are of considerable biological interest.

A structure for nucleic acid has already been proposed by Pauling and Corey[1]. They kindly made their manuscript available to us in advance of publication. Their model consists of three inter-twined chains, with the phosphates near the fibre axis, and the bases on the outside. In our opinion, this structure is unsatisfactory for two reasons : (1) We believe that the material which gives the X-ray diagrams is the salt, not the free acid. Without the acidic hydrogen atoms it is not clear what forces would hold the structure together, especially as the negatively charged phosphates near the axis will repel each other. (2) Some of the van der Waals distances appear to be too small.

Another three-chain structure has also been suggested by Fraser (in the press). In his model the phosphates are on the outside and the bases on the inside, linked together by hydrogen bonds. This structure as described is rather ill-defined, and for this reason we shall not comment on it.

This figure is purely diagrammatic. The two ribbons symbolize the two phosphate—sugar chains, and the horizontal rods the pairs of bases holding the chains together. The vertical line marks the fibre axis

We wish to put forward a radically different structure for the salt of deoxyribose nucleic acid. This structure has two helical chains each coiled round the same axis (see diagram). We have made the usual chemical assumptions, namely, that each chain consists of phosphate di-ester groups joining β-D-deoxy-ribofuranose residues with 3′,5′ linkages. The two chains (but not their bases) are related by a dyad perpendicular to the fibre axis. Both chains follow right-handed helices, but owing to the dyad the sequences of the atoms in the two chains run in opposite directions. Each chain loosely resembles Fur-berg's[2] model No. 1; that is, the bases are on the inside of the helix and the phosphates on the outside. The configuration of the sugar and the atoms near it is close to Furberg's 'standard configuration', the sugar being roughly perpendi-cular to the attached base. There

is a residue on each chain every 3·4 A. in the z-direc-tion. We have assumed an angle of 36° between adjacent residues in the same chain, so that the structure repeats after 10 residues on each chain, that is, after 34 A. The distance of a phosphorus atom from the fibre axis is 10 A. As the phosphates are on the outside, cations have easy access to them.

The structure is an open one, and its water content is rather high. At lower water contents we would expect the bases to tilt so that the structure would become more compact.

The novel feature of the structure is the manner in which the two chains are held together by the purine and pyrimidine bases. The planes of the bases are perpendicular to the fibre axis. They are joined together in pairs, a single base from one chain being hydrogen-bonded to a single base from the other chain, so that the two lie side by side with identical z-co-ordinates. One of the pair must be a purine and the other a pyrimidine for bonding to occur. The hydrogen bonds are made as follows : purine position 1 to pyrimidine position 1 ; purine position 6 to pyrimidine position 6.

If it is assumed that the bases only occur in the structure in the most plausible tautomeric forms (that is, with the keto rather than the enol con-figurations) it is found that only specific pairs of bases can bond together. These pairs are : adenine (purine) with thymine (pyrimidine), and guanine (purine) with cytosine (pyrimidine).

In other words, if an adenine forms one member of a pair, on either chain, then on these assumptions the other member must be thymine ; similarly for guanine and cytosine. The sequence of bases on a single chain does not appear to be restricted in any way. However, if only specific pairs of bases can be formed, it follows that if the sequence of bases on one chain is given, then the sequence on the other chain is automatically determined.

It has been found experimentally[3,4] that the ratio of the amounts of adenine to thymine, and the ratio of guanine to cytosine, are always very close to unity for deoxyribose nucleic acid.

It is probably impossible to build this structure with a ribose sugar in place of the deoxyribose, as the extra oxygen atom would make too close a van der Waals contact.

The previously published X-ray data[5,6] on deoxy-ribose nucleic acid are insufficient for a rigorous test of our structure. So far as we can tell, it is roughly compatible with the experimental data, but it must be regarded as unproved until it has been checked against more exact results. Some of these are given in the following communications. We were not aware of the details of the results presented there when we devised our structure, which rests mainly though not entirely on published experimental data and stereo-chemical arguments.

It has not escaped our notice that the specific pairing we have postulated immediately suggests a possible copying mechanism for the genetic material.

Full details of the structure, including the con-ditions assumed in building it, together with a set of co-ordinates for the atoms, will be published elsewhere.

We are much indebted to Dr. Jerry Donohue for constant advice and criticism, especially on inter-atomic distances. We have also been stimulated by a knowledge of the general nature of the unpublished experimental results and ideas of Dr. M. H. F. Wilkins, Dr. R. E. Franklin and their co-workers at

왓슨과 크릭이 DNA의 이중 나선 구조를 처음 발견해 제시한 1953년 《네이처》 논문. 왓슨과 크릭은 이후에 여러 회고의 글에서 자신들이 생물학 주제를 연구하는 데 슈뢰딩거의 책 『생명이란 무엇인가』가 큰 영향을 주었다고 말했다.

학, 화학의 성취를 재치 있게 정리하면서도 여전히 수수께끼였던 유전자의 물질 구조와 기능을 물리학 지식과 추론으로 추적했다. 양자 물리학자가 쓴 생명 과학 이야기는 당시에 큰 관심을 불러일으켰다.

DNA 구조 발견의 세 주역과 이 책의 인연은 화제가 되었고, 노벨위원회는 1962년 수상자의 업적을 알리는 인터넷 자료실에 세 수상자와 슈뢰딩거의 인연을 소개하는 글을 따로 실었다.[1] 이 글을 보면, DNA 이중 나선 구조를 밝힌 왓슨과 크릭의 역사적인 논문은 1953년 4월 25일 《네이처》에 처음 발표되었는데, 몇 달 뒤인 8월 12일 크릭이 슈뢰딩거에게 감사 편지를 보냈다고 한다. "예전에 왓슨과 저는 분자 생물학 분야에 어떻게 들어오게 되었는지에 관해 서로 얘기를 나눈 적이 있습니다. 그때 저희 둘 다 선생님의 작은 책 『생명이란 무엇인가』의 영향을 받았다는 걸 알게 됐습니다. […] 저희 논문에 관심을 가지실 듯하여 동봉합니다. 선생님께서 쓰신 '비주기적 결정'aperiodic crystal이라는 용어가 이제 아주 적절해 보인다는 점을 [저희 논문에서] 보실 수 있을 겁니다." DNA의 존재를 알지 못했던 1944년 시절에 슈뢰딩거는 『생명이란 무엇인가』에서 당대의 유전학과 물리학, 화학을 종합해 추론할 때 유전 물질이 '비주기적 결정' 구조일 것이라고 예측

---

1 Joachim Pietzsch, "What is Life?", NobelPrize.org, 1962. https://www.nobelprize.org/prizes/medicine/1962/perspectives/

했는데, 1953년 왓슨과 크릭이 발견한 DNA 염기들의 이중 나선 구조가 슈뢰딩거의 예측과 엇비슷한 것으로 나타났다는 뜻이다. 크릭의 동료 연구자였던 제임스 왓슨도 그의 책 『이중 나선』에서 『생명이란 무엇인가』를 직접 언급했다. "부모에게서 자식으로 전달되는 유전 정보를 담은 분자들의 본질은 무엇일까. 이들의 화학적 특징은 무엇일까. 나는 이러한 생명의 비밀을 알아내기 위해 과학자가 되었다. 생명에 대한 호기심은 1944년 슈뢰딩거의 『생명이란 무엇인가』를 읽었을 때 불꽃처럼 타올랐다."[2]

이처럼 『생명이란 무엇인가』는 많은 부분이 미지인 채 남아 있던 생명의 수수께끼를 풀고 새로운 발견을 이뤄 내고자 하는 젊은 과학자 또는 예비 과학자들에게 도전과 모험의 가치와 흥미를 전해 주었던 책으로 오랫동안 읽혀 왔다.

『생명이란 무엇인가』는 양자 역학의 대가인 이론 물리학자 에르빈 슈뢰딩거가 1943년 2월에 아일랜드 더블린의 트리니티 칼리지에서 청중 400여 명 앞에서 행한 3회 연속 강연을 다시 다듬어서 펴낸 책이다. 상당한 인기를 얻었던 이 강연에서 주로 다룬 물음은 이런 것이었다. "살아 있는 유기체라는 공간 경계 안에서 일어나는 '시간적이고 공간적인' 사건들은 물리학과 화학으로 어떻게 설명될 수 있을까?"(3) 어떻게 유전 형질은 한 세대에서 다음 세대로 그토록 안정적으로 전해지는가? 유전 물질 분자가 지

---

2   제임스 왓슨, 최돈찬 옮김, 『이중 나선』, 궁리, 2006, 5쪽.

닌 안정성의 비결은 대체 무엇인가? 그렇게 안정적인 유전자에서 일어나는 돌연변이 사건은 물리학과 화학의 일반 법칙으로 어떻게 설명할 수 있는가? 시간이 흐르면 질서 상태는 무질서 상태로 나아간다는 자연법칙(열역학 제2법칙, 엔트로피 증가 법칙)과 다르게 유기체는 어떻게 무질서 경향을 거슬러 스스로 생명을 유지하는가? 이런 물음의 답을 찾아가는 지적 여정이 슈뢰딩거의 책에 담겼다.

슈뢰딩거는 왜 생명에 관심을 기울였을까

오스트리아의 양자 물리학자 에르빈 슈뢰딩거는 1920년대에 파동 역학이라는 새로운 양자 이론을 발견한 업적으로 1933년에 노벨 물리학상을 받았다. 그의 파동 역학은 베르너 하이젠베르크 Werner Heisenberg, 1901-1976의 행렬 역학과 더불어 양자 이론의 바람을 일으켜, 1920년대에 과학뿐 아니라 그 시대 세계관에도 큰 영향을 끼쳤다. 무엇보다 뉴턴 시대 이래 과학을 주도해 온 엄격한 결정론을 무너뜨렸으며 세계에는 어떤 경계나 고립된 부분이 존재하지 않음을 일깨워 주었다.

'유전 암호'라는 말을 널리 알린 『생명이란 무엇인가』의 저자이지만 사실 그는 입자가 일종의 파동 꾸러미임을 보여 주는 슈뢰딩거 파동 역학과 슈뢰딩거 방정식으로 더욱 유명한 양자 물리학의 대가였다. 하지만 그는 베르너 하이젠베르크나 닐스 보어 Niels Bohr, 1885-1962 같은 당시 주류 양자 물리학자의 양자 역학

에르빈 슈뢰딩거

생명의 '유전 암호'를 담고 있는 인간 염색체 23쌍.

해석에는 동의하지 않았는데, 특히나 양자 상태의 존재를 확률로 보는 불확정성 원리에 계속 의문을 제기했다. 그는 두 가지의 양자 상태가 중첩을 이루어 한 가지 상태로 확정할 수 없다는 불확정성 원리에 의문을 제기하며 이른바 '슈뢰딩거의 고양이'라는 사고 실험[3]을 제시한 일화로도 유명하다. 이 사고 실험은 본래 슈뢰딩거가 불확정성 원리의 터무니없음을 비판하며 제시한 것인데, 이후에 그의 뜻과 달리 오히려 양자 역학의 불확정성 원리를 설명하는 예시로 활용되어 왔다.

슈뢰딩거는 새로운 과학이 태동하던 역동적인 시대에 살았으며 그의 삶 또한 당시 정치 상황의 역동성에 휘말려 있었다. 1910년 빈 대학에서 물리학 박사 학위를 받은 슈뢰딩거는 제1차 세계 대전 시기에 오스트리아 포병대 장교로 종군하면서 아인슈타인Albert Einstein, 1879-1955의 이론을 공부하고 과학 논문을 냈다.

---

3 슈뢰딩거는 1935년 '슈뢰딩거의 고양이'라는 이름으로 유명해진 가상의 실험 장치를 다음과 같이 제안했다. 살아 있는 고양이를 넣은 상자 안에는 방사성 물질과 방사능 계측기(가이거 계수기), 망치, 그리고 유독 가스가 밀봉된 유리 플라스크가 들어 있다. 방사성 물질에서 한 시간에 1개 이상의 원자가 붕괴할 확률은 0.5, 하나도 붕괴하지 않을 확률은 0.5이다. 만일 방사성 물질 붕괴가 일어난다면 계측기가 반응해 망치가 유리 플라스크를 깨뜨리도록 장치를 구성한다. 이런 상황을 한 시간가량 놔둔다면 상자 안에서는 어떤 일이 일어날까? 만일 방사성 물질의 원자가 붕괴하지 않았다면 고양이는 살아있을 것이고, 붕괴했다면 고양이는 독가스를 마시고 죽었을 것이다. 즉, 상자 안의 상태는 둘 중 하나일 뿐이다. 하지만 양자 확률을 옹호하는 양자 이론가들은 이런 슈뢰딩거의 고양이 사고 실험에서 한 시간 뒤에 고양이는 죽은 상태와 산 상태가 중첩된 상태에 놓인다고 예측한다. 상자의 뚜껑을 열어 '관찰 행위'가 개입하는 순간에 이런 중첩 상태가 붕괴해 하나의 상태로 결정되겠지만 그 전까지는 중첩된 상태에 있다는 것이다.

1926년(39세)에 그는 파동 역학에 관한 논문 네 편을 잇달아 발표했다. 그는 베를린에서 대학교수로 재임하다가 1933년 나치 집권 이후에 나치에 항의해 대학교수직을 포기했으며 이후에 영국으로 망명했고 1936년 오스트리아 그라츠 대학에서 교수직을 얻었으나 1938년 나치 독일이 그가 있던 오스트리아를 병합하자 다시 이탈리아 로마에서 망명 생활을 했다. 7년 동안의 망명 시절을 보낸 뒤인 1940년에 아일랜드 수상의 초청을 받아들여 아일랜드 정부가 문을 연 더블린 고등연구소에 합류했다. 『생명이란 무엇인가』의 바탕이 된 강연은 더블린에 있던 시절에 행한 것이었다. 그는 1956년 더블린 고등연구소에서 은퇴하고서, 오스트리아로 돌아와 빈 대학의 명예 교수로 말년을 보냈다.

정통한 물리학자의 길을 걸어온 그가 왜 생명 문제에 깊은 관심을 기울이게 되었을까? 이 책을 읽으며 자연스레 생기는 궁금증이다.

전기 『슈뢰딩거의 삶』을 보면,[4] 슈뢰딩거는 아마추어 식물학자인 아버지에게 영향을 받아 어린 시절에 찰스 다윈Charles Darwin, 1809-1882의 『종의 기원』을 열독했다고 한다. 그는 대학에서 이론 물리학을 공부했지만 생물학을 전공하는 절친한 친구와 『종의 기원』과 진화에 관해 많은 이야기를 나누며 생물학에 대한 관심을 놓지 않았다. 이처럼 생물학에 대한 그의 관심은 갑자기

---

[4]　월터 무어, 전대호 옮김, 『슈뢰딩거의 삶』, 사이언스북스, 1997.

나타난 게 아니었다. 거기에다 당대 물리학의 최신 이론인 양자 이론의 대가로서 만물을 설명할 수 있는 물리학 이론으로 생물학의 최대 수수께끼인 유전 물질의 문제를 풀고자 많은 생각을 했을 터이다.

그의 끊임없는 철학적 물음도 이 책의 또 다른 배경이 되었다는 풀이도 있다. 과학 철학자, 자연 철학자로서도 높은 평가를 받은 슈뢰딩거는 오랫동안 나我와 세계, 정신과 물질의 관계에 관해 깊은 성찰을 거듭하며 여러 저작물을 남겼다. 그는 스피노자Baruch Spinoza, 1632-1677와 고대 인도 철학에 기반을 둔 일원론에 심취했는데, 너무도 다른 물리학과 생물학을 종합하는 그림을 그려 보려는 동기도 이와 관련이 있었을 듯하다. 그의 이런 철학은 『생명이란 무엇인가』의 마무리인 「에필로그」에서 중요하게 다뤄진다.

당대 학계의 상황이 이 책의 집필 방향과 관련이 있다는 해석도 있다. 진화론의 대가인 고생물학자 스티븐 제이 굴드Stephen Jay Gould, 1941-2002는 『생명이란 무엇인가? 그 후 50년』에서 이 책이 1920년대에 유럽에서 풍미하던 과학 통일 운동[5]과 관련이 있을 것이라는 견해를 제시한 바 있다. 과학 통일 운동은 과학이 빠르게 성장한 20세기 초반에 등장해 빈학파가 주도한 논리 실증주의 사조로, 모든 과학은 통일될 수 있다는 믿음에 토대를 두

---

5 1920년대에 서구 빈학파의 철학자들이 주창했던 사상으로 논리 실증주의에 기반을 두고 있다. 모든 과학은 동일한 언어와 방법, 법칙을 공유하므로 물리 과학과 생물학 사이에, 더 나아가 자연 과학과 사회 과학 사이에 차이가 존재하지 않는다고 주장했다.

고 있었다. 심지어 사회 과학과 자연 과학 사이에는 근본적인 차이가 없다는 인식도 보여 주었다. 좀 더 넓은 맥락에서 보면, 이런 과학 통일 운동은 당대에 풍미하던 모더니즘 운동, 그러니까 이전 시대와 단절해서 단순화, 환원, 보편화를 추구하던 문화의 큰 흐름과 나란히 나타난 사조로 볼 수 있다. 이런 점에서 굴드는 이 책을 과학 통일 운동의 맥락에서 읽기를 권한다. "일반적으로 『생명이란 무엇인가』는 과학의 변치 않는 논리를 탐구하는 시대를 초월한 논의로 지금까지 여겨져 왔다. 하지만 나는 그 반대로 『생명이란 무엇인가』를 과학 통일 운동이라는 목표를 표현한 사회적 문헌으로서, 모더니즘으로 알려진 좀 더 광범위한 세계관[6]의 표현으로 읽을 것을 제안한다."[7]

『생명이란 무엇인가』는 무엇을 이야기했나

슈뢰딩거는 이 책을 더 많은 사람이 읽을 수 있도록 생명이란 무엇인가와 관련한 생물학, 물리학, 화학 지식을 알기 쉽게 정리하고 설명하려고 많은 노력을 기울였다. 그렇더라도 여러 분야를 종횡으로 누벼야 하는 주제 때문인지 책은 때로 어렵게 읽힐 수도 있다. 하지만 슈뢰딩거의 흥미로운 물음과 추론은 인내하며

---

[6]   여기에서 굴드가 말하는 '모더니즘의 세계관'은 기본적인 구성 입자로 생명을 설명하려는 환원주의의 태도를 가리키는 것으로 이해된다.

[7]   스티븐 제이 굴드, 「한 모더니스트의 선언문」, 마이클 머피·루크 오닐 엮음, 이상헌·이한음 옮김, 『생명이란 무엇인가? 그 후 50년』, 지호, 2003, 33쪽.

찬찬히 귀 기울일 만한 가치가 있다. 책은 전체 구성에서 당대 물리학과 유전학의 흥미로운 발견과 성과를 전하면서 아직 밝혀지지 않은 유전 물질의 수수께끼를 양자 물리학과 화학의 과학적 상상력을 동원해 풀어 가는 지적 탐험의 과정을 보여 준다.

물리학자의 눈으로 보기에 생명의 유전 물질에는 경이로움이 가득하다. 통계 물리학의 관점에서 보더라도 유전 물질이 원자들의 무작위 불규칙 운동을 넘어서서 매우 견고한 안정성을 세대에서 세대로 물려주며 유지한다는 것은 놀라운 기적과 같았다. "믿기 힘들 만큼 작은 규모의 원자 집단들이, 달리 말해 정확한 통계적 법칙을 보여 주기에는 너무나 작은 이 원자 집단들이 살아 있는 유기체 안에서 아주 질서 정연하고 법칙적인 사건들에 지배적인 역할을 행한다."(21) "작지만 고도로 조직화된 원자 무리가 이런 방식으로 행동한다는 점을 우리가 놀랍게 받아들이건 아니건, 또는 개연성이 매우 높다고 생각하건 아니건, 이런 상황은 전례 없으며 살아 있는 물질 아니고서는 어디에서도 볼 수 없다. 무생물을 연구하는 물리학자와 화학자들은 이런 식으로 해석할 수밖에 없는 현상을 이전에 결코 본 적이 없다."(85)

물리학자 슈뢰딩거는 책에서 염색체, 유전자, 유사 분열, 염색체 교차, 대립 유전자 같은 당대 생물학의 최신 지식을 바탕으로 유전 현상과 그 메커니즘에 접근한다. 여기에서 유전자는 생물학적 존재에 머물지 않고 더 나아가 양자 물리학과 화학의 법칙을 통해 다시 파악될 수 있는 물질 분자로서 다뤄진다. 그렇게 해서 슈뢰딩거가 얻은 뛰어난 통찰 가운데 하나가 유전 물질은 '비주기적 결정' 구조일 것이라는 예측이었다. 그는 유전 물질이 돌연변이를 일으켜 생물 진화의 원동력으로 작용하면서도 동시에 세대에서 세대로 거의 그대로 전해지는 안정성을 유지할 수 있는 비결은 다름 아니라 그 물질 구조가 규칙적이되 반복적이지 않은 '비주기적 결정'이기 때문이라는 가설적 추론을 제시했다. 안정적인 결정 구조이면서도 다양한 정보를 담을 수 있는 물질 구조라면 그것은 비주기적 결정일 수밖에 없다는 통찰이었다.

비주기적인 결정 개념과 더불어 슈뢰딩거가 『생명이란 무엇인가』에서 제시하는 또 다른 통찰은 '유전 암호 문서'라는 표현에 담겼다. 그는 오늘날 너무나 익숙하게 사용하는 유전 암호라는 표현을 처음 사용한 과학자로도 자주 거론된다. 그는 유전 물질이 유전되는 정보를 담은 문서라는 뜻으로 암호 문서의 비유를 사용했다. 유전 물질을 통해 세대에서 세대로 유전되고 세포에서 세포로 전해지는 것은 다름 아니라 생명의 기능과 구조에 관한 정보임을 의미한다. 그렇게 전해진 정보가 단 하나의 수정란 세포에서 시작해 개체로 완성되는 발생 과정에서 유기체의 모든 구조와 기능을 구현하는 일종의 설계 도면과 같은 역할을 한다는 점에서, 슈뢰딩거의 '유전 물질=암호 문서'라는 비유는 의미심장하게 사용됐다.

『생명이란 무엇인가』는 모두 일곱 장과 「에필로그」로 구성되었다. 먼저 이 책의 주제를 "살아 있는 유기체라는 공간 경계 안에서 일어나는 '시간적이고 공간적인' 사건들은 물리학과 화학으로 어떻게 설명될 수 있을까?"(3)라는 물음으로 간추려 소개하면서, 그 물음에 20세기 초 고전 물리학은 어떻게 답할 수 있는지를 찬찬히 다룬다(「서문」과 1장 「주제에 대한 고전 물리학자의 접근」). 2장과 3장에서는 생물학의 측면에서 생명의 문제에 접근한다. 유전학에서 이미 밝혀진 것과 여전히 수수께끼로 남아 있는 것을 세포 분열과 염색체 복제, 그리고 돌연변이 발생 메커니즘을 중심으로 정리하고서 유전 정보는 아주 작은 분자 안에 담겨 있다는 소결론을 제시한다(2장 「유전 메커니즘」, 3장 「돌연변이」). 이어 고전 물리학으로는 다 설명되지 않는 유전 물질 분자의 놀라운 안정성이 양자 역학으로 입증됨을 보여 준다(4장 「양자 역학적 증거」). 이렇게 살펴본 생물학과 물리학의 사실과 원리를 바탕으로 슈뢰딩거는 유전 물질 분자가 안정적 결정성 구조이면서 동시에 주기성(반복성)은 띠지 않는 비주기적 결정 구조일 수밖에 없다는 과감한 예측을 제시한다. 이런 독특한 구조 덕분에 작은 분자는 안정적이면서도 무수한 유전 정보를 담아낸다(5장 「델브뤼크 모형에 대한 논의와 검증」).

이어지는 6장, 7장은 생명이란 무엇인가와 관련해 좀 더 깊은 이야기를 다룬다. 슈뢰딩거는 6장에서 살아 있음의 생명 질서를 유지한다는 것은 달리 말해 환경에서 음의 엔트로피를 먹고 사는 것과 같다는 독특한 통찰을 제시한다. 우주 만물의 질서는 시간이 흐르면서 자연스럽게 붕괴해 결국에 평형 상태에 이른다는 열역학 제2법칙(엔트로피 증가 법칙)과 달리 유기체는 환경에서 음의 엔트로피라는 질서를 뽑아내어 섭취함으로써 스스로 질서를 계속 유지할 수 있다는 것이다(6장「질서, 무질서, 그리고 엔트로피」). 슈뢰딩거는 마지막 장에서 생명 물질은 이미 입증된 물리 법칙들에서 벗어나지 않으면서도 지금까지 발견되지 않은 새로운 물리 법칙들과도 연관될 것이라며 '생명의 과학'에서 새로운 발견들이 이후 과학의 도전 과제임을 강조한다(7장「생명은 물리 법칙들에 기반을 두는가」). 후기로 덧붙인 「에필로그」에서 슈뢰딩거는 앞에서 다룬 주제에서 한 걸음 물러나 그의 오랜 철학적 주제인 결정론과 자유 의지, 정신과 물질의 문제를 다룬다.

독자 여러분이 지금 읽고 있는 『생명이란 무엇인가』의 해설서에서는 슈뢰딩거의 원서를 순서대로 따르지만 장 구성이 약간 다르다. 해설서의 1장은 원서의 「서문」과 1장 앞부분에 해당하며, 해설서 2장은 원서의 1장 나머지를 다룬다. 해설서의 3, 4, 5, 6, 7, 8장은 각각 원서의 2, 3, 4, 5, 6, 7장에 해당한다. 원서의 「에필로그」는 해설서의 9장에서 설명한다.

읽기 전에 알아 두면 좋은 1940년대 생물학

『생명이란 무엇인가』가 출산된 1940년대의 생물학, 유전학이 어떠한 상황이었는지도 함께 알아 둘 필요가 있다. 과학 사학자인 미셸 모랑쥬Michel Morange, 1950-는 『분자 생물학』[8]에서 슈뢰딩거 책의 시대 배경인 1940년대가 생화학과 유전학이 결합하면서 분자 수준에서 생명을 이해하려는 분자 생물학이 막 탄생하던 시기였다고 정리했다. 당시 생화학은 화학과 생물학, 그리고 물리 화학의 경계를 넘나들면서 생체 내 분자, 특히 당 분자와 더불어 생체 내 변화의 주요한 매개자인 단백질과 효소 분자의 성질을 활발하게 연구했다. 생체 분자들의 고유 형태와 특성이 속속 밝혀졌으며 단백질 연구 중에서도 고유하게 선택적 반응을 일으키는 항체의 특이성 연구는 큰 관심사였다.

당시에는 생체 분자의 결합 방식에 관한 연구에서도 큰 진전이 이뤄지고 있었다. 이미 1927년에 독일 출신의 이론 물리학자인 하이틀러Walter Heitler, 1904-1981와 런던Fritz London, 1900-1954이 발견한 '공유 결합' 이론은 화학 분야만이 아니라 생물학에도 중요한 영향을 끼쳤다. 이들은 수소 원자 2개가 전자를 공유하는 이른바 공유 결합의 방식으로 수소 분자가 형성됨을 슈뢰딩거의 파동 방정식을 바탕으로 설명해 냈다. 하이틀러–런던 이론은 이 책에서 유전 물질의 구조를 이해하는 데 중요한 양자 화학의 기초로서 자세하게 다뤄진다.

이후에 하이틀러–런던 이론은 미국 화학자 라이너스 폴링 Linus Pauling, 1901-1994(1954년 노벨 화학상 수상)에 의해 더욱 발전했다. 슈뢰딩거는 폴링의 연구를 자세히 다루지는 않았지만, 사실 폴링은 슈뢰딩거가 예측했던 유전 물질의 분자 구조에 관해 훨

---

8 미셸 모랑쥬, 강광일 외 옮김, 『분자 생물학』, 몸과마음, 2002.

씬 더 과학적인 방식으로 많은 성취를 이루어 냈다. 라이너스 폴링은 당시 분자 연구에 양자 역학 개념을 도입하여 커다란 명성을 얻었다. 1940년 폴링은 델브뤼크Max Delbrück, 1906-1981와 함께 《사이언스》에 발표한 논문에서 생체 분자들의 특수성이 공유 결합 외에 수소 결합, 판데르발스 힘, 정전기력 등으로 설명될 수 있음을 밝혔으며, 더 나아가 염색체 분자가 안정성을 지니는 데에는 '상보성'이라는 구조가 중요할 것임을 일찌감치 예측했다. 실제로 1953년에 DNA가 '상보적인' 이중 나선 구조를 이루고 있음이 밝혀지면서, 폴링과 델브뤼크의 뛰어난 통찰과 예측을 확인해 주었다.

슈뢰딩거는 책에서 1940년대 이전에 이뤄진 화학의 발전을 다루면서도 폴링의 중요한 성취는 다루지 않았다. 그는 유전 물질의 분자 구조가 그토록 안정적인 이유를 양자 역학 이론을 동원하여 설명하는데, 여기에는 슈뢰딩거 방정식에 바탕을 둔 하이틀러-런던 이론만 중요하게 활용했다. 이 책에서 슈뢰딩거는 하이틀러-런던 이론이 분자 결합을 양자 역학으로 해석할 수 있음을 보여 주었듯이 유전 물질의 수수께끼를 푸는 데 양자 물리학과 화학이 중요한 역할을 할 수 있다고 여겼다.

1940년대까지 유전학도 눈부신 발선을 이루었다. 1866년에 발표됐지만 주목받지 못했던 멘델의 유전 법칙이 1900년에야 널리 알려지기 시작하면서 유전학 연구는 활기를 띠었다. 하지만 그 유전 물질의 실체가 비로소 드러나기 시작한 것은 미국 생물학자 토머스 모건Thomas Morgan, 1866-1945의 초파리 실험실 덕분이었다. 초파리는 생식 주기가 매우 짧고 많은 알을 낳는 특징 때문에 유전학의 실험용 모델 동물로 선호되었다.

토머스 모건 실험실은 1910년대에 유전자들이 염색체 안에 존재함을 입증했으며 염색체 내에서 여러 유전자의 위치를 추적해 유전자 지도를 작성하는 전례 없는 성취를 이뤄 냈다. 초파리 실험은 또한 유전과 돌연변이 등에 관한 현대 유전학 지식을 한 단계 더 나아가게 했다. 하지만 유전 정보가 담긴 DNA의 실체와 그 유전 메커니즘은 당시에 여전히 오리무중으로 남아 있었다.

이런 상황으로 인해 『생명이란 무엇인가』에 정리된 내용 중 일부는 오늘날 생명 과학 지식으로 볼 때 맞지 않는 것들도 있다. 무엇보다 슈뢰딩거는 책에서 유전 물질을 DNA 분자가 아니라 단백질 분자로 이해했는데, 지금 보면 어처구니없는 이런 잘못은 당시 유전학의 한계에서 비롯했다. 그때도 염색체는 핵산DNA과 단백질로 구성되어 있음이 이미 알려져 있었고, DNA가 아데닌(A), 티민(T), 구아닌(G), 시토신(C)이라는 네 가지 염기로 이뤄진 분자라는 것도 1930년대부터 알려졌으나, 단백질의 중요성에 가려 핵산에 관한 인식은 많이 부족했다. 단백질은 당시 생화학 연구의 중요한 관심사였고 유전 물질이 담긴 염색체도 핵단백질로 이루어졌다고 대체로 이해되었다. DNA는 세포 내 에너지 저장고인 아데노신삼인산(ATP)과 비슷하게 유전자 복제 때 필요한 에너지를 공급하는 역할을 하는 것으로 이해되었다. 유전자의 본질적인 구성물은 단백질이라는 것이 당시에 지배적인 이론이었다.

유전 물질이 단백질이 아니라 핵산임을 신뢰할 만한 방법으로 처음 입증한 것은 1944년 오즈월드 에이버리Oswald Avery, 1877-1955의 실험이었다. 에이버리는 박테리아에서 형질 전환을 일으키는 유전 물질만을 순수하게 분리하는 작업을 1935년부터 거의 10년가량 계속했는데, 되풀이된 실험에서 마침내 유전 물질이 단백질이 아니라 데옥시리보 핵산(DNA) 형태의 핵산이라는 결론을 얻어 냈다. 하지만 이런 실험 결과가 학계에 널리 받아들여지는 데에는 시간이 걸렸다.

에이버리가 유전 물질이 DNA로 이뤄졌음을 1944년에 학술지를 통해 발표했으나 그것이 슈뢰딩거 책에 곧바로 반영되기는 어려웠다. 이런 이유로 이 책에서 유전 물질은 그 시절에 사실상 지배적인 이론에 바탕을 두어 DNA가 아닌 단백질로 이해되었다.

슈뢰딩거는 이 책에서 유전학과 관련해 당시에 눈길을 끄는 연구로서 방사선을 이용한 돌연변이 실험을 중요하게 다루었다. 방사선을 생물학에 이용한 연구는 당시에도 이미 있었다. 방사선을 단백질과 효소 결정체에 쪼아 얻은 방사선 회절 영상을 분석함으로써 그 생체 분자의 구조를 규명하려는 연구들이 이뤄지고 있었으며, 이와 더불어 유전학 분야에서는 방사선을 이용한 돌연변이 연구도 이어졌다. 1927년 토머스 모건의 제자인 허먼 멀러 Hermann Muller, 1890-1967가 돌연변이를 일으키는 방사선 효과를 처음 발견한 이래 방사선 돌연변이 실험은 유전학 연구에 일정한 도움을 주었다. 방사선량에 비례해 나타나는 돌연변이의 빈도를 분석함으로써 유전자의 특성에 접근하는 것이 주된 연구 방법이었다.

슈뢰딩거는 이 책에서 러시아 출신의 물리학자 니콜라이 티모페예프Nikolaj Timofeev, 1900-1981의 방사선 돌연변이 실험 결과와 그 데이터를 분석한 물리학자 델브뤼크와 짐머Karl Zimmer, 1911-1988의 해석을 많은 분량에 걸쳐 자세히 다루었다. 슈뢰딩거도 책에서 밝혔듯이, 사실 이 책의 출간에는 티모페예프, 델브뤼크, 짐머가 함께 펴낸 '3인 논문'이 중요한 계기가 되었다고 한다. 델브뤼크는 슈뢰딩거의 책에서 가장 중요한 인물로 다뤄졌는데, 이 책이 화제가 된 덕분에 델브뤼크 등 세 사람의 유전학 연구도 덩달아 학계에 널리 알려지게 되었다.

『생명이란 무엇인가』 어떻게 읽을까

『생명이란 무엇인가』에서 예나 지금이나 통하는 생물학 지식과 정보를 배우고자 한다면, 그런 독자들은 이 책을 읽으면서 실망할 수도 있다. 1940년대에 출간된 이 책에는 오늘날의 과학 지식으로 볼 때 여러 불확실함과 심지어 오류가 담겨 있기 때문이다. 무엇보다 DNA의 존재를 알지 못하는 슈뢰딩거는 유전 물질이 당시 생물학에서 대체로 그렇게 여겨졌듯이 단백질일 것이라고 이해했다. 유전 물질이 단백질이 아니라 DNA 분자라는 사실은 1944년 오즈월드 에이버리의 실험을 통해 제시됐지만, 그 발견이 슈뢰딩거가 강연하고 책을 출간하던 당시에는 널리 알려지지 않았다. 또한 슈뢰딩거는 사람의 염색체 수를 당시에 대체로 받아들여졌던 대로 24쌍, 48개로 얘기하는데, 지금 생물학에서 상식이 된 사실은 23쌍, 46개이다. 이처럼 지금의 과학 수준에서 볼 때 과학적 사실로 받아들이기 어렵거나 받아들일 수 없는 대목들이 이 책에는 간혹 등장한다.

그렇다면 오늘날 독자들은 이 책의 가치와 독창성을 어디에서 어떻게 읽을 수 있을까? 이 책이 지금도 과학 고전으로 꾸준하게 읽히는 이유는 아마도 물음을 던지고 답을 찾아가는 창의적인 과학 활동의 진지함을 보여 주고 있기 때문일 것이다. 이 책은 누구나 궁금해할 법한 근본 물음을 부여잡고서 여러 과학 분야를 누비고 종합하며 답을 찾아가는 지적 모험을 보여 준다. 동떨어져 있던 생물학, 물리학, 화학이 그 한 가지 물음 둘레로 모여 함께 탐구적인 토론에 참여하는 듯하다.

달리 말해, 이 책의 가치는 아마도 과학에 진심인 한 이론 물리학자가 낯선 생물학의 세계에 뛰어들어 과감한 과학적 상상력을 집요하게 펼치는 탐구의 정신, 태도, 사유를 보여 준다는 데 있지 않을까? 슈뢰딩거는 물음과 탐구의 집요한 여정을 거쳐 유전자는 '비주기적 결정' 구조이며 원자와 분자의 세계에 나타나는 생명 현상의 '암호 문서'라는 분자 생물학의 생명관에서 뼈대가 될 만한 개념을 누구보다도 먼저 찾아내어 제시할 수 있었다.

분자 생물학 역사학자 모랑쥬는 이렇게 평가했다. "물리학자로서 냉철한 안목을 지닌 슈뢰딩거가 유전자를 정보의 저장고 및 개체의 형성을 결정하는 암호로서 간주한 그 독창성은 퇴색되지 않는다. 슈뢰딩거는 유전학자들도 감히 주장하기 어려운 '수정란의 핵은 개체의 미래 발생과 성체의 기능에 관한 모든 것을 함축하는 모델을 암호화한 체계로 포함하고 있다'는 주장을 피력했다. [……] 유전자란 더 이상 생명체의 핵심에 있는 질서의 단순한 근거가 아니며, 생명체의 조화로운 기능을 주도하는 오케스트라의 신비로운 지휘자도 아니다. 슈뢰딩거에게 있어 유전자들은 아주 정교한 방식으로 생명체의 기능과 미래를 결정하는 악보들이었다. 염색체 내에 존재하는 정보를 분석하는 것은 바로 생명체를 이해하는 것이다. [……] 따라서 그는 유전자가 세포의 단백질을 구성하는 모든 아미노산의 성질과 위치를 결정하는 방식을 밝혀내게 될 분자 생물학의 결과들을 예견했던 것이다."[9]

이와 더불어 슈뢰딩거는 생명이란 무엇인가라는 물음이 생물학 울타리 안에서만 의미 있는 게 아니라 울타리 바깥의 물리학과 화학에서도 충분히 도전할 만한 가치가 있는 주제임을 분명하게 보여 주었다. 이 책의 도전적인 물음과 탐구는 새로운 과학적 발견을 꿈꾸는 젊은 연구자들에게 영감을 줄 만했다. "그러므로 우리는 평범한 물리 법칙으로 생명 현상을 해석하는 데 어려움을 겪는다고 해서 실망해서는 안 된다. 왜냐하면 살아 있는 물질의

---

9   미셸 모랑쥬, 앞의 책, 116-117쪽.

구조에서 우리가 얻은 지식으로 생각해 볼 때 그런 문제는 충분히 예측되는 바이기 때문이다. 우리는 살아 있는 물질 안에서 지배적인 새로운 유형의 물리 법칙을 찾을 준비가 되어 있어야 한다."(86) "아직 밝혀지지는 않았지만 미지의 법칙들은 일단 규명되기만 하면 이 분야 과학에서 기존 물리학의 법칙들만큼이나 중요한 일부가 될 것이다."(73)

'생명이란 무엇인가?' 이 물음은 슈뢰딩거의 책에서 종결되지 않은 채로 다음 세대 과학의 과제로 넘겨졌다. 이후에 분자 생물학을 비롯해 과학은 눈부신 발전을 이루었고 생명 과학은 이제 유전자를 합성하고 교정하고 편집하는 수준에 이르렀다. 그러고도 살아 있음, 즉 생명에 관한 물음은 여전히 계속된다. 생명은 오늘날에도 여전히 열린 채로 과학적인 물음으로, 철학적인 물음으로 남아 이어지고 있다.

1

노블레스 오블리주를 내려놓고

생명이란 무엇인가?

수십억 년 전부터 지구 표면에서 살아온 무수한 미생물, 식물, 동물의 역사를 보며, 또 그만큼의 세월 동안 변해 온 생물 진화의 발자취를 보며, 우리는 자연스레 경이로운 생명 그것은 무엇인가라는 물음을 떠올린다. 때로는 화성에서 생명 흔적을 탐사하는 로봇의 활동 영상을 보며, 생명 그것은 무엇인가라는 물음을 다시 생각한다. 생명은 우리 지구를 다른 행성과는 아주 다른 모습으로 바꾸어 놓았다. 생명은 다른 장면에서도 중요한 물음이 된다. 생명이 맞이하는 죽음을 생각하며 우리는 삶을 삶이게 하는 것은 무엇인가라는 철학적이고 종교적인 물음을 떠올린다. 이처럼 생명이란 무엇인가라는 물음은 많은 이들이 한 번쯤 던져 봤을 법한 아주 일반적인 물음이지만, 누구도 쉽게 답하기 어려운 물음으로 남아 있다.

이 물음은 생명 현상을 관찰하는 생명 과학자나 생명의 화두를 부여잡고 깊은 사유에 빠져드는 철학자나 종교인뿐 아니라, 뜻밖에 양자 물리학자에게도 진지한 탐구의 주제가 됐다. 때는 1940년대였다. 분자 수준에서 생명 현상을 연구하는 분자 생물학이 막 태동하던 시기에, 유전 정보를 담은 분자인 DNA의 존재가 아직 확연히 드러나지 않은 시기에, 양자 역학 창시자 중 한 명으로 꼽히는 이론 물리학자 에르빈 슈뢰딩거는 누구도 그에게서 기대하지 않았던 물음인 '생명이란 무엇인가'라는 주제를 들고서 공개 강연에 나섰다.

아일랜드 더블린의 트리니티 칼리지에서 고등연구소 주관으로 열린 슈뢰딩거의 세 차례 연속 강연은 당시에 큰 성공을 거둔 것으로 전해진다. 그의 전기 작가 월터 무어는 『슈뢰딩거의 삶』에서 1943년에 열린 강연의 풍경을 이렇게 전했다. "슈뢰딩거의 첫 번째 강연은 2월 5일 금요일에 열렸고, 나머지 두 번의 강연도 다음 주와 그다음 주 금요일에 잇따라 열렸다. 데벌레라Eamon De Valera, 1882-1975를 비롯한 정치계와 종교계의 유력 인사들이 강연에 참석했다. 강의실의 규모에 비해 몰려든 청중이 너무 많았기 때문에 슈뢰딩거는 어쩔 수 없이 월요일에도 강연을 반복했다. 강연을 들은 청중은 400명 이상이었는데, 그 수는 세 번째 강연까지 그대로 유지되었다."[1] 강연은 이듬해인 1944년에 90여 쪽 분량의 짧은 책자로 출판되었는데, 그것이 지금 우리가 읽고자 하는 『생명이란 무엇인가』이다.

우리는 이 책을 1943년 더블린의 트리니티 칼리지에 모인 청중 앞에서 강연하는 슈뢰딩거의 말을 경청하듯이 읽을 수 있다. 또한 물리학과 화학이라는 탐험 장비를 지니고서 생명의 물질인 유전자의 실체에 접근하려는 한 물리학자의 사유 여행을 따라가듯이 읽을 수도 있다.

노블레스 오블리주를 내려놓고

책을 읽기 시작한 독자들에게 슈뢰딩거는 먼저 '화자의 자격'에 관해 양해를 구한다. 그는 「서문」에서 완전하고 철저한 과학지식을 갖추고서 문제를 다루어야 한다는 과학자의 의무, 즉 "노블레스 오블리주"noblesse oblige[2]에서 잠시 벗어나 자신이 정통하지 않지만 중요한 주제에 관해 이야기할 수밖에 없음을 널리 이해해 달라고 말한다.

과학자라면 무엇보다 자신이 다루는 어떤 분야의 지식을 완전하고 철저하게 꿰고 있어야 하고, 그래서 대체로 자신이 정통하지 않은 주제에 관해서는 글을 쓰지 말아야 한다고들 생각한다. 이는 '노블레스 오블리주'의 문제이다. 하지만 나는 이 책에서 내게 있을지 모를 그 노

1　월터 무어, 앞의 책, 344쪽.

2　노블레스 오블리주는 귀족의 의무라는 프랑스 말로, 높은 사회적 지위에 상응하는 도덕적 의무를 뜻한다.

블레스를 포기하고, 또한 노블레스에 뒤따르는 의무에서도 벗어날 수 있기를 빈다. (1)

잘 알지 못하는 문제에 관해 함부로 참견하여 이러쿵저러쿵 해설하지 말아야 함은 엄밀한 지식을 다루는 전문가 세계에서 도덕적 의무와도 같은 불문율이다. 제대로 알지 못하면서 아는 체하다가는 진짜 전문가들 앞에서 망신을 당할 수 있다. 이 책을 쓸 때 저자 슈뢰딩거의 마음이 바로 그러했던 듯하다. 당시에 슈뢰딩거는 1933년 노벨 물리학상을 받은 양자 물리학 대가였다. 그런 그가 유전과 진화의 생물학을 얘기하면서 생물학자도 쉽게 답하지 못할 생명이란 무엇인가라는 거창한 물음에 접근한다는 것은 자칫 물리학자의 권위를 스스로 깎아내리는 무모한 도전이 될 수도 있었다. 하지만 그는 엄밀하지 못한 지식과 추론으로 인해 "우리 스스로 우스워질 수 있는 위험"을 감수하겠다고 다짐한다. 생명의 물음을 다시 돌아보게 할 만한 새로운 발견이 과학 분야의 여기저기에서 쌓이고 있었기에 이제 누군가가 "사실과 이론을 종합하는 모험"에 나설 때가 바야흐로 무르익었다고 보았기 때문이다. 슈뢰딩거는 우스운 꼴이 될지도 모를 위험을 무릅쓰면서 나선 자신의 지적 모험을 널리 이해해 달라고 독자들에게 먼저 정중하게 부탁한다.

나의 변론은 다음과 같다.

우리는 통일된 지식, 즉 만물을 포괄하는 지식을 구하려는 열정을 조상들에게서 물려받았다. 최고 교육 기관에 부여된 ['유니버시티' university라는] 이름만 봐도, 우리는 오래전부터 수 세기에 걸쳐 '유니버설'universal, 즉 '보편적인' 것만을 온전히 믿을 만한 것으로 받아들였음을 알 수 있다.[3] 그러나 지난 백여 년 동안 다양한 지식의 갈래들이 더 넓고 더 깊게 퍼져 우리는 지금 기이한 딜레마에 빠졌다. 우리는 규명된 모든 지식을 녹여 하나의 전체로 만드는 데 쓸 만한 믿음직한 재료를 이제 막 얻기 시작했음을 분명히 느낀다. 하지만 다른 한편에서는 한 사람이 자신의 좁은 전공 분야를 넘어서 더 많은 것에 정통하기는 거의 불가능한 일이 되었다.

이런 딜레마에서 벗어나기 위해서는 (우리의 진정한 목적을 잃지 않으려면) 우리 중 누군가가 사실과 이론을 종합하는 모험에 과감히 뛰어드는 것 외에 다른 길이 없다고 생각한다. 사실과 이론의 일부를 간접적이고 또 불완전하게 알더라도 말이다. 우리 스스로 우스워질 수 있는 위험도 무릅써야 한다. 이런 나의 변론을 양해해 주기를 바란다. (1)

슈뢰딩거는 다양한 분야에서 넓고 깊어진 여러 지식을 하나로 통합하는 일을 "우리의 진정한 목적"이라고 말했다. 이런 표현은 1920년대에 풍미한 과학 통일 운동을 떠올리게 한다. 모든 과

---

3 여기에서 최고 교육 기관은 대학을 가리킨다. 영어 어원을 생각할 때 대학university은 보편적인universal 것을 다루는 최고 교육 기관이다.

학 지식은 궁극적으로 하나로 만난다는, 예컨대 물리학과 생물학이 결국에는 다르지 않으므로 하나의 과학 지식으로 통일될 수 있다는 철학 사조였는데, 그 중심에는 20세기 초반 상대성 이론과 양자 역학이라는 물리학의 놀라운 성취가 안겨 준 과학 지식의 자신감이 놓여 있었다.

짧은 「서문」에서는 생물학의 비전문가인 슈뢰딩거가 왜 생물학의 낯선 주제를 탐구하는 모험에 나서는지를 이야기한다. 20세기 들어 수십 년 동안 큰 진전을 이룬 과학은 자신감이 충만했다. 특히 물리학 분야에서 더욱 그러했다. 물리학에서 발견한 자연의 보편 법칙이 물리학을 넘어 화학으로, 다시 화학을 넘어 생물학으로 나아갈 수 있으리라는 자신감이 있었다. 엄격한 지식을 다뤄야 하는 과학자의 노블레스 오블리주를 포기하는 것을 마다하지 않으면서, 슈뢰딩거는 양자 물리학이라는 전공의 울타리 바깥으로 나와 지난 백여 년 동안 축적된 다양한 지식의 갈래들, 그러니까 생물학과 물리학, 화학을 포괄하여 사실과 이론의 종합을 시도하는 지적 모험을 떠나고자 한다.

이렇게 보면, 슈뢰딩거가 「서문」에서 독자들에게 양해를 부탁하는 말은 자신이 생물학에 정통하지 못한 비전문가임을 솔직하게 밝히는 고백으로도 읽을 수 있지만 또한 자신이 간접적이고 불완전한 지식을 지녔더라도, 그래서 모험의 길에 작은 실수가 드러날지라도 생명의 수수께끼에 접근하려는 모험의 더욱 중요한 뜻에 함께해 달라는 요청이기도 하다.

순박한 물리학자가 던지는 중요한 물음

「서문」을 읽으면서 우리는 이 책의 화자를 이렇게 상상할 수 있다. '생물학의 세세한 사실과 이론에는 정통하지 못함을 스스로 인정하면서도 자연법칙의 과학 지식은 하나로 통한다는 낙관적 자신감으로 생명의 수수께끼를 찾아 나서는 물리학자.' 겸손하면서도 자신감에 찬 모험가는 화자 슈뢰딩거가 이 책에서 내내 드러내 보이는 모습이다.

이런 화자의 모습은 1장에서 좀 더 구체적으로 드러난다. 슈뢰딩거는 이 책 앞부분의 이야기를 이끌어 갈 "순박한 물리학자" 캐릭터를 독자들에게 먼저 소개한다.

> 나는 먼저 '유기체에 관해서는 잘 모르는 순박한 물리학자naive physicist의 생각', 이렇게 불릴 법한 생각들을 얘기하고자 한다. 그러니까 물리학, 특히 통계 물리학 기초를 익힌 이후에 이제 유기체에 관해서, 그리고 유기체가 움직이고 기능하는 방식에 관해서 생각하기 시작한 물리학자의 마음에서 일어날 법한 생각들 말이다. 그 물리학자는 자신이 배운 것을 통해, 그리고 그가 익힌 비교적 단순 명쾌하고 겸허한 과학의 관점을 통해, 그 물음에 자신이 어떤 의미 있는 도움을 줄 수 있을지를 스스로 성실하게 물을 것이다. (6)

뒤에서 곧 밝혀지지만, 여기에서 통계 물리학을 공부했으며 유기체에 대해서는 잘 모르는 순박한 물리학자는 바로 슈뢰딩거의 또 다른 자신을 말한다.

그 물리학자는 [생명의 문제를 푸는 데] 도움이 될 것이다. 다음 단계로,
우리는 그가 제시한 이론적 예측과 생물학적 사실들을 비교, 검토해
야 한다. 그러고 나면 그의 예측들이 전반적으로는 매우 흡족해 보인
다 해도 어떤 부분은 수정해야만 한다는 점이 드러날 것이다. 우리는
이런 방식으로 정확한 견해에 아니 조금 완곡하게 말하면, 내가 정확
한 견해라고 제안하는 그것에 점점 다가갈 것이다.

사실 내가 옳다고 해도, 나의 접근 방법이 정말로 가장 좋은 것이며
가장 명료한 것인지는 알 수 없다. 하지만 간단히 말해 그것이 나의
접근 방법이었다. 여기에서 '순박한 물리학자'가 바로 나 자신이었다.
[생명의 수수께끼를 푸는] 그 목표로 나아갈 때 나는 이런 나의 방법보다
더 좋고 더 명확한 다른 방법을 찾을 수 없었다. (6)

이제 독자인 우리는 책 전반부에서 이야기를 이끄는 화자의
캐릭터가 어떤지를 좀 더 분명하게 이해할 수 있다. 순박한 물리
학자는 자신이 확실하게 말할 수 있는 전공 분야인 물리학, 특히
통계 물리학에 기반을 두고서 유기체, 생명체가 움직이고 기능하
는 방식을 고찰하고 생명의 수수께끼에 답하는 자신의 이론적 예
측을 제시한다. 이어서 그는 자신의 이론적 예측이 생물학 연구
에서 실제로 밝혀진 사실들에 잘 들어맞는지를 비교한다. 그런
다음에 어긋나는 점을 수정하고 보완하면서 점차 정확한 견해로

나아갈 것이다. 슈뢰딩거는 겸손하지만 자신감 넘치는 순박한 물리학자가 택한 이런 지적 탐험의 방법이 최선임을 강조한다.

그런데 그 순박한 물리학자가 유기체, 생명의 수수께끼 앞에서 던지는 중요한 물음이 과연 무엇인지가 궁금해진다. 이 책에서 화자 슈뢰딩거가 내내 다루고자 하는 물음은 무엇일까? 1장 전반부에서 슈뢰딩거는 그 물음을 간명하게 하나의 문장으로 제시한다.

사실, 이 책에서 다루는 주제는 다양하지만, 전체 기획은 오직 한 가지 생각을 전하려는 의도에 맞추어졌다. [……] 우리의 여정에서 길을 잃지 않기 위해서는, 그 계획을 아주 간략히 미리 말해 두는 게 도움이 될 듯하다.

커다랗고 중요한, 그리고 아주 자주 논의되는 그 물음은 다음과 같다: 살아 있는 유기체라는 공간 경계 안에서 일어나는 '시간적이고 공간적인' 사건들은 물리학과 화학으로 어떻게 설명될 수 있을까? (3)

생명체 세포의 안을 "공간 경계 안"으로, 그 안에서 작동하는 유전과 대사는 "시간적이고 공간적인 사건"으로 표현했다. 그러니까 생물학의 탐구 주제가 물리학과 화학 분야에서 더 친숙하게 사용되는 언어로 바뀌어 다시 던져진다. 세상 만물의 보편적인 자연법칙을 발견해 온 당대 물리학과 화학은 무생물과는 아주 다른 신비한 생명 현상을 과학의 원리로 어떻게 설명할 수 있을까?

바로 뒤이어 슈뢰딩거는 이런 큰 물음에 대한 "예비적인 답"을 다음과 같이 제시했다.

> 이 작은 책이 해설하고 입증하려는 예비적인 답은 다음과 같이 요약할 수 있다. 현재 수준의 물리학과 화학이 [생명체 세포 안에서 일어나는] 그 사건들을 설명하지는 못하고 있다. 그렇더라도 생물학적 사건들이 물리학과 화학에 의해 설명될 수 있음을 의심할 이유는 결코 없다. (4)

유전 물질인 DNA의 정체조차 뚜렷하게 알지 못했던 시대에, 물리학과 화학이 생명체 세포 안에서 일어나는 시공간적 사건들을 충분히 설명하지 못한다는 것은 당대 과학 지식이 마주한 현실이었다. 하지만 그렇다 해도 생물학적 사건들도 자연법칙 바깥에서 일어나는 현상이 아니므로 결국에는 설명될 수 있다. 이런 믿음은 슈뢰딩거의 낙관론을 잘 드러낸다. 물론 그가 이 책에서 보여 주는 답이 그저 화려한 말뿐인 낙관론은 아니다. 낙관적인 자신감에 이르게 하는 구체적이고 풍부한 과학적 추론과 상상을 우리는 이 책에서 읽을 수 있다.

슈뢰딩거가 위에서 한 말은 이 책의 종착점이 유기체에 관해 새롭게 입증된 하나의 이론을 제시하는 데 있지 않음을 보여 준다. 그는 "설명될 수 있음"을 밝히는 길을 제시할 뿐 실제로 입증된 설명을 제시하는 일은 후세대 과학자들의 몫이었고 당연히 풀 수 있는 과제였다. 『생명이란 무엇인가』가 출판된 1940년대 이후

분자 생물학의 역사가 보여 주듯이 그의 낙관적인 기대는 잘 들어맞았다.

먼저 원자 배열에서 시작하자

순박한 물리학자가 유기체 생명의 수수께끼에 접근해 가는 모험은 물리학자에게 아주 익숙한 원자들의 세계에서 시작한다. 만물은 원자로 구성되어 있으니까, 물리학의 관점에서 생명 현상에 접근할 때도 원자가 먼저 눈에 들어왔는가 보다. 슈뢰딩거는 『생명이란 무엇인가』의 1장에서 자연에 존재하는 원자들의 배열 방식을 여러 사례를 들어 꼼꼼히 설명하는데, 그 요점은 유기체 생명에서 핵심을 이루는 곳의 원자 배열과 그 상호 작용이 물리학과 화학이 그동안 다뤄 온 원자 배열 문제와는 "근본적으로" 다르다는 점이다.

유기체에서 가장 사활적인 부분[4]에 있는 원자들의 배열, 그리고 그 배열의 상호 작용은 물리학자와 화학자가 지금까지 실험과 이론 연구의 대상으로 삼았던 모든 원자 배열과 근본적으로 다르다. 내가 방금 근본적이라고 말한 그 [원자 배열과 상호 작용의] 차이가 누구에게나 쉽게 사소한 문제로 보일 법하지만, 물리학과 화학의 법칙들이 철저히 통계학적임을 온전히 아는 물리학자라면 그렇게 바라보지 않을 것이다.

---

4   유전 물질이 저장된 부분, 곧 염색체를 가리킨다.

왜냐면 살아 있는 유기체에서 사활적인 부분의 구조는 우리 물리학자와 화학자들이 실험실에서 물리적으로 다루거나 책상에 앉아 머릿속으로 다루는 어떤 물질과도 너무나 완전히 다른데, 그런 차이가 다름 아니라 통계학적 관점과 관련되기 때문이다. 물론 법칙과 규칙의 기반은 구조이지만, 어떤 계system가 곧바로 그 구조를 드러내어 보여 주는 것은 아니므로, 그렇게 발견된 법칙과 규칙이 계의 거동에 바로 들어맞으리라고는 거의 생각할 수 없다. (5)

슈뢰딩거는 여기에서 생명체의 핵심 부위에 있는 원자 배열과 상호 작용의 독특함을 사소한 문제로 보아서는 안 된다는 점을 강조한다. "통계학적 관점"에서 바라볼 때 그 원자 배열 차이는 생명 현상을 이해하는 데 새로운 통찰의 단초가 될 수 있다. 통계학적 관점이란 무엇을 말하는 것일까? 사실 통계학적 관점은 이 책의 이야기에서 중요한 한 축을 이루므로 그 의미를 좀 더 이해하고 넘어가야 한다. 뒤이어 슈뢰딩거는 여러 예시를 들어 우리가 경험하는 거시 세계의 법칙과 규칙이 경험할 수 없는 미시 세계 안 원자, 분자의 거동과 어떻게 다른지, 그래서 이 두 세계를 이해할 때 필요한 통계학적 관점은 무엇인지를 좀 더 자세히 설명한다. 여기에서는 통계학적 관점이 생명 현상을 이해하려는 순박한 물리학자에게 매우 중요하다는 점 하나만 분명히 기억하면서, 자세한 설명을 듣는 일은 잠시 미루기로 하자.

뒤이어 슈뢰딩거는 『생명이란 무엇인가』에서 그가 제시하는

계系, system

흔히 계 또는 체계로 번역되는 '시스템'은 본래 어원으로 따져 보면 '여러 부분으로 이루어진 하나의 전체'를 뜻한다. 계는 경계를 두고서 주위, 환경과 구분된다. 계를 이루는 여러 구성 요소가 계 안에서 일정한 상호 작용을 하며 전체를 구성한다. 계는 태양계, 생태계, 신경계처럼 여러 영역에 나타나는데, 내부 구성 요소로 하나의 전체를 이루는 개체, 세포, 고분자도 하나의 계로서 다뤄질 수 있다. 『생명이란 무엇인가』에서 계는 주로 통계 물리학에 등장하는 물리적인 계로서 다뤄진다. 일정한 공간적 경계를 지니는 계 내부에서는 구성 요소들이 상호 작용하며 시간적, 공간적 사건을 일으킨다. 책 후반부에서는 계라는 용어가 직접 쓰이지 않지만 생명체도 그 개념으로서 다루어지는 것으로 읽힌다. 계는 주위 환경과 물질, 에너지를 주고받는 열린계open system, 물질 교환 없이 에너지만을 주고받는 닫힌계closed system로 나뉜다.

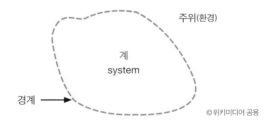

주위(환경)

계
system

경계 →

©위키미디어 공용

가장 중요한 결론 하나를 미리 간추려 제시한다. DNA의 존재가 아직 확연하게 밝혀지지 않은 당시에 '유전 물질'의 정체를 당대 최신의 물리학과 화학 지식으로 추론할 때, 그것이 틀림없이 '비주기적 결정'일 수밖에 없다는 것이다. '유전 물질은 비주기적 결정'이라는 예측은 슈뢰딩거가 보여 주는 놀라운 통찰 중 하나로 꼽힌다. 비주기적 결정이라는 과학적 상상과 추론 자체가 매우 독창적이고 혁신적이기 때문이다. 비주기적 결정이라니! 일반적으로 결정은 분자나 원자 배열이 규칙적으로, 즉 주기적으로 반복되는 고체의 원자 배열 구조를 말한다. 자연에서 광물이 그렇고, 또한 얼음이나 눈이 대표적인 결정이다. 반대로 분자나 원자가 불규칙적으로 배열된 고체는 비결정질 또는 비정질이라고 한다. 그러니까 결정은 곧 주기적인 배열이며 비주기적인 배열은 비결정을 가리키는데, 슈뢰딩거는 비주기적 결정이라는 모순적일 법한 새로운 구조가 생명의 유전 물질이 지닌 중대한 특징이라고 제시했다.

나중에 훨씬 더 자세히 설명할 것을 지금 미리 얘기하고자 한다. 다름아니라 살아 있는 세포에서 가장 핵심적인 부분(염색체 섬유)을 '비주기적 결정'이라고 부르는 게 적절하리라는 것이다. 지금까지 물리학에서는 '주기적 결정'만을 다루어 왔다. 대단하지 않은 물리학자에게는 주기적 결정도 아주 흥미롭고 어려운 연구 대상이다. 주기적 결정은 무생물 자연이 물리학자에게 던지는 수수께끼와 같은 매우 매혹적이고 복잡한 물질 구조 중 하나이다. 하지만 비주기적 결정에 비하면 그것은 그저 평범하고 단조로울 뿐이다. 그 구조 차이는 이렇게 비유할 수 있다. 같은 패턴이 규칙적인 주기로 계속 되풀이되는 평범한 벽지를 생각해 보라. 이와는 달리 단조로운 반복은 없고 거장의 손길을

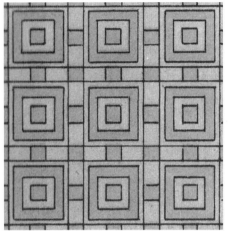

슈뢰딩거는 패턴이 단순하게 반복되는 벽지(위)와 의미 있는 설계를 담은
거장 작품의 태피스트리(아래)에 비유해 주기적 결정과 비주기적 결정의
차이를 설명했다. 아래 그림은 라파엘로의 〈고기잡이의 기적〉
(c.1515–c.1516)이다.

거쳐 정교하고 일관되고 의미 있는 설계를 보여 주는, 예컨대 라파엘로의 태피스트리[5] 같은 걸작 자수품을 생각해 보라. 주기적 결정과 비주기적 결정의 차이는 [단조로운 벽지와 걸작 자수품과 같은] 이런 종류의 차이이다. (5)

슈뢰딩거는 유전 물질이라면 "비주기적 결정"이라는 원자 배열 구조를 지닐 것으로 예측했다. 이는 책상머리에서 나온 막연한 상상이 아니었다. 그는 『생명이란 무엇인가』의 1장에서 물리 법칙과 미시 세계의 거동을 꼼꼼하게 되짚고, 2장과 3장에서 생물학에서 밝혀진 유전과 돌연변이에 관한 사실을 검토하는 과정을 거치고 나서야 5장에서 이런 독창적인 예측을 본격적으로 제시했다. 비주기적 결정에 관한 얘기는 5장에서 자세히 다뤄진다.

생명에 관한 슈뢰딩거의 놀라운 통찰력을 보여 주는 이 비주기적 결정은 오늘날 우리가 잘 아는 DNA와 비교할 때 아주 생소한 표현으로 들린다. DNA는 아데닌과 티민, 그리고 구아닌과 시토신이라는 네 가지 염기가 상보적인 짝을 이루어 결합한 고분자 물질이다. 물론 슈뢰딩거의 비주기적 결정이 이런 DNA의 실제 구조를 정확하게 보여 주지는 못했다. 하지만 유전자가 DNA가 아니라 단백질에 있으리라고 여길 정도로 유전 물질에 관해 많이 알지 못하던 시절에 나온 이런 예측은 나중에 밝혀질 DNA 분자

---

[5]   색실을 짜 넣어 그림을 표현하는 직물 공예품으로, 벽에 장식용으로 걸어 둔다.

염색체, DNA

데옥시리보 핵산, 즉 DNA는 아데닌과 티민, 시토신과 구아닌이라는 네 가지 염기가 쌍을 이뤄 긴 사슬로 이어지는 이중 나선 구조로 이루어져 있다. 수많은 원자로 이뤄진 DNA 고분자 구조에는 수많은 유전 정보가 담겨 있다. DNA는 염색체 안에 촘촘히 감겨 저장되며, 그 염색체들은 세포핵 안에 저장된다. 그림의 오른쪽 위는 현미경으로 관찰한 사람 염색체들의 영상이다. 슈뢰딩거가 『생명이란 무엇인가』에서 비주기적 결정이라는 구조를 지닌 분자를 예측해 제안할 당시에는 염색체의 존재는 알려져 있었으나 유전 정보를 담은 분자 DNA의 정체는 알려지지 않았다.

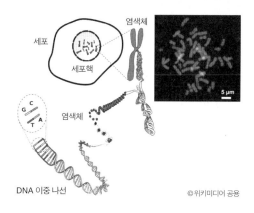

©위키미디어 공용

의 특성에 접근하는 대담한 통찰이었다. 실제로 DNA는 네 가지 염기가 짝을 이루어 결합하는 독특한 배열 구조를 이룸으로써 생명의 다양한 유전 정보를 저장하고 있다. 막연한 유전 물질이 아니라 유전 물질의 분자 구조와 원자 배열을 구체적으로 상상하기 시작했다는 점만으로도 슈뢰딩거의 예측은 의미 있는 것이었다.

그는 "내 견해로, 비주기적 결정은 생명 운반 물질material carrier of life"(5)이라는 결론을 제시했다.

우리는 『생명이란 무엇인가』의 「서문」과 1장 들머리를 읽으면서, 슈뢰딩거가 제시한 지적 모험의 목적이 생명 현상, 특히 그 핵심인 유전 물질의 정체를 물리학과 화학으로 어떻게 설명할지를 짚어 가는 데 있음을 이해했다. 독자들의 궁금증을 돋우기 위함인지 그는 지적 탐험의 종착지로 '유전 물질은 비주기적 결정'이라는 예측을 미리 제시했는데, 그가 어떻게 이런 결론에 도달할 수 있었는지를 생각하면서 책을 읽는다면 더욱 흥미진진할 것이다. 책의 전반부에서 지적 탐험을 이끄는 주인공은 '순박한 물리학자'이다. 이제 다음 이야기에서 순박한 물리학자는 원자와 분자, 입자의 세계에서 시작해 우리가 아는 물리 법칙들을 찬찬히 되짚어 본다. 그러면서 유기체 생명에 적용될 새로운 법칙을 찾고자 할 때 우리가 어떤 점을 유의해야 할지를 이야기한다.

2

물리학이
생명을
설명할 수 있을까?

물리학에는 정통하지만 생물학에는 서툰 우리의 '순박한 물리학자'는 생명 현상을 물리학의 개념과 언어로 어떻게 이해하고 설명할 수 있을까? 앞 장에서 잠시 살펴본 대로, 순박한 물리학자는 먼저 원자 배열과 그 상호 작용에서 수수께끼 풀이의 첫걸음을 시작한다. 그는 만물이 원자로 이뤄졌기에 원자들 또는 기본 입자들의 세계에 관한 통계 물리학의 법칙으로 차근차근 수수께끼를 풀어 갈 수 있으리라고 생각한다. 그렇게 물리학적인 추론을 진행하다 보면 생명에 관한 물리학적 결론을 얻어 낼 수 있을 테고, 그린 다음에 그 결론이 실제로 생물학자들이 밝혀낸 생물학적 사실들에 얼마나 잘 들어맞는지를 살펴 검증해 볼 계획이었다.

『생명이란 무엇인가』를 읽기 시작하면서, 독자들은 왜 슈뢰딩거가 원자와 분자 같은 입자들의 물리학을 상당히 자세하고 장황하게 설명하는지 의아해할 수 있다. 슈뢰딩거는 왜 이토록 자주 통계 물리학 이야기를 하는 걸까?

그건 아마도 생명체가 물리학에서 흔히 다루는 물질과는 매우 다르다는 점을 물리학자의 시선에서 먼저 분명하게 짚고 넘어가기 위함일 것이다. 또한 원자와 분자 같은 입자들의 이야기는 독자들에게 슈뢰딩거가 앞으로 생명체를 개체나 종이 아니라 아주 작은 미시 세계의 차원에서 바라볼 것임을 짐작하게 한다. 사실 슈뢰딩거가 관심을 기울이는 대상은 생명체에서 "가장 사활적인 부분"에 있는 물질, 달리 말해 유전과 생명의 음악을 가능하게 하는 "악보"와도 같은 유전 물질 고분자이다. 그 분자가 어떤 물리적인, 화학적인 성질과 구조를 갖추고 있길래 유전과 생명이라는 놀라운 일을 할 수 있다는 말인가? 이 점이 이 책에서 다루는 핵심 관심사이다.

순박한 물리학자가 얻을 결론적인 추론을 미리 간략하게 정리하면 이렇다. 무작위 운동을 하는 입자들이 일정한 법칙에 순응하는 것처럼 보이는 까닭은, 어떤 계 안에 있는 입자들이 무수히 많기 때문이다. 낱개의 행동은 들쭉날쭉하지만 그것들 전체의 평균은 규칙을 따른다. 그러니까 순박한 물리학자가 도달하는 결론은 '유기체, 그리고 유기체가 경험하는 모든 생물학적 과정이 극히 많은 원자 구조로 이뤄져야 하고 단일 원자의 우연한 사건이 큰 영향을 끼칠 수 없어야 한다'는 것이다. 그래야만 유기체도 물리 법칙을 따를 것이며 질서 정연한 작동이 이뤄질 수 있을 테니까.

이것이 순박한 물리학자가 통계 물리학의 법칙들을 되짚어 보면서 생명체가 갖춰야 하는 조건으로서 얻을 수 있는 결론이다.

이제, 순박한 물리학자가 원자와 분자 같은 입자들의 세계를 살피면서 어떻게 이런 결론에 도달했는지 그 추론의 과정을 함께 따라가 보자.

원자는 왜 이리 작은가? 우리는 왜 이리 큰가?

먼저 우리는 원자가 정말로 작디작다는 점을 실감해야 한다. 거기에서 모든 이야기가 시작된다.

순박한 물리학자의 생각을 전개하는 방법으로는 어이없을 정도로 기이한 물음에서 시작하는 게 좋겠다. 왜 원자는 이토록 작은가? 우선, 정말이지 원자는 아주 작다. 일상생활에서 다루는 것들의 작은 부분에는 모두 다 엄청난 수의 원자가 있다. 이런 사실을 청중에게 알리기 위해 많은 예시가 고안되었지만 켈빈 경이 사용한 것만큼 인상적인 건 없다. 물 한 컵에 든 분자들에다 어떤 표시를 해 둔다고 상상하자. 그러고서 그 물을 바다에 붓고는 바다를 완전히 휘저어 표시한 분자들이 일곱 대양[1]에 골고루 퍼지게 하자. 그런 다음에 여러분이 대양 어디에서건 물 한 컵을 뜬다면 거기에는 여러분이 표시해 둔 분자가 대

---

1   국제수로기구IHO는 바다를 태평양, 대서양, 인도양, 남극해(남빙양), 북극해(북빙양) 5대양으로 나눈다. 7대양은 이런 5대양 구분 이전에 19세기 이래에 쓰던 오래된 표현이다. 북태평양, 남태평양, 인도양, 북대서양, 남대서양, 북극해, 남극해를 가리킨다.

략 100개는 들어 있을 것이다. (6-7)

물론 지구 바다를 골고루 휘젓기는 불가능한 일이고 또한 정말로 내 컵에 있던 물 분자 중 100개를 다시 돌아왔음을 검증할 수야 없다. 하지만 그만큼 원자는 너무나도 작고 그래서 컵 하나에 든 그 수는 엄청나게 많다는 점을 이 예시는 조금이나마 실감하게 해 준다. "현미경으로 식별할 수 있는 가장 작은 알갱이에도 원자는 수십억 개나 들어 있다."(7) 원자 지름의 길이 단위로 자주 쓰이는 옹스트롬(Å, 100억 분의 1미터)으로 나타내면, 원자 지름은 대체로 1에서 2Å 정도에 불과하다.[2]

원자가 이토록 작다는 것은 거꾸로 우리 몸이 얼마나 거대한지를 말해 준다. 그는 "우리 몸은 원자와 비교할 때 왜 이토록 클 수밖에 없는 걸까?"라고 반문한다.

다시, 원자는 왜 이토록 작은가? 확실히 이런 물음은 우리를 샛길로 빠지게 한다. 우리 물음의 진짜 목적이 원자 크기 자체에 있지 않기 때문이다. [······] 원자가 독립적으로 존재한다는 걸 분명히 하면서도 우리 물음의 진짜 목적이 우리 몸의 길이와 원자의 길이라는 두 길이의 비에 맞춰져야 하므로, 우리의 진짜 물음은 이런 것이다. 우리 몸은

원자와 비교할 때 왜 이토록 클 수밖에 없을까?

[……] 우리는 개별 원자를 볼 수도 느낄 수도 들을 수도 없다. 원자들에 관한 우리의 가설들은 우리의 거대 감각 기관들이 직접 알아채는 것과 아주 다르고 또한 직접 검증할 수도 없다.

그래야만 하는 걸까? 그럴 만한 본질적인 이유가 있을까? 우리가 이런 상황을 어떤 제1의 원리로 설명해 낼 수 있을까? 그럼으로써 자연법칙과 양립할 만한 다른 가능성이 없음을 확인하고 이해할 수 있을까? 자, 이런 문제는 순박한 물리학자가 단번에 말끔히 해결할 수 있다. 앞에 던진 물음들에 대한 답을 찾는 일도 모두 긍정적이다. (8-9)

우리 몸도 다른 것들과 마찬가지로 원자로 이뤄져 있으면서도, 몸의 민감한 감각 기관들은 개별 원자들의 충격에 아무런 영향을 받지도 않고, 알아채지도 못한다.

만일 우리가 원자 하나 또는 몇 개의 영향을 알아차릴 정도로 민감한 유기체라면? 맙소사, 우리 삶은 대체 어떤 모습이 되겠는가! 한 가지만 강조하면, 이런 유기체라면 질서 정연한 사유 같은 것을 발달시킬 수 없음이 너무나도 확실하다. (9)

왜 우리 몸은 개별 원자의 영향에 둔감한 것일까? 물론 뇌와 감각 기관 외에 우리 몸의 다른 기관들도 원자 수준의 영향에 둔감하기는 마찬가지이지만, 슈뢰딩거는 "우리 몸에서 가장 큰 관심을 *끄*는 유일한 것이 우리가 느끼고 생각하고 지각한다는 점"(9)이라며 사유와 감각을 중심으로 그 물음의 답을 탐색한다.

> 우리가 마주하는 물음은 이렇다. 여러 감각 기관들과 연결된 우리 뇌에서는 뇌의 물리적 상태 변화가 고도로 발달한 사유 능력과 긴밀히 조응하는데 그런 뇌가 무수한 원자들로 이뤄져야만 하는 필연적 이유는 무엇일까? 뇌 전체에서, 또는 환경과 직접 상호 작용하는 말초 신경 부분에서 외부 원자 단 하나의 영향에도 반응하고 그것을 기록해 둘 정도로 정교하고 민감한 메커니즘은 고도로 발달한 뇌의 사유 활동과 양립할 수 없을 텐데, 그렇다면 그 이유는 어떻게 설명될 수 있을까? (9-10)

슈뢰딩거도 인간의 사유와 지각과 관련해 "내 견해로, 그것은 자연 과학의 범위 바깥에 있으며, 어쩌면 전적으로 인간 오성의 문제일 것"(9)이라고 말했듯이, 그 이유를 분명하게 설명할 수는 없을 것이다. 그렇더라도 누구에게나 명백하고, 순박한 물리학자에게도 확실한 것은 첫째, 우리가 사유라 부르는 것은 그 자체로 질서 정연하다는 점, 둘째, 그 사유는 어느 정도의 질서 정연함을 갖춘 재료들, 달리 말해 질서 정연한 지각이나 경험들에만 적용된다는 점이다. 여기에서 '질서'가 강조되는데, 그것은 달리 말해 '법칙'의 존재를 암시한다. 부정할 수 없는 이런 확실함에서 물리학자는 무엇을 추론해 낼 수 있을까?

여기에서 두 가지를 생각할 수 있다. 첫째, 어떤 물리적 조직이 사유와 밀접히 조응하기 위해서는 (나의 뇌가 나의 사유와 긴밀히 조응하듯이) 매우 질서 정연한 조직이 되어야 한다는 점이다. 이는 그 내부에서 일어나는 사건들이 엄격한 물리 법칙을, 적어도 매우 높은 정확도로 따라야 함을 의미한다. 둘째, 그렇게 잘 짜인 물리적 체계에 외부의 다른 물체가 가하는 물리적 영향은 지각과 경험이 되며 거기에 조응해서 사유가 일어난다. 그런 점에서 확실히 그것은 앞에서 내가 말한 [사유의] 재료가 된다. 그러므로 우리 몸의 계와 다른 계들 사이에 일어나는 물리적 상호 작용은 대체로 일정 정도의 물리적 질서를 스스로 지닌다고 볼 수밖에 없다. 다시 말해, 그 상호 작용도 또한 엄격한 물리 법칙을 일정 정도로 정확하게 따르는 게 틀림없다. (10)

사유 자체가 질서 정연하다는 말은, 물리학자의 관점에서 볼 때, 뇌에서 일어나는 사건들이 물리 법칙을 잘 따르고 있다는 말로 바꿀 수 있다. 우리 몸이라는 계에 가해지는 외부 계의 영향은 "그렇게 잘 짜인 물리적 체계"인 뇌에 지각과 경험이라는 사유의 재료가 되어 전해진다고 설명할 수 있다. 이로써 물리학자는 '생명체가 작동하는 데에도 정확한 물리 법칙이 필요하다'는 결론을 말할 수 있다.

물론 1장에서 순박한 물리학자가 얻은 이런 결론은 실제 생물학 분야에서 밝혀진 생물학적 사실들과 비교, 검토하는 작업을 아직 남겨 두고 있다. 슈뢰딩거의 이야기에는 '반전'이 준비되어 있지만, 여기에서는 그 물리 법칙들에 관한 얘기를 더 깊게 다뤄야 한다. 물리 법칙들의 이야기를 따라가다 보면, '원자가 이토록 작은데, 우리 몸은 왜 이토록 거대한가'라는 물음에 대한 물리학적 답변의 의미를 더 분명하게 알아차릴 수 있다.

물리 법칙은 통계적이며 근사적이다

유기체의 질서 정연한 작동이 물리 법칙을 따르기 때문임이 분명하다면, 이때 물리 법칙은 어떻게 작용하는 것일까? 인간의 몸에서 살펴봤듯이 그런 법칙성과 질서의 정확성은 엄청난 수의 원자로 이루어진 유기체라는 조건에서 나타난다. 그렇다면 반대로 "어떤 유기체가 적당한 수의 원자로 이뤄져 있고 원자 하나 또는 몇 개의 충격에도 민감하다면, [질서 있는] 이런 모든 일이 왜 일어날 수 없다는 말일까?"(10) 슈뢰딩거는 이렇게 반대의 물음을 던지고는 낱개 원자가 본래 무작위 열운동을 하기 때문에 적당히 적은 수의 원자들에서 질서 정연한 운동을 보기는 어렵기 때문이라고 답한다.

왜냐면 우리가 알다시피 모든 원자는 언제나 완전히 무질서하게 열운동을 하기 때문이다. 열운동은 원자들의 규칙적 움직임에 반하면서, 적은 수의 원자들 간에 일어나는 사건들이 어떤 법칙을 따르는 걸 그대로 놔두지 않는다. 오직 엄청나게 많은 수의 원자들이 함께 움직일 때만 통계적인 법칙들이 작동하기 시작해서 원자 수가 늘어날수록 그 원자 집합체를 더욱 정확하게 제어한다. 바로 이런 방식으로 사건들은 진짜 질서 있는 특징을 띠게 된다. 유기체의 생명에서 중요한 역할을 한다고 알려진 물리학과 화학의 법칙은 모두 다 이와 같은 통계적인 법칙들이다. 누구나 생각할 법한 어떤 법칙성과 질서도 원자들의 중단 없는 열운동으로 인해서 끊임없이 방해를 받으며 결국에는 작동하지 않게 된다. (10-11)

슈뢰딩거는 우리가 아는 고전 물리학의 법칙이 언제나 정확히 작동하는 게 아니라는 점, 개개 원자와 분자들이 모여 집합을 이루는 미시 세계에서 보면 법칙의 정확도는 측정 대상이 되는 계의 입자들이 많고 적음에 따라 달라진다는 점을 지적한다. 달리 말해, 우리가 아는 물리학의 법칙은 계의 원자와 분자 수가 많을수록 그만큼 더 정확해지는 근사적인 것이다.

그 이유는 열운동 때문이다. 원자나 분자 같은 입자들의 무작위 운동은 끊임없이 일어나 우리가 아는 법칙들의 정확도를 거스르게 마련이다. 거시 세계에서는 물체의 정지 상태를 눈으로 쉽게 관찰할 수 있지만, 미시 세계에서는 멈출 줄 모르는 원자와 분자의 무작위 운동이 계속 일어난다. 원자는 절대 온도 0도(섭씨 영하 273도) 이상의 온도에서 언제나 무작위 운동을 한다. 제한적이기는 하지만 고체 물질에서도 원자는 허용된 공간에서 열운동을 계속한다. 그런데 이런 원자와 분자의 무작위 운동도 원자와 분자들이 무수한 무리를 이룰 때 어떤 법칙성을 드러낸다. 그런 규칙성 또는 법칙성을 통계 기법을 이용해 찾으려는 과학 분야가 바로 통계 열역학이다.

슈뢰딩거는 과학 교과서에 자주 등장하는 예시를 들어 우리가 아는 물리 법칙들에 이런 통계적 특성이 담겨 있음을 자세하게 설명한다.

첫 번째 예시: 열운동과 자기장의 경쟁

슈뢰딩거가 "수천 가지 사례 중에서 무작위로 뽑은 몇 가지 예시"(11)의 첫 번째는 외부 자기장이 있을 때는 거기에 반응해 자석 같은 성질을 띠다가 외부 자기장이 없어지면 자석 성질을 잃어버리는 현상인 '상자성'常磁性, paramagnetism을 실험하는 상황을 다룬다.

실험은 이렇게 진행된다. [그림 1]처럼 타원형 튜브에 산소 기체를 채우고서 그 튜브를 자기장 안에 두면 튜브 안의 산소 기체가 자석 성질을 띠는 '자기화' 현상이 일어난다.[3] 그림은 이런 자기화 과정을 보여 준다. 튜브 안의 산소 기체 분자들은 일종의 "작은 자석"이나 "나침반 바늘"처럼 자기장의 방향으로, 즉 왼쪽에서 오른쪽으로 향하는 경향성을 드러낸다. 하지만 기체 분자들이 모두 다 그런 것은 아니다.

---

[3]   자기장 안에서 산소가 자석 성질을 띠는 액체 산소의 상자성 실험들을 유튜브에서 동영상으로 찾아볼 수 있다.

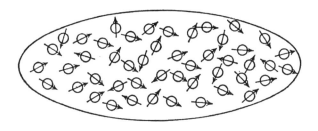

〔그림 1〕 상자성

[자기화가 일어난다고 해서] 산소 분자들의 방향이 모두 다 자기장 방향과 평행을 이룬다고 생각해서는 안 된다. 자기장 세기를 2배로 올리면 산소 기체에서 자기화는 2배가 된다. 매우 높은 자기장 세기까지 그런 현상은 비례적으로 나타난다. 자기화는 여러분이 가하는 자기장 세기에 따라 증가한다. (11-12)

[그림 1]을 보면, 튜브 안 산소 기체들의 계에서 자석 성질이 나타난다고 해서, 그때 모든 산소 기체 분자의 자성 화살표가 한 방향으로, 같은 각도로 향하고 있지는 않음을 알 수 있다. 낱개 분자들은 끊임없이 무작위의 열운동을 하며 자기화의 방향을 바꾼다. 다만 산소 분자들 전체의 계 차원에서 보면, 화살표 방향은 대체로 자기장 방향과 비슷하게 일치하는 경향을 보일 뿐이다.

물질의 자성

자성은 외부 자기장에 반응하는 물질의 성질을 말하며, 외부 자기장에 반응해 자석 성질을 띠는 것을 '자기화'라 한다. 물질의 자성은 대체로 세 가지로 나뉜다. 첫째, 외부 자기장이 걸릴 때 강하게 자기화하며, 자기장이 없어도 자석 성질을 오래 유지하는 강자성强磁性, 둘째, 외부 자기장이 있으면 자성을 띠지만 자기장이 사라지면 자성을 즉시 잃는 상자성常磁性, 셋째, 외부 자기장이 있을 때 자기장 방향과 반대로 자기화하여 자석에 붙지 않고 약한 반발력을 띠는 반자성反磁性이 그것이다. 철, 니켈, 코발트 등이 강자성 물질이며, 종이, 알루미늄, 마그네슘, 텅스텐 등이 상자성 물질이다. 반자성 물질로는 구리, 유리, 플라스틱, 금, 수소, 물 등이 있다. 초전도체는 강한 반자성 물질이다.

여기에 자기장의 세기를 높이면, 자기장 방향과 평행하게 일치하는 분자 수가 더 많아지고, 그럼으로써 산소 기체 전체의 자성은 더욱 커질 것이다. 이렇게 보면, 우리가 이 실험에서 눈으로 확인하는 산소 기체의 자기화 현상이라는 법칙성 또는 규칙성은 낱개 분자의 상태를 말해 주는 게 아니라 전체 평균의 상태를 말해 준다는 점이 분명해진다.

자기화 현상은 사실 "경쟁하는 두 가지 경향"의 힘겨루기의 결과로 일어난다고 볼 수 있다. 하나는 "모든 산소 분자를 가지런히 평행의 방향으로 향하게 하는 자기장"과 "무작위의 방향으로 향하게 하는 열운동" 사이에서 누가 더 센지를 겨루는 싸움이며 경쟁이다. 그렇게 본다면, 산소 기체의 자기화는 자기장 세기를 높일 때 증가하듯이 무작위 열운동을 억제할 때에도 증가할 것이다. 실제로, 온도를 낮춰 분자의 열운동을 억제할 때 자기화가 더욱 강해짐을 보여 주는 실험 결과들을 여기에서 슈뢰딩거는 간략히 제시한다.

자기장 세기를 높이는 대신에 열운동을 약화함으로써, 달리 말해 온도를 낮춤으로써 자기화를 높이는 게 가능할 것이다. 이는 자기화가 절대 온도에 역비례한다는 이론(퀴리의 법칙[4])과 일치하는 실험을 통해 확인된다. 오늘날에는 장비를 이용해 열운동을 거의 없앨 수 있을 정도로 온도를 낮춰 [……] 완벽하지는 않지만 부분적으로 '완전한 자기화'를 구현하기도 한다. (12-13)

산소 기체 예시는 우리가 관찰하는 거시 세계의 자기화 현상이 미시 세계에서는 자기장과 열운동 간에 벌어지는 "경쟁"의 평균적인 결과임을 말해 준다. 법칙은 개개 분자에 관해 말해 주지 않으며 집합체로서 하나의 계 안에 있는 전체 분자의 평균적 거동을 말해 준다. 이런 점에서 슈뢰딩거는 산소 기체의 상자성 실험이 "순수하게 통계적인 성격의 법칙을 아주 명확히 보여 주는 예시"라고 강조한다.

---

4 상자성 물질에서 자기장 세기가 일정할 때 자기화의 정도는 절대 온도에 역비례한다는 법칙. 마리 퀴리의 남편인 피에르 퀴리Pierre Curie, 1859-1906가 발견했다.

이런 현상이 아주 많은 수의 분자들에 전적으로 의지한다는 점, 그래서 그 분자들이 우리가 지금 관찰하는 자기화 현상을 함께 만들어 낸다는 점을 명심하자. 그렇지 않다면 자기화는 결코 일정하게 나타나지 않을 것이며, 1초마다 아주 불규칙하게 요동함으로써 열운동과 자기장이 서로 경쟁하는 변화무쌍을 보여 줄 것이다. (13)

두 번째 예시: 브라운 운동

두 번째 예시는 널리 알려진 브라운 운동 현상이다. 잔잔한 물에 떠 있는 작은 입자가 이리저리 끊임없이 불규칙한 운동을 하는 모습을 본 적이 있을 것이다. 액체나 기체에 있는 입자의 불규칙 무작위 운동을 가리키는 '브라운 운동'이라는 이름은, 1827년 현미경으로 이런 현상을 관찰해 처음 보고한 스코틀랜드의 식물학자 로버트 브라운-Robert Brown, 1773-1858의 이름을 따서 붙여졌다. 브라운은 당시에 현미경을 통해 물에 떠 있는 아주 작은 꽃가루 입자가 끊임없이 이리저리 불규칙하게 움직이는 현상을 신기하게 관찰하고서, 이어 다른 무기물 입자에서도 같은 현상을 확인했다. 당시에는 작은 입자의 불규칙 운동이 아주 작은 어떤 생명체의 운동과 관련됐으리라는 통설도 있었지만, 이런 통설은 브라운의 세심한 관찰을 통해 반박됐다.

브라운 운동이 왜 일어나는지는 20세기 초가 되어 원자와 분자의 과학과 통계 물리학이 발전하면서 밝혀졌다. 그 발견의 주인공은 시공간을 다시 해석한 상대성 이론의 발견자로서 더욱 유명한 알베르트 아인슈타인이었다. 1905년에 그는 박사 학위 논문을 발전시킨 후속 연구에서 브라운 운동이 흔히 생각하듯이 열에 의한 대류 때문에 일어나는 게 아니라 작은 입자가 그 주변에 있는 유체 또는 기체의 개별 분자들과 충돌하면서 발생함을 증명해 주목받았다. 브라운 운동은 원자나 분자의 무작위 운동인 열운동을 보여 주는 대표적인 사례이다.

다시 슈뢰딩거의 설명으로 돌아오자. 슈뢰딩거는 [그림 2]와 같은 밀폐된 유리 상자 안에 미세 물방울을 뿌려 안개를 만들고서 안개가 전반적으로 내려앉는 모습을 관찰했다. 그런데 과연 이때 모든 물방울이 한결같이 하강을 할까?

아니다. 작은 물방울 입자들 하나하나를 추적할 수 있다면, 다양한 운동을 볼 수 있다. 물방울들은 대체로 하강하면서도 주변 기체 분자와 충돌해 어떤 것은 다시 위로 튕겨 오르고 어떤 것은 옆으로 나아가고, 이런 식으로 무작위 운동을 한다. [그림 3]은 그렇게 기체 분자들에 부딪혀 무작위 운동을 하는 물방울 하나의 궤적을 그린 것이다. 이번에도 슈뢰딩거는 중력 법칙에 순응해 안개가 점차 하강하는 법칙성은 "평균적으로만 그렇다"는 점을 강조한다. "물방울들은 충격을 받아 이리저리 돌아다니고, 평균적으로만 중력의 영향을 따를 것이다."(14)

엉뚱한 상상이긴 하지만, 만일 우리 몸이 물방울처럼 아주 작다면 기체 분자들에 치여 이리저리 무작위 운동을 하는 물방울과 같은 신세를 면치 못했을 것이다. 원자나 분자 수준에서 일어

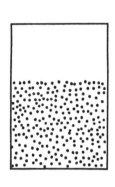

〔그림 2〕
안개 방울은 가라앉는다.

〔그림 3〕
낱개 물방울은
무작위 브라운 운동을 한다.

나는 사건들을 다 식별하고, 또 거기에 다 반응한다면 어떤 일이 생길까? 어쩌면 원자와 분자의 세계에 무디다는 점이야말로 몸집 큰 생명체가 안정적으로 살아갈 수 있는 비결이 아닐까? 현미경으로나 볼 수 있는 작은 박테리아들이라면 원자와 분자 세계의 변화에 훨씬 더 민감하게 반응할 테니 말이다.

이런 예시는 우리 감각이 몇 개 분자의 충격에도 민감하다면 우리가 얼마나 우습고 혼란스러운 일을 겪을지를 보여 준다. 박테리아 같은

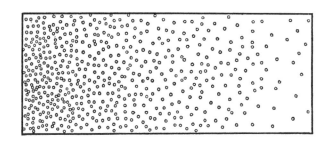

〔그림 4〕 입자들이 높은 농도(왼쪽)에서 낮은 농도(오른쪽)로
퍼져 가는 확산 현상.

유기체는 너무 작아서 이런 분자 수준의 현상에도 큰 영향을 받는다. 박테리아의 이동은 주변 자리의 열 변화에 의해 결정된다. 박테리아들에게는 선택의 여지가 없다. 물론 어떤 이동 수단을 스스로 갖추고 있다면 다행히 이곳저곳으로 자리를 옮길 수 있다. 그렇더라도 여전히 어려운 일이다. [분자들의] 열운동은 박테리아들을 거친 바다에 떠 있는 작은 배들처럼 흔들어 댈 테니 말이다. (14-15)

일상생활에서 브라운 운동을 더 친근하게 관찰할 수 있는 예시는 많다. 그중 하나가 확산 현상이다. 산화제나 표백제에 쓰이는 과망가니즈산 칼륨(과망간산 칼륨)은 진한 보라색을 띠는데, 과망가니즈산 칼륨 한 방울을 물이 담긴 그릇 한쪽에 떨어뜨리면 농도가 균일해질 때까지 퍼지는 확산 현상을 볼 수 있다([그림 4]). 너무나 익숙하고 단순한 현상이다.

확산 현상을 일으키는 어떤 힘이 작용하는 걸까? 우리가 늘

볼 수 있는 이런 법칙성, 규칙성은 어떻게 가능한 걸까? 곰곰이 생각할수록 신기한 일이다. 슈뢰딩거는 어떤 힘이 작용한 건 아니라며 호기심을 더욱 자극한다. "흔히 생각하듯이, 그러니까 한 나라에서 인구가 더 널찍한 지역으로 퍼져 이동하듯이, 과망가니즈산 칼륨 분자를 밀집한 곳에서 덜 밀집한 곳으로 밀어내는 어떤 경향성이나 힘 때문에 이런 일이 일어나는 건 아니라는 점이다."(16)

　　모든 개별 분자는 사실 서로 부딪힐 일도 거의 없을 정도로 넓은 공간에서 제각각 움직일 뿐이다. 과망가니즈산 칼륨 분자들은 농도가 높은 곳에서도 물 분자와 충돌하며 분주하게 무작위 열운동을 하고, 농도가 낮은 곳에서도 물 분자와 충돌하며 끊임없이 불규칙 운동을 한다. 끊임없이 물 분자와 충돌하며 예측하기 힘든 무작위의 방향으로, 그러니까 때로는 농도가 높은 곳으로, 때로는 농도가 낮은 곳으로 움직이는 똑같은 운명에 처해 있을 뿐이다. "이런 움직임은 걷고자만 할 뿐 어느 방향으로 갈지는 생각하지 못한 채 눈가리개를 하고 넓은 공간을 이리저리 걷는, 그래서 끊임없이 방향을 바꾸는 사람들의 움직임에다 비유할 수 있다."(16)

　　그런데도 확산의 규칙적 현상은 어떻게 어김없이 일어나는 걸까? 통계 물리학은 이를 어떻게 설명할 수 있을까?

　　모든 과망가니즈산 칼륨 분자에 적용되는 이런 무작위 운동은 더 낮은 농도로 나아가는 흐름, 결국에는 균일한 분산의 상태에 도달하는 규칙적 흐름을 만들어 낸다. 이런 현상은 언뜻 보기에 당혹스러운 문제이다. 하지만 언뜻 보기에만 그렇다. [그림 4]에서 농도가 대략 일정한 곳을 여러 구획으로 나눈다고 상상해 보자. 어떤 순간에 어떤 구획 안에 있는 과망가니즈산 칼륨 분자들은 정말이지 무작위적인 운동으로 오른쪽으로, 또는 왼쪽으로 같은 확률로 움직일 것이다. 그렇지만 정확히 그로 인해서, 이웃하는 두 구획을 나누는 칸막이 면을 통과하는 분자 중에서 [농도가 높은] 왼쪽에서 오는 분자가 [농도가 낮은] 오른쪽에서 오는 분자보다는 더 많을 것이다. 이유는 단순하다. 무작위 운동에 참여하는 분자들의 수가 오른쪽보다 왼쪽에 더 많기 때문이다. 이런 상황에서는 왼쪽에서 오른쪽으로 가는 규칙적 흐름이 균일한 분산의 상태에 도달할 때까지 계속된다. (16)

슈뢰딩거의 친절한 설명을 다음의 그림으로 나타낼 수 있다. 분자들은 무작위로 움직이지만, 확산의 방향은 어김없이 농도가 높은 쪽에서 낮은 쪽으로 나타난다. 이런 확산 현상에서 수학으로 표현되는 엄밀한 확산 법칙을 얻을 수 있다.

여기에서 슈뢰딩거는 확산 법칙을 표현하는 편미분 방정식을 제시하는데, 우리 독자들이 이런 난해한 방정식에 놀랄 필요는 없다. 슈뢰딩거는 독자들이 이 방정식을 이해하고 익혀야 한다고 말하는 게 아니다. 오히려 그는 이처럼 엄밀한 수학의 언어로 표현된 물리 법칙이라 해도 절대적인 것으로 받아들이지 말고 근사

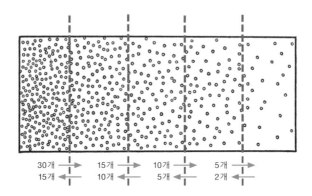

〔그림 4′〕 서로 다른 농도 상태를 몇 개 구간으로 나누어 살펴보면, 높은 농도 상태에 있는 밀집한 입자들이 낮은 농도 상태로 나아가는 경우의 수가 훨씬 많음을 알 수 있다. 이처럼 낱개 입자들은 무작위 운동을 하더라도 전체 평균으로는 확산이라는 규칙성이 나타난다. 설명을 위해 슈뢰딩거의 〔그림 4〕를 다시 그렸다.

적인 것으로 받아들여야 한다고 강조한다. 분자들은 무작위 운동을 할 뿐이고, 수많은 분자가 참여하는 사건에서 평균적인 근사치는 법칙이 된다.

$$\frac{\delta\rho}{\delta t} = D\nabla^2\rho$$

이 편미분 방정식에 대한 설명으로 독자들을 괴롭히지는 않겠다. 다만 그 의미는 일상 언어로 설명해도 될 만큼 충분히 간단하다. 여기에서 내가 '수학적으로 엄밀한' 법칙을 엄격하게 거론하는 이유는, 이런 물리적 엄밀성을 특정한 쓰임새로 적용할 때는 늘 그 법칙의 물리적 엄밀성을 따져 봐야 한다는 점을 강조하기 위함이다. 법칙의 타당성은 순수한 우연pure chance에 기반을 둔다는 점에서 근사적일 뿐이다. 어떤 법칙이 근사성을 매우 훌륭하게 보여 준다면, 그것은 오로지 그 현상에서 함께 참여하는 분자 수가 엄청나게 많은 덕분이다. 수가 적을수록 매우 우연한 이탈도 늘어난다고 우리는 예측할 수 있다. (17)

세 번째 예시: 측정 기구가 너무 민감하면 쓸모없는 이유

세 번째 예시에서 슈뢰딩거는 분자들의 끊임없는 열운동으로 인해 물리 법칙이 교란될 수 있음을 보여 준다. 그 예시는 '비틀림 저울'torsion balance이라는 물리학 실험의 측정 기구 이야기로 시작한다. 비틀림 저울은 가늘고 긴 줄에 아주 가벼운 물체를 매달고 균형 상태에 둔 다음에, 그 균형 상태를 깨는 어떤 아주 약한 힘을 측정하기 위해 고안된 정밀한 실험 도구이다. 흔히 전기력, 자기력, 또는 중력이 가해질 때 매달린 가벼운 물체가 수직축을 중심으로 비틀리며 평형 상태에서 벗어나는데, 그런 비틀림 정도를 측정함으로써 거기에 작용한 약한 힘의 크기를 측정한다.

과학사에서 비틀림 저울은 '쿨롱의 비틀림 저울'이라는 이름으로 자주 등장한다. 프랑스 물리학자 샤를 오귀스탱 드 쿨롱 Charles Augustin de Coulomb, 1736-1806이 비틀림 저울을 발명한 사람은 아니지만, 자신의 쿨롱 법칙(두 전하 사이에 작용하는 힘은 두 전하 크기의 곱에 비례하고 거리의 제곱에 반비례한다)을 발견한 실험에서 이 측정 기구를 아주 요긴하게 썼기에 그가 사용한 '쿨롱의 비틀림 저울'이 특히 유명해졌다.

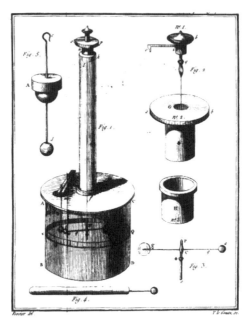

쿨롱의 비틀림 저울

정밀 측정 기구로 사용되었던 비틀림 저울은 슈뢰딩거가 이 책을 쓴 1940년대에도 물리학 실험실에서 자주 사용되었던 듯하다. 더 작은 힘에도 반응하도록 매단 물체를 더 가볍게 하는 방식으로, 비틀림 저울의 정확도를 더욱 높이려는 여러 개량 시도가 있었을 것이다. 하지만 "비틀림 저울의 정확도를 높이려는 지속적인 시도는 기이한 한계, 그 자체로 매우 흥미로운 한계에 부딪혔다."(17)

균형 상태가 더욱 약한 힘에 민감하게 반응하도록, 점점 더 가벼운 물체, 점점 더 가늘고 긴 실을 선택해야 했고, 그러면서 매단 물체가 주변 분자들의 열운동에 의해 눈에 띄게 영향을 받는 한계점에 도달했으며, 그로 인해 그 평형 위치의 주변에서 끊임없이 불규칙한 '춤'을 추기 시작했다. 두 번째 예시에서 본 물방울의 요동과도 아주 흡사했다. 이런 움직임이 균형 상태에서 얻는 측정의 정확도에 절대적 한계를 부여하는 건 아니었지만 기구를 다룰 때는 한계로 작용했다. 열운동의 통제할 수 없는 효과와 측정하려는 힘의 효과가 서로 경쟁하는 바람에, 단 한 번의 측정은 의미를 잃어버린다. 그래서 이 측정 기구의 브라운 운동 효과를 제거하려면 측정을 여러 번 해야 한다. (18)

슈뢰딩거는 바로 뒤이어 "내 생각에, 이런 예시는 지금 우리 논의에서 특별히 중요하다. 결국에 우리 감각 기관들도 일종의 측정 기구이기 때문이다. 우리는 측정 기구들이 너무 민감하면 쓸모없게 되는 이유를 여기에서 볼 수 있다"(18)라고 말한다.

자연의 물리 법칙과 생명체의 작동 원리

지금까지 슈뢰딩거는 통계 열역학에서 자주 다루는 세 가지 예시를 설명하며 우리가 흔히 아는 물리 법칙이 절대적 엄밀성을 지닌 것이 아니라 근사적인 것임을 강조해 보여 주었다. 원자와 분자의 미시 세계로 내려가면, 물리 법칙은 원자와 분자의 무작위 열운동과 경쟁하면서 평균적인 법칙성으로 모습을 드러내는 것임을 우리는 이해할 수 있었다. 개별 분자의 무작위 운동에 휘둘리지 않으려면, 그래서 정확히 들어맞는 물리 법칙을 보려면 될수록 많은 수의 입자가 있어야 한다는 점도 분명해졌다.

이처럼 법칙의 정확성이 분자들의 개수와 관련이 있음을 강조하면서, 마지막으로 슈뢰딩거는 흥미로운 'n의 제곱근($\sqrt{n}$) 법칙'을 소개한다.

나는 어떤 물리 법칙에서 예측되는 부정확성의 정도와 관련해 아주 중요한 숫자와 관련되는 얘기를 하나 덧붙이고자 한다. 이른바 '$\sqrt{n}$의 법칙'이다. 먼저 간단한 예를 들어 설명하고서 그것의 일반적 의미를 얘기하겠다.

만일 내가 일정한 압력과 온도 조건에서 어떤 기체가 일정한 밀도를 이루고 있다고 말한다면, 달리 표현해서 그런 압력과 온도 조건에서 일정한 부피 안에 n개의 기체 분자가 들어 있다고 말한다면, 그다음에 여러분이 어떤 시점에 정말 n개의 분자가 있는지를 검증한다면, 여러분은 내 말이 정확하지 않으며 그 오차가 $\sqrt{n}$의 규모에 달한다는 것을 알게 될 것이다. 그래서 그 수 n이 100개라면, 여러분은 대략 10개 규모의 오차, 즉 10퍼센트의 오차를 발견할 것이다. 하지만 n이 100만 개라면, 오차는 대략 1,000개의 규모, 즉 10분의 1퍼센트로 나타날 것이다. 거칠게 말해서 이런 통계 법칙은 아주 일반적으로 통한다. 물리학과 물리 화학의 법칙들은 $1/\sqrt{n}$이라는 확률적인 상대 오차의 범위 내에서 부정확하다고 말할 수 있다. 여기에서 n은 함께 어울려 법칙을

만들어 내는 분자의 수이다. (18-19)

정확하고 정교한 법칙의 작동을 위해서는 많은 원자와 분자의 참여가 필수 조건이다. 유기체 생명에서도 마찬가지이다.

여러분은 여기에서 다시 한번 유기체가 내적 생명을 위해서나 외부 세계와 상호 작용을 하기 위해서나 아주 정확한 법칙의 이점을 누리려면 비교적 거대한 구조를 반드시 지녀야 한다는 점을 알게 된다. 왜냐면 그렇지 않고 서로 어울리는 입자의 수가 너무 적다면 '법칙'도 너무나 부정확해지기 때문이다. 특히 중요한 요구 사항은 제곱근이다. 100만이 생각하기에 큰 수라 해도 1,000분의 1 오차라는 정확도는 '자연의 법칙'이라는 위엄을 주장할 만큼 압도적으로 좋은 것은 아니다. (19)

이제 『생명이란 무엇인가』의 1장을 정리할 시간이다. 슈뢰딩거는 순박한 물리학자가 물리학의 관점에서 도달할 수 있는 결론을 제시하면서, 유기체 생명이 이토록 내적으로 질서 정연하게, 그리고 외부 환경과 안정적으로 상호 작용하는 것은 생명 현상에도 물리 법칙이 작동함을 나타낸다는 확실한 결론에 다다른다. 물리학자의 추론은 생명의 수수께끼에는 '극히 많은 원자로 이뤄진 구조'가 놓여 있을 것임을 명확히 보여 준다.

그리하여 우리가 도달한 결론은 유기체, 그리고 유기체가 경험하는 모든 생물학적 과정이 극히 많은 원자 구조를 갖추어야 하며 우연적인 단일 원자 사건들이 너무 큰 중요성을 얻지 못하도록 안전하게 보호되어야 한다는 것이다. '그게 핵심이다. 그래야 유기체가 충분히 정확한 물리 법칙을 따를 테고, 물리 법칙에 의존해서 놀랄 만큼 규칙적이고 질서 정연한 작동이 이뤄질 수 있을 테니까.' 우리의 '순박한 물리학자'는 이렇게 말해 준다. 생물학적으로 이야기하면 선험적인 방법으로 (즉 순수하게 물리적 관점을 통해) 도달한 이런 결론들은 실제 생물학적 사실들에 얼마나 들어맞을까? (20)

이어지는 두 장에서는 생명이란 무엇인가를 다루는 논의에서 중요한 생물학적 이론과 사실을 간추려 정리하면서, 지금까지 순박한 물리학자가 추론해 얻은 결론이 이런 생물학적 이론, 사실과 모순되는 바는 없는지를 비교하고 따져 본다. 곧 보겠지만, 순박한 물리학자의 믿음직한 추론과 결론은 생물학적 사실들 앞에서 무력하게 무너지고 다시 길을 잃고 만다.

3

유전되는
암호 문서

순박한 물리학자가 보여 주는 과학의 모습은 1940년대 슈뢰딩거의 설명에서 대략 30년 전쯤, 그러니까 20세기 초엽의 수준에 맞춰져 그려지는 듯하다. 1장에서 그가 제시한 물리 법칙의 여러 예시는 20세기 초의 과학으로 충분히 설명되는 것들이다. 산소 기체가 자기장 안에서 자성을 띠는 상자성 현상은 통계 물리학이 말하는 분자들의 미시적 거동으로 이해되고, 작은 입자가 이리저리 불규칙하게 움직이는 브라운 운동은 분자들의 열운동과 연관된 것으로 밝혀지고, 또한 물리학 실험에서 쓰던 쿨롱의 비틀림 저울이 점점 더 빈삼한 측정 도구로 개량되면서 분자 열운동의 영향에 직면한다는 이야기는 모두 다 20세기 초까지 이뤄진 물리학의 발전 덕분에 가능하기 때문이다. 그러니까 1장에서 순박한 물리학자가 '생명이란 무엇인가'라는 물음에 답하고자 여러 예시를 통해 보여 주는 30년 전 고전 물리학의 설명은 이제 시작하려는 그 30년 후 슈뢰딩거의 이야기와 대비되는 설명의 장치라고도 볼 수 있다.

슈뢰딩거 책의 2장 「유전 메커니즘」에서 그런 대비와 장면 전환이 나타난다. 슈뢰딩거는 "고전 물리학자의 예측은 틀렸다"라는 말로 2장을 시작한다. 앞 장의 이야기를 열심히 읽으며 고개를 끄덕인 독자라면 '뭐라고? 유기체가 물리 법칙을 정확히 따라 생명의 안정성을 유지하려면 극히 많은 원자 구조로 이뤄져야 한다는 설명은 아주 당연해 보이는데, 아니 그게 틀렸다고?' 하며 의아해할 법하다. 무엇이, 왜 틀렸다는 걸까?

2장 「유전 메커니즘」은 30년 전 고전 물리학만으로 다 설명하지 못하는, 그래서 더 많은 다른 추론을 요구하는 생물학적 사실들을 종합하고 정리해서 알려 준다. 무엇보다도 생명 현상의 핵심인 유전자는 순박한 물리학자가 추론한 것과 달리 작은 세포 각각에 들어 있는 너무나 작은 물질이라는 사실, 그리고 아주 긴 세월 동안 한 세대에서 자손 세대로 거의 그대로 전해질 정도로 견고한 안정성을 갖추고 있다는 사실을 분명하게 보여 준다. 슈뢰딩거는 물리학이 설명해야 하는 생명의 물질이 이처럼 얼마나 '경이로운' 것인지를 상소해서 이야기한다.

지금은 생명 과학 교과서에 유전자에 관한 지식이 세세하고 명확하게 잘 정리되어 있다. 하지만 슈뢰딩거가 책을 쓰던 1940년대에 유전되는 형질의 단위를 가리키는 '유전자'라는 말은 쓰였으나 그 물리적 실체가 대체 어떤 것인지는 분명하게 밝혀내지 못했다. 이런 상황에서 슈뢰딩거는 유전자 자체는 아니지만 세포 분열과 유전 메커니즘에 관해 밝혀진 중요한 생물학적 사실들을 정리하고 종합하면서 물리적 실체인 유전자의 정체에 관한 과학적 추론의 단서를 하나씩 찾아 나선다. 그리고 마침내 뛰어난 통찰력으로 당시에는 아주 낯설었을 '유전 암호 문서'라는 개념을 제시한다.

고전 물리학자의 예측은 틀렸다

고전 물리학자의 예측은 잘못됐다는 슈뢰딩거의 도발적인 평가는 어떤 의미일까? 앞 장에서 순박한 물리학자가 보여 주었던 추론과 예측을 다시 돌아보자. 그는 원자와 분자의 무작위 열운동이 끊임없이 언제 어디에서나 일어난다는 물리학적 사실로 미루어 볼 때, 질서 정연하고 안정적인 생물학적인 과정은 당연히 아주 많은 원자로 이뤄지는 구조를 갖춰야만 가능하고, 또한 원자나 분자의 개별 운동에 민감한 영향을 받지 않을 정도로 안전하게 보호되어야 한다는 추론에 도달했다. "그게 핵심이다. 그래야 유기체가 충분히 정확한 물리 법칙을 따를 테고, 물리 법칙에 의존해서 놀랄 만큼 규칙적이고 질서 정연한 작동이 이뤄질 수 있을 테니까."(20) 하지만 이런 결론은 생물학의 경험적인 실제 사실들에서 나온 게 아니다. 순전히 물리학적 관점에서 이론적으로 따져 얻어 낸 것일 뿐이다. 그러니 이런 물리학의 이론적인 추론이 생물학의 경험적 사실에 얼마나 잘 들어맞을지를 하나씩 다시 되짚어 보아야 한다.

먼저, 슈뢰딩거는 30년 전 고전 물리학자가 내놓았을 법한 순박한 추론과 설명에 30년 전 생물학자들이라면 마찬가지로 고개를 끄덕였으리라고 말한다.

세포 안에서 또는 세포와 주변 환경의 상호 작용에서 우리가 관찰하는 모든 생리적 과정에는 엄청난 수의 원자들과 원자 과정들이 관여할 테고, 그럼으로써 물리학과 물리 화학의 모든 관련 법칙은 '큰 숫자'라는 그 통계 물리학적 요구 조건에서도 안전하게 보호되는 듯이 보인다(아니 30년 전에도 그렇게 보였다). (20-21)

"30년 전에도 그렇게 보였다." 사실 30년 전 생물학자들에게도 엄청난 수의 원자가 생리적 과정에 관여한다는 설명은 아주 그럴듯한 얘기로 들리지 않았겠는가. 유기체의 생명을 통계 물리학의 관점에서 바라보는 게 신선하고 흥미로운 접근이기는 하겠지만, 다시 생각해 보면 생물 개체의 몸뿐 아니라 심지어 몸을 이루는 개개 세포가 여러 종의 원자들을 '천문학적인 수'로 지닌다는 것은 30년 전이라 해도 아주 당연한 얘기로 들릴 디이다. 만일 물리학자가 '물리학의 관점에서 볼 때 생물은 엄청나게 많은 원자로 이뤄져 생물학적 과정도 질서 정연하게 일어나는 겁니다'라고 설명한다면 하나 마나 한 소리로 들리지 않았겠는가? 진지하게 펼친 순박한 물리학자의 이야기는 사실 우리가 궁금해하고 진기하게 여기는 생명 현상에 관해 특별한 설명을 제공하지 못하는 듯하다. 특히나 순박한 물리학자 이후 30년 동안 유전의 메커니즘은 더 자세히 밝혀지고 염색체 유전 물질의 실체가 점차 드러나기 시작한 1940년대 슈뢰딩거의 시선에서 돌아본다면 이제는 다음과 같이 말할 수 있을 것이다. '30년 전에는 그렇게 생각할 수 있었다. 하지만 지금 우리는 고전 물리학자의 그런 견해는 잘못임을 안다.'

왜냐면 복잡한 생명 현상을 일으키고 아주 오랫동안 생명 현상을 지속하는 기능이 실제로는 상대적으로 적은 수의 원자로 이뤄진 유전 물질에 담겨 있다는 게 생물학적 사실로서 명확히 드러나고 있었기 때문이다. 그래서 질문은 바뀌어야 했다. 그토록 복잡하고 다양하고 항구적인 생명 현상이 이토록 작은 유전 물질을 통해서, 또는 슈뢰딩거의 말을 빌리면 "믿기 힘들 만큼 작은 규모의 원자 집단들"을 통해서 어떻게 가능한 걸까? 이에 대해서는 순박한 물리학자의 설명과는 아주 다른 설명이 필요하다.

오늘날 우리는 이런 견해[30년 전의 견해]가 잘못이었음을 안다. 앞으로 살펴보겠지만, 믿기 힘들 만큼 작은 규모의 원자 집단들이, 달리 말해 징확한 통계적 법칙을 보여 주기에는 너무나 작은 이 원자 집단들이 살아 있는 유기체 안에서 아주 질서 정연하고 법칙적인 사건들에 지배적인 역할을 행한다. 그 작은 원자 집단들은 겉으로 드러나는 유기체의 특징이 발생 과정에서 생성될 때 이를 제어한다. 또한 유기체의 기능과 관련한 중요한 형질을 결정한다. 이 모든 것에서 매우 정교하고 엄격한 생물학적 법칙들이 나타난다. (21)

슈뢰딩거는 2장 「유전 메커니즘」과 3장 「돌연변이」에서 생물학, 특히 지난 30여 년 동안 유전학 분야에서 이룬 "현재 지식의 상황"을 정리한다. "교배 실험의 증거", "생체 세포의 현미경 관찰"을 통해 유전의 메커니즘을 요약하는 그의 설명을 따라가면서, 독자인 우리는 20세기 초엽 생물학 지식의 상황과 분위기를 짐작할 수 있다. 그런데 나중에 다시 살펴보겠지만, 슈뢰딩거는 스스로 밝힌 대로 생물학에 정통하지 않은 물리학자였고, 그래서 생물학자들이 보기에 "내 요약이 피상적"이고 "다소 교조적"일 수 있음을 이해해 달라면서 이야기를 풀어 나간다.

1장에서 주요한 인물이었던 순박한 물리학자는 이후에 다시 등장하지 않는다. 이제 그가 아니라 양자 물리학자 슈뢰딩거가 생명이란 무엇인가라는 문제를 풀면서 이야기를 직접 이끈다.

유전되는 암호 문서, 뛰어난 통찰력의 예견

유전 물질을 '암호 문서'code-script에 빗대는 비유는 슈뢰딩거의 탁월한 과학적 상상력과 예견을 보여 준다. 오늘날 우리에게는 이 표현이 익숙하다. 생명 과학자들은 유전 정보를 얘기할 때 책 비유를 즐겨 쓴다. 유전체(게놈)는 아데닌, 티민, 구아닌, 시토신이라는 DNA 염기 서열 암호로 기록된 생명의 책이다. 그래서

DNA 염기 서열 정보를 알아내는 일을 자주 DNA를 읽거나 해독하는 작업처럼 얘기한다. 요즘 생명 과학은 이미 알고 있는 염기 서열을 인공으로 이어 붙여 유전자를 합성할 수 있는데, 이런 유전자 합성을 가리켜 'DNA를 쓴다'라고 말한다. 유전자를 자르고 교정하는 유전자 편집 기술은 생명의 책을 교정하거나 편집하는 작업으로 표현되기도 한다. 이처럼 유전 물질을 암호 문서 또는 책에 빗대는 표현은 요즘에야 흔히 쓰이지만, 슈뢰딩거가 이 책을 쓰던 1940년대에는 아주 생소한 말이었다. 슈뢰딩거는 '유전 암호 문서'라는 표현을 책에서 적극적이고 체계적으로 사용했는데, 그럼으로써 그는 유전 암호 문서라는 말을 처음 쓴 사람으로 생명 과학 역사에 기록되어 있다.

슈뢰딩거는 염색체를 가리켜 유전 암호 문서라고 불렀다. 그 이유는 생명 개체가 하나의 수정란 세포에서 시작해 수많은 세포로 분열하며 개체로 발달하는 발생 과정에서 세포핵, 특히 그 안에 있는 염색체라는 물질이 '핵심적인 결정 요인'으로 작용한다고 보았기 때문이다. 슈뢰딩거가 생명체 발생과 관련한 당대 생물학의 설명을 요약하면서 유전 암호 문서라는 표현을 처음 꺼내는 대목은 이 책에서 중요한 부분이므로 찬찬히 읽어 보자.

이제 나는 유기체를 두고 '패턴'이라는 말을 쓰고자 한다. 생물학자들은 '4차원 패턴'[1]이라는 말을 쓰는데, 그것은 다 자란 개체 또는 다른 어떤 단계에 있는 유기체의 구조와 기능을 뜻하기도 하지만, 또한 수정란 세포에서 시작해 유기체가 스스로 증식하는 성숙 단계에 이르는 개체 발생 전체를 뜻하기도 한다. 내가 쓰는 '패턴'은 이런 의미이다. 오늘날에는 이런 4차원 패턴 전체가 하나의 세포, 즉 수정란의 구조에 의해 결정된다는 것이 이미 알려져 있다. 더 나아가 우리는 그것이 본질적으로 그 세포의 작은 부분, 즉 세포핵의 구조에 의해서 결정됨을 알고 있다. 통상적인 '세포 휴지기'에는 세포핵이 세포 전체에 퍼진 염색질의 그물망처럼 보인다. 그러나 세포 분열(체세포 분열과 감수 분열에 관해서는 나중에 설명하겠다)이라는 생사가 걸린 중요한 과정에는 세포핵이 염색체라 불리는 섬유 또는 막대 모양의 입자들로 이뤄짐을 볼 수 있다. 염색체는 8개 또는 12개, 또는 인간의 경우에는 48개[2]에 달한다. 사실, 나는 여기에서 이 숫자를 2×4, 2×6, …… 2×24 식으로 써야 했다. 또 생물학자들이 흔히 말하듯이 염색체가 두 벌set이라고 표현해야 했다. 왜냐면 염색체들은 모양과 크기가 종종 명확히 구분되고 식별되지만 두 벌이 거의 완전하게 유사하기 때문이다. 잠시 뒤에 우리가 다시 보겠지만, 한 벌은 어머니(난자)에게서 오고 한 벌은 아버지(정자)에게서 온다. 바로 이런 염색체들이 개체가 발생하는 패턴, 그리고 성숙 단계에서 기능하는 패턴 등 모든 것을 일종의 암호 문서로

---

1 여기에서 4차원은 3차원의 공간과 시간 차원을 말한다. 개체 발생의 4차원 패턴이란, 수정란이 한 개체로 발달하려면 적합한 유전자가 적합한 곳에서 적합한 시간에 발현되어야 함을 의미한다.

2 사람 세포의 염색체는 23쌍, 46개이다. 슈뢰딩거가 글을 쓰던 당시에는 인간 염색체의 개수가 분명하게 확인되지 않았으며 대체로 48개로 알려져 있었다. 이와 관련한 논란을 상자 글 「인간 염색체 수」에서 읽을 수 있다.

세포 주기와 세포 분열

세포는 세포 분열을 통해 개체 발생, 생장, 생명 유지의 기능을 한다. 이런 세포의 일생을 세포 주기라 부른다. 세포 주기는 '세포 분열기'와 그 분열을 준비하는 '간기'로 나뉜다. 간기는 세포의 일생에서 매우 긴 시간을 차지하는데, 간기의 시간은 세포마다 상대적으로 다르다. 휴지기는 간기의 세포가 증식을 멈춘 상태의 기간을 말한다.

세포 분열은 모세포와 유전적으로 동일한 2개의 딸세포가 형성되는 과정이다. 세포 분열 이전 시기에 세포핵은 염색질이 퍼져 있는 상태로 나타나며, 세포 분열기에 들어서면 세포핵에 막대 또는 실 모양의 염색체가 나타난다. 이후에 실 모양의 방추사가 형성되어 두 벌의 염색체를 한 벌씩 분리해 한쪽으로 끌어모은다. 아래 그림은 동물 세포의 경우이다.

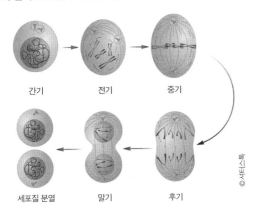

간기　　　　전기　　　　중기

세포질 분열　　　말기　　　　후기

ⓒ셔터스톡

담고 있다. 또는 우리가 현미경에서 염색체로 실제 관찰하는 그 뼈대 같은 섬유[3]에 암호 문서가 담겨 있다. 완전한 염색체 한 벌마다 충분한

3　염색체가 실 또는 막대 모양임을 의미한다.

인간 염색체 수

사람의 염색체가 정확히 몇 개인지는 염색체의 존재가 발견되고 염색체 수에 관심이 커진 1890년대 이후에 오랫동안 논란거리가 되었다. 인간 세포에서 염색체를 관찰하는 기법이 충분히 발달하지 못했기 때문이었다. 19세기 말과 20세기 초만 해도 인간 염색체의 수는 대체로 24개인 것으로 보고됐다. 1920년대에 47개 또는 48개라는 보고가 있었으나 여전히 불확실한 상황이었다. 한동안 일부 연구자들 사이에서는 염색체 수가 언제나 일정한 게 아니며 흑인과 백인처럼 인종에 따라 다른 것으로 보인다는 견해도 제시되었다. 그러다가 미국 동물학자 티오필러스 페인터Theophilus Painter, 1889-1969가 1920년대에 인간 염색체가 흑인이나 백인이나 모두 48개라는 결과를 발표했으며, 이것이 이후 30여 년 동안 입증된 사실로서 받아들여졌다. 1956년에 이르러 인도네시아 출신의 미국 세포 유전학자 치오Joe Hin Tjio, 1919-2001와 스웨덴 식물학자 레반Albert Levan, 1905-1998이 인간 염색체 수가 48개 아니라 46개임을 확인하는 연구 결과를 발표했다. 1953년 DNA 이중 나선 구조가 발견되고도 3년이 지나서야 인간 염색체 수가 46개임이 최종 확인된 것이다.[4]

암호가 있다. 그러니까 미래에 개체가 될 가장 이른 단계인 수정란에는 일반적으로 암호 문서 두 본本,copy이 있는 셈이다. (21-22)

인간 염색체 수를 24쌍, 48개로 잘못 얘기했지만 당시 생물학자들도 정확히 알지 못했으니 지금은 23쌍, 46개로 정정해 읽으

4   Stanley M. Gartler, "The Chromosome number in humans: a brief history", *Nature Reviews: Genetics*, Vol. 7, Aug, 2006, pp. 655-660.

면 되겠고, 우리가 여기에서 정말 주목할 곳은 슈뢰딩거가 '유전 암호 문서'라는 예견적인 표현을 어떻게 사용했느냐 하는 부분이다. 암호 문서란 곧 정보를 담은 문서를 뜻하므로, 세대에서 세대로 유전되고 세포 분열로 전해지는 것은 다름 아니라 생명의 기능과 구조에 관한 정보임을 의미한다고 받아들일 수 있다. 또한 그렇게 전해진 정보가 단 하나의 수정란 세포에서 시작해 개체로 완성되는 발생 과정에서 유기체의 '모든' 구조와 기능을 구현하는 일종의 설계 도면과 같은 역할을 한다는 점에서 염색체가 암호 문서라는 비유는 의미심장하다. 바로 이어지는 문단들에서 슈뢰딩거는 암호 문서의 의미를 좀 더 명확하게 얘기한다.

염색체 섬유 구조물을 암호 문서라 부를 때 그 의미는 이런 것이다. 예전에 라플라스Pierre Simon Laplace, 1749-1827가 말한 '모든 것을 꿰뚫어 보는 지성'[5], 그러니까 모든 인과적 연결을 즉각 간파하는 그런 지

5　슈뢰딩거가 여기에서 인용한 말은 피에르 시몽 라플라스의 1814년 저작에서 가져온 것이다. 과학적 결정론을 보여 주는 대표적인 예시로 자주 인용되는 라플라스의 글은 다음과 같다. "우주를 바라볼 때 우리는 현재 상태를 이전 상태의 결과로, 그리고 앞으로 일어날 상태의 원인으로 이해할 수 있다. 예컨대, 자연을 움직이는 모든 힘, 그리고 자연을 구성하는 존재의 모든 개별 위치를 낱낱이 파악하는 어떤 지성이 있다면, 또한 그 지성이 이런 자료를 다 분석할 만큼 충분히 거대하다면, 그런 지성은 같은 방정식으로 우주의 가장 거대한 물체 운동과 가장 가벼운 원자 운동까지 다 파악할 수 있을 것이다. 거기에 불확실함은 없을 것이며, 그리하여 미래도 과거도 그 지성의 눈앞에 드러날 것이다." 라플라스, 『확률에 대한 철학적 시론』, 1814. (참조: 피에르 시몽 라플라스, 조재근 옮김, 『확률에 대한 철학적 시론』, 지식을만드는지식, 2012.)

성이 염색체 구조만을 보고서 수정란이 조건만 적당하면 검은 수탉이 될지, 얼룩 암탉이 될지, 또는 파리나 옥수수, 진달래, 딱정벌레, 쥐가 될지, 인간 여자가 될지를 말할 수 있다는 것이다. 여기에 하나 더 덧붙여 말할 게 있다. 수정란 세포들은 겉모습이 너무 놀라울 만큼 비슷하다는 점이다. 새와 파충류 알 같은 상대적으로 거대한 알의 경우처럼 다른 수정란과 아주 달라 보일 때에도, 그 외견상 차이는 [염색체] 구조보다는 분명한 여러 이유로 추가되는 영양물질에서 비롯한다.

하지만 암호 문서라는 말 자체는 당연히 너무나 좁은 뜻을 담고 있다. 염색체 구조는 이와 동시에 미리 정해진 발생을 일으키는 데 도구로서 작용한다. 그래서 염색체는 법전이면서 집행력이다. 달리 비유하면, 염색체는 건축자의 설계 도면이면서 동시에 건설자의 솜씨를 한 몸에 담고 있는 셈이다. (22-23)

체세포 유사 분열: 암호 문서를 우리 몸 세포에 똑같이 복제하다

이어서, 슈뢰딩거는 암호 문서를 간직한 유전 물질이 어떻게 우리 몸의 모든 세포에 각각 똑같이 전달되어, 모든 세포가 동일한 암호 문서를 지니게 되는지를 구체적인 세포 분열 과정을 따라가며 설명한다. 조금은 생물학 수업을 듣는 듯한 분위기다. 유사 분열, 감수 분열 같은 생물학 지식에 관심이 적은 독자들에게 생소할 법한 생물학 용어가 자주 등장하지만, 물리학자 슈뢰딩거가 친절하게 설명하려고 노력하는 중이니까 찬찬히 따라 읽어 보자. 여기에서는 세포 분열 과정에서 느끼는 '경이로움'이야말로 슈뢰딩거가 전하고자 하는 핵심일 것이다.

먼저 유사 분열mitosis[6]이다. 이때 '유사'는 비슷하다는 뜻의 유사(類似)가 아니라 실이 나타난다는 뜻의 유사(有絲)로 쓴다. 세포 분열 과정에서 실 모양의 물질('방추사'라 불린다)이 생성되어 염색체 두 벌을 각각 끌어당겨 둘로 나누는데 이런 특징을 묘사하는 한자어이다. 그러니까, 유사 분열은 하나의 모세포가 2개의 딸세포로 나뉘는 세포 분열을 말한다. 세포 분열을 통해 하나의 세포는 둘이 되고, 둘이 넷이 되며, 여덟, 열여섯 식으로 점점 늘어나 결국에 엄청난 수의 세포를 지닌 개체로 성장한다. 그런데 이 과정에서 똑같은 염색체 암호 문서가 어떻게 계속 복제되어 세포에서 세포로 나뉘어 모든 세포에 전달될까? 이런 물음에 대해 슈뢰딩거는 다음과 같이 흥미롭게 설명한다.

개체 발생의 초기에 성장은 빠르게 일어난다. 수정란은 '딸세포' 둘로 분열하고 두 딸세포는 다음 단계에서 세포 넷으로 이뤄진 다음 세대를 만들어 낸다. 그런 식으로 8, 16, 32, 64…… 등으로 이뤄지는 세대를 형성한다. 성장하는 몸의 모든 부분에서 분열 빈도가 정확하게 똑같이 유지되지는 않을 것이고, 그래서 그 수의 규칙성도 사실 깨질 것이다. 그렇지만 이런 빠른 증가를 보면서, 우리는 단순한 계산을 통해 평균적으로 50회 내지 60회의 적은 횟수의 연속 분열만으로도 다 자

---

6   mitosis는 그리스어 '실'에서 유래한 말이다.

란 어른의 몸에 있는 세포의 수(아니 평생 일어나는 세포 교체를 생각하면 그 수의 10배는 될 수 있겠다)를 채우는 데 충분하리라는 것을 안다. 그리하여 내 몸의 체세포는 평균적으로 따져서 오래전 나였던 수정란의 50대손 또는 60대손 세포일 따름이다. (23-24)

슈뢰딩거는 다 자란 어른 몸의 세포 수가 "아주 거칠게 헤아리면 대략 1,000조 내지 1경 개"라고 덧붙여 설명했다. 하지만 사실 그 많은 인체 세포의 수를 하나하나 헤아릴 방법은 없으니 추정해서 제시한 그 수의 정확성을 검증하기도 어렵다. 그렇지만 어림짐작이나마 좀 더 체계적으로 따져 그 세포 수를 추산하려는 시도는 있었다. 최근에는 슈뢰딩거 시대에 어림짐작했던 것에 비해 규모가 대폭 줄어들어, 성인 남성 평균 세포 수가 30조 개가량이라는 견해가 과학 논문으로 제시된 바 있다. 아무튼 수십조나 되는 인체 세포들이 단 하나의 수정란 세포에서 시작해 수십 번의 세포 분열을 거쳐 만들어진다는 사실은 경이로운 일이다.

더욱 놀라운 일이 있다. 염색체 암호 문서가 세포 분열 때마다 흐트러짐 없이 그대로 복제되어 수십조나 되는 수많은 세포에 똑같이 하나씩 간직된다는 사실이다. 모든 유사 분열에서 염색체 두 벌은 그대로 두 벌로 복제되고, 그 과정은 끊임없이 되풀이되면서 새로 생성되는 세포에서 염색체 두 벌은 계속 유지된다.

염색체들은 두 벌 다, 즉 암호 문서 두 본이 다 복제된다. 그 과정은 현미경을 통해 집중적으로 연구되어 왔고 지금도 최고의 관심사이지만 여기에서 자세히 설명하기에는 너무 복잡하다. 두드러진 점은 두 딸세포 각각이 모세포 것을 정확하게 닮은 염색체 두 벌을 고스란히 물려받는다는 것이다. 그래서 모든 인체 세포는 깊숙이 간직한 염색체를 기준으로 볼 때 정확히 서로 같다.

우리가 그 장치[염색체]에 관해 아는 게 별로 없지만, 염색체가 어떤 방식으로건 유기체의 기능에 매우 깊게 관련하는 게 틀림없으며, 그래서 모든 세포는 덜 중요한 세포일지라도 암호 문서를 두 벌 다 지녀야 하는 거라고 우리는 생각할 수밖에 없다. 얼마 전에, 아프리카 전투에서 몽고메리 장군Bernard Law Montgomery, 1887-1976[7]이 자기 부대의 모든 장병은 장군의 계획을 꼼꼼하게 다 알고 있다는 점을 강조했다는 소식을 신문에서 본 적이 있다. 그게 참이라면(그 부대의 높은 지적 수준과 책임 의식을 생각하면 그럴 수도 있겠다), 그 얘기는 우리가 지금 논하는 것을 훌륭하게 보여 준다. 우리 논의에서는 그런 얘기가 문자 그대로 참이다. 염색체 두 벌이 유사 분열 과정에서 내내 유지된다는 점은 가장 놀라운 사실이다. (24)

앞에서 잠깐 언급했듯이 세포 분열 방식에는 유사 분열 외에 감수 분열이 있다. 염색체 두 벌이 모든 세대의 딸세포들에게 고

---

7   버나드 로 몽고메리는 제1차, 제2차 세계 대전에 참전한 영국 군인이다. 1944년 노르망디 상륙 작전 당시 영국군 총사령관으로 활약했다.

스란히 전해져 유지되는 유사 분열과 달리 "이런 규칙에서 유일하게 벗어나는" 감수 분열의 방식을 이제 살펴보고자 한다.

생식 세포의 감수 분열: 암호 문서는 염색체 한 벌에 다 담겨 있다

암컷과 수컷의 생식 세포가 결합해 자손을 만드는 유성 생식 생명체에서는 감수 분열meiosis이라는 놀랍고도 독특한 세포 분열이 일어난다. 여기에서 '감수'減數는 수가 줄어든다는 뜻이다. 두 벌('2n'으로 표시한다)이던 염색체가 세포 분열을 하면서 세포에 한 벌(n)만 남는 분열을 가리킨다. 이런 감수 분열은 체세포에서 일어나는 유사 분열과 달리 생식 세포인 정자와 난자에서 일어난다. 감수 분열 과정과 그 특징에 관한 슈뢰딩거의 설명이 이어진다.

> [정자와 난자 같은] 생식 세포들은 대체로 수정이 일어나기 얼마 전에 따로 예비된 세포들에서 만들어진다. 감수 분열에서 부모 세포의 두 벌 염색체는 한 벌씩 각각 분리되어 2개의 딸세포에 각각 한 벌씩 들어간다. 달리 말하면, 염색체 수가 유사 분열에서 2배로 늘어나는 일이 감수 분열에서는 일어나지 않으며 그 수는 그대로 유지된다. 그래서 각각의 생식 세포는 그 암호 문서의 절반만을 받는다. 즉 두 벌이 아니라 한 벌의 복사본만 받는데, 사람의 경우는 $2 \times 24 = 48$개가 아니라 24개가 된다.[8]
>
> 한 벌의 염색체만 지닌 세포는 반수체半數體,haploid라 부른다. 그러므로 생식 세포는 반수체이며 보통의 체세포는 배수체倍數體,polyploid이

다. 모든 체세포에서 염색체를 세 벌, 네 벌, …… 이런 식으로 여러 벌 지니는 개체도 간혹 나타나곤 하는데, 이를 삼배체, 사배체, …… 다배체라 부른다.

수정 과정에서 수컷 생식 세포(정자)와 암컷 생식 세포(난자)는 둘 다 반수체로서, 둘이 결합해 배수체인 수정란을 형성한다. 수정란 염색체의 한 벌은 어머니에게서, 다른 한 벌은 아버지에서 온 것이다. (25)

슈뢰딩거는 유성 생식 단계에서 반수체가 잠시 생겨나는 게 아니라 생애 동안에 반수체로서 살아가는 생물들의 예를 흥미롭게 소개한다. 정자와 난자 반수체가 결합한 수정란 세포가 개체로 발생하는 게 아니라, 반수체인 세포가 그대로 세포 분열을 하면서 개체로 성장하는 경우이다.

수벌은 우리 주변에서 볼 수 있는 대표적인 반수체 생물이다. 여왕벌의 난자들 가운데 정자와 수정하지 못한 난자가 개체 발생으로 나아갈 때 수벌이 태어난다. 그래서 염색체가 32개인 여왕벌이나 일벌과 달리 수벌은 그 절반인 16개 염색체 한 벌만 지닌 반수체이다. 반수체인 난자가 반수체인 정자와 결합하는 수정 없이 그대로 개체로 발생해 수벌이 되기 때문이다. 이를 단성 생식이라고 부른다. 그러므로 유전학적으로 말하면, 수벌에게는 어

---

8   사람 염색체는 23쌍, 46개이므로 이 문장은 "2×23=46개가 아니라 23개가 된다"로 고쳐 읽어야 한다.

머니만 있고 아버지가 없는 셈이다. 수벌은 일벌보다 몸집이 크지만 꿀이나 꽃가루를 모으는 일을 하지 않고, 성장한 다음에 여왕벌과 교미해 정자를 제공하는 역할을 한다. 그래서 슈뢰딩거도 이렇게 말했다.

> 수벌한테는 아버지가 없다! 수벌 몸의 모든 세포는 반수체이다. 여러분만 괜찮다면 수벌을 엄청나게 큰 정충精蟲이라 부를 수도 있겠다. 실제로 다들 알다시피 수벌이 일생 동안 단 한 번 유일하게 하는 과업이 마침 정자가 하는 역할과 같기 때문이다. (26)

반수체 생물의 경이로움은 숲에서 쉽게 볼 수 있는 이끼에도 있다. 이끼는 일생 동안 대부분 반수체로 생활하며 생식 기간이 아주 짧다. [그림 5]는 슈뢰딩거 책에 실린 이끼 그림이다.

> 잎이 달린 아래쪽은 반수체 식물인데 배우체配偶體, gametophyte라고 부른다. 그 위쪽 끝에서 생식 기관과 생식 세포를 발생시키는데 거기에서 일반적인 방식으로 수정이 이뤄져 매끈한 줄기에다 맨 위에 꼬투리를 지닌 이배체 식물이 만들어진다. 이를 포자체胞子體, sporophyte라 부른다. 포자체는 감수 분열을 거쳐 맨 위 꼬투리 안에 포자들을 만들어 낸다. 꼬투리가 터지면 포자들은 땅에 떨어지고 다시 잎 달린 줄기로 성장한다. 이 과정을 되풀이한다. (26-27)

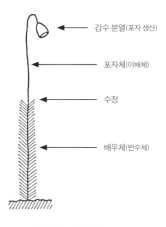

〔그림 5〕세대 교번

반수체 개체로 살아가는 생물이 실제로 존재한다는 것은 무엇을 말해 줄까? 그것은 염색체 한 벌만으로도 유전 암호 문서를 충분히 담아낼 수 있음을 의미한다. "그것은 사실상 '패턴'을 담은 매우 완벽한 유전 암호 문서가 각각의 염색체 한 벌에 담겨 있음을 보여 준다."(26) 염색체 한 벌에 유전 암호 문서를 충분히 담고 있다면, 왜 유성 생식을 하는 생물들은 염색체를 두 벌씩이나 갖는 걸까? 그것은 유전의 메커니즘에서 어떤 의미가 있는 걸까?

가설적 유전 물질, 유전자

지금까지 유전의 암호 문서인 염색체가 세포에서 세포로, 세대에서 세대로 전해지는 과정으로서 세포 분열의 두 가지 방식을 살펴보았다. 잠시 반수체 생물 이야기가 흥미롭게 끼어들었지만,

다시 슈뢰딩거의 관심은 염색체가 절반으로 줄어드는 생식 세포의 감수 분열로 돌아온다.

> 개체의 생식 과정에서 중요한, 정말로 결정적인 사건은 수정이 아니라 감수 분열이다. 염색체 한 벌은 아버지에게서 오고, 다른 한 벌은 어머니에게서 오는데, 여기에는 우연도 운명도 간섭할 수 없다. 모든 남자는 (당연히 모든 여자도 마찬가지다) 유전 형질의 절반을 어머니에게서, 다른 절반을 아버지에게서 받는다. (27)

우리가 부모한테서 유전 형질을 절반씩 물려받는 것은 생식 세포에서 독특하게 일어나는 감수 분열 덕분이다. 앞서 살펴보았듯이 부모의 염색체 두 벌은 정자와 난자 생식 세포들에 한 벌씩만 담기고 이런 반수체가 결합한 수정란이 유사 분열을 통해 개체로 발생한다. 거기에는 우연이 개입할 수 없다. 어긋남이 없이 부모의 염색체 두 벌 중에서 한 벌씩만을 물려받을 뿐이다. 그렇다고 미리 정해진 어떤 운명이 개입할 수 있는 것도 아니다. 부모의 염색체 두 벌 중에서 어떤 염색체를 물려받을지는 미리 알 수 없기 때문이다. 게다가 인간의 23쌍 염색체를 생각한다면, 1번 염색체 두 벌 중에서 무엇이, 2번 염색체 두 벌 중에서 무엇이 나의 유전 형질로 전해질지 알 수 없는 일이다. 그런 의미에서 슈뢰딩거는 부모의 유전 형질이 내게 전해지는 과정에 "우연도 운명도 간섭할 수 없다"라고 말했던 건 아닐까?

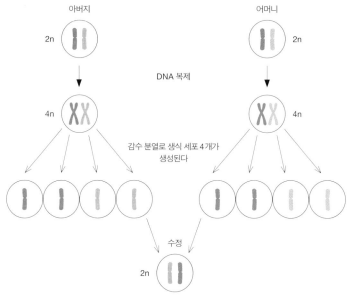

생식 세포의 감수 분열

　내 유전 형질의 기원을 부모에서 찾는다면 문제는 비교적 간단할 수 있다. 감수 분열 때문에 복잡해지기는 해도, 어김없이 절반은 아버지의 두 벌 염색체 중 하나를, 다른 절반은 어머니의 두 벌 염색체 중 하나를 물려받기 때문이다. 하지만 할아버지, 할머니까지 거슬러 올라가면 상황은 복잡해지고, "우연도 운명도 간섭할 수 없다"라는 말을 좀 너 실감할 수 있다.

　그러나 유전 형질의 기원을 조부모까지 거슬러 올라가 추적하면 상황은 달라진다. 아버지한테서 물려받는 염색체, 그중에서 예컨대 5번 염색체에 집중해 보자. 나의 5번 염색체는 내 아버지가 아버지의 아버지한테서 물려받은 5번 염색체의 충실한 복사본이거나 내 아버지가 아버지의 어머니한테서 물려받은 5번 염색체의 충실한 복사본이다. 그것은 내 아버지의 몸에서 감수 분열이 일어나 나를 잉태시킬 정자가 만들어진 1886년 11월 그때[9], 50 대 50의 확률로 결정됐다. 정확히 똑같은 얘기를 내 아버지의 1번 염색체, 2번 염색체, 3번 염색체, …… 24번 염색체에 대해서도 되풀이할 수 있다. 내가 물려받은 내 어머니의 염색체 각각에 대해서도 마찬가지이다. 더욱이 그 48번의 결정이 모두 다 완전히 독립적이다. 내가 아버지한테서 물려받은 5번 염색체가 할아버지 요제프 슈뢰딩거에게서 왔다는 게 밝혀진다 해도, 7번 염색체가 할아버지에게서 왔을 확률과 할머니 마리 보그너에게서 왔을 확률은 여전히 같다. (27-28)

이것이 바로 부모에게서 어김없이 각각 절반씩 전해지는 염색체가 수정란에서 23쌍, 46개의 염색체를 이룰 때, 부모 염색체 중에서 어떤 염색체가 내게 전해질지는 46짝 염색체마다 50퍼센트 확률을 지니며 미리 정해지지 않는다는, 그래서 우연도 운명도 간섭할 수 없다는 유전의 메커니즘이다.

유전의 기본적인 그림을 설명하고 나서, 이제 슈뢰딩거는 이런 안정적인 규칙에서 벗어나는 유전의 메커니즘을 설명한다. 하

---

9 슈뢰딩거는 1887년 8월에 태어났다.

나는 염색체들 간에 유전 형질을 섞어 유전적 다양성을 만들어내는 이른바 '교차'cross-over라고 불리는 현상이며, 다른 하나는 다음 장에서 자세하게 다뤄지는 돌연변이 현상이다.

슈뢰딩거는 앞에서 일부러 아주 단순하게 설명한 부분을 고쳐 말하면서, 실제의 감수 분열 과정에서 정말 순전히 우연하게 일어나는 교차 현상에 관한 이야기를 시작한다.

그렇지만 순수한 우연으로 인해 후손에 전해지는 조부모 유전 형질의 섞임은 우리가 앞서 살펴본 것보다 훨씬 더 폭넓게 나타난다. 앞에서 우리는 특정 염색체 전체가 할아버지한테서나 할머니한테서 온다고 은연중에 가정하거나 때로는 명시적으로 그렇게 얘기했다. 달리 말해 개별 염색체가 통째로 전해진다고 말이다. [하지만] 실제로는 그렇게 전달되지 않는다. 즉 언제나 그렇게 전달되는 것은 아니다. (28)

실제로 일어나는 생식 세포의 감수 분열에서는 후손에게 전해지는 유전 형질의 뒤섞임이 훨씬 더 폭넓고 다양하게 일어난다.

'상동'을 이루는 염색체 둘은, 예컨대 아버지 몸에서 감수 분열로 서로 분리되기 이전 단계에서 서로 가깝게 접촉하는데, 그러면서 둘은 [그림 6]에 나타나는 것처럼 일부분을 통째로 교환하기도 한다. 이 과정을 교차라고 부른다. 그런 교차를 통해, 하나의 염색체 내에서 서로 떨어진 위치에 있던 두 가지 속성이 손주에게 와서는 분리되고, 그럼으

상동 염색체, 대립 유전자

사람의 경우에 세포핵에는 23쌍 염색체가 있는데 한 벌은 어머니한테서, 다른 한 벌은 아버지한테서 온 것이다. 이렇게 해서 인간 세포핵에는 23쌍, 46개 염색체가 들어 있다. 염색체에는 각각 번호가 매겨져 1번 염색체부터 23번 염색체까지 있는데, 각 염색체 쌍에서 짝을 이루는 두 염색체를 상동 염색체相同染色體, homologous chromosomes라 부른다.

어떤 유전 형질이 아버지한테서 물려받은 것과 어머니한테서 물려받은 것이 다를 수 있듯이 상동 염색체에서 두 짝의 유전 형질이 다를 수 있다. 예컨대 머리카락 색깔에 관여하는 같은 유전자이더라도, 상동 염색체 한 짝에서는 검은색을 발현하고, 다른 짝에서는 갈색을 발현할 수 있다. 이렇게 상동 염색체에서 서로 대응하는 위치에 놓인 유전자를 대립 유전자라 부른다. 대립 유전자가 다를 경우에 그중 하나가 선택적으로 우리 몸에서 실제로 발현한다.

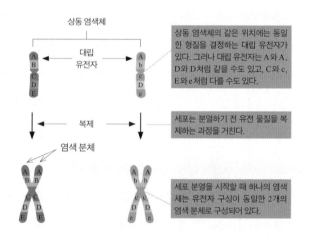

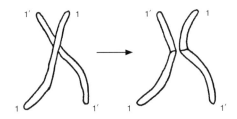

〔그림 6〕교차. 서로 접촉한 상동 염색체(왼쪽)와 분리된 후(오른쪽).

〔그림 6′〕교차 현상을 더욱 자세히 보여 주는
현대의 생명 과학 교과서 그림.

로써 손주는 그 속성 중 하나는 할아버지 것을 따르고, 다른 하나는
할머니 것을 따르게 될 것이다. 교차 현상은 매우 드물게 일어나는 건
아니지만 그렇다고 매우 자주 일어나지도 않는다. (28)

[그림 6]은 아버지의 생식 세포에서 감수 분열이 일어날 때
짝을 이루는 상동 염색체들이 서로 접촉하면서 유전 물질을 교환
하는 과정을 단순화하여 보여 준다. 1-1 염색체와 1′-1′ 염색체
는 같은 유전자 구성을 지녀 모양과 크기가 같은 상동 염색체로

서 짝을 이룬다. 둘이 접촉했다가 다시 분리될 때 유전자 구성이 달라지면서 1´–1 염색체와 1–1´ 염색체가 되었다. 염색체에는 많은 유전자들이 담겨 있으므로, 이런 교차에 의해 유전 물질이 교환될 때 유전자에서도 재조합이 일어날 수 있다. 당연히 새로운 유전자 다양성이 생겨날 수 있다.

요즘에는 슈뢰딩거의 [그림 6]보다 더 정확하고 자세한 그림들이 생명 과학 교과서에 실린다. 교차를 설명할 때 과학 교과서에서 흔히 사용되는 그림 하나를 보자. [그림 6´]에서 맨 왼쪽은 아버지 생식 세포가 세포 분열(감수 분열)을 준비하면서 먼저 본래 있던 염색체를 복제해 개수를 2배로 늘린 상태를 보여 준다. 하나는 할아버지한테서 물려받은 짝이고 다른 하나는 할머니한테서 물려받은 짝이다. 감수 분열 전 단계에서 둘이 가깝게 접촉할 때 유전 물질이 교환되는 교차, 즉 크로스 오버가 일어날 수 있다. 교차가 일어난 이후에 어떤 변화가 있었는지 자세히 살펴보자. 본래 유전 형질 A, B와 a, b는 각기 다른 염색체에 들어 있었으나 교차 이후에 감수 분열로 4개 짝이 분리되면 A, B와 a, b를 각자 지닌 염색체 외에도 A, b와 a, B를 섞어 지닌 염색체도 생겨남을 볼 수 있다. 아버지 몸에서 만들어진 반수체 정자가 지니는 염색체의 가짓수는 네 가지로 늘어났다.

교차 현상이 없다면, 같은 염색체에 있는 두 특성은 항상 함께 전해질 테고, 그래서 후손이 특성 하나를 물려받을 때 반드시 다른 하나도 함께 물려받는다. 하지만 서로 다른 염색체에 있을 때 두 특성은 50 대 50의 확률로 분리될 것이다. 그게 아니면 항상 분리될 수도 있는데, 그런 일은 두 특성이 같은 조상의 상동 염색체 두 짝에 나뉘어 있을 때 일어난다. 이런 경우에 두 특성이 함께 전해지는 일은 결코 일어날 수 없다. (28-29)

한 쌍의 염색체에는 많은 유전 형질의 정보가 담겨 있다. 여기에서 슈뢰딩거는 "특성"이라는 말을 썼지만, 그가 곧이어 설명하듯이 이 특성은 어떤 유전 형질을 발현하는 '유전자'를 가리킨다. 같은 유전 형질의 유전자 둘이 후손에게 전해지는 경우의 수는 위에서 설명했듯이 그리 많지 않다. 교차 현상만 없다면 말이다. 교차 현상이 없다면, 두 유전자, 즉 유전자 A와 B가 같은 염색체에 들어 있고 그 염색체가 감수 분열을 거쳐 통째로 후손에 전해질 때 A와 B는 함께 전해지게 마련이다.

하지만 유전자 A와 B가 분리되어 후손에 전해지는 경우도 생각할 수 있다. 먼저 두 유전자 A와 B가 놓인 자리가 서로 다른 염색체에 있다면, 예컨대 2번 염색체에 유전자 A가, 5번 염색체에 유전자 B가 있다면 감수 분열을 통해 전해지는 23쌍 염색체 꾸러미에서 이 유전자들이 전해지는 경우는 (1) A와 B가 함께 전해지는 경우, (2) A만 전해지는 경우, (3) B만 전해지는 경우, (4) A, B 둘 다 전해지지 않는 경우를 생각할 수 있으므로, 두 유전자가 분리될 확률은 50 대 50으로 나타날 것이다.

이와 더불어 항상 분리되어 전해지는 경우도 있다. 부모의 생식 세포에서 같은 쌍의 염색체를 이루는 두 상동 염색체 각각에 유전자 A와 B가 놓여 있다면, 감수 분열로 인해 상동 염색체가 함께 전해지는 일은 결코 일어날 수 없으므로 유전자 A와 B는 반드시 분리될 수밖에 없다. 만일 이런 교차 현상이 없다면 유전자가 후손에 전해지는 방식은 상당히 단순하게 추정될 수 있고, 그래서 유전자 다양성의 폭도 그리 넓지 않을 것이다.

얘기는 복잡했지만 사실 이 대목에 집중할 필요는 없다. 실제로는 이런 규칙성이 교차 현상으로 인해 흐트러지기 때문이다. 중요한 점은 이처럼 간단한 경우의 수가 교차 현상으로 인해 훨씬 복잡해진다는 것이고, 또한 이런 교차 현상이 그저 가설이 아니라 당대에 잘 고안된 교배 실험을 통해서 상당히 정확한 수준까지 확인됐다는 점이다.

이런 규칙성과 확률은 교차 현상에 의해 흐트러진다. 그러므로 이런 사건이 일어날 확률은 연구 목적에 맞춰 잘 고안된 장기간의 교배 실험들에서 후손의 구성 비율을 면밀하게 기록하는 방식으로 확인할 수 있다. 그 통계를 분석함으로써, 연구자들은 같은 염색체에 있는 두 특성이 서로 가까운 거리에 있을수록 두 특성 간의 '연관'이 교차에 의해 깨질 가능성은 줄어든다는 작업가설을 받아들인다. 왜냐하면 두 특성이 놓인 자리가 가깝다면 그만큼 교환점이 두 특성의 자리 사이에 놓일 확률은 더 낮아지기 때문이다. 반면에 두 특성이 염색체의 양 끝에

있다면 교차가 일어날 때 항상 분리될 것이다. (29)

슈뢰딩거의 얘기는 "특성", 유전 형질, 또는 유전자가 당대 유전학자들이 밝혔듯이 염색체 안의 특정한 자리에 있는 물리적인 존재임을 보여 준다. 연관 유전자 둘이 놓인 거리가 가까울수록 교차로 인해 둘이 헤어질 확률이 낮고, 반대로 둘의 거리가 멀수록 헤어질 확률은 높아진다. 이처럼 유전자는 염색체 안에서 일정한 물리적인 자리를 차지하는 실체로 이해할 수 있다. 독자들도 느끼겠지만 슈뢰딩거의 설명을 듣다 보면 우리는 유전의 생물학적인 현상보다는 그 현상을 일으키는 세포핵 안의 물리적인 물질에 더욱 관심을 갖게 된다.

한 가지 더 흥미로운 점은, 유전자 간의 물리적 거리에 비례해서 그 유전자들이 서로 분리될 확률이 높아진다는 성질을 이용하면 염색체 안에 있는 유전자들의 물리적 위치를 대략 추정할수 있다는 것이다. 미국 유전학자 토머스 모건이 실제로 행했듯이 수많은 초파리 교배 실험을 통해 교차를 일으키고, 이때 유전형질들이 후손에 전해지는 확률을 통계 작업으로 계산하면, 유전자 간의 상대적 거리를 계산해서 "특성 지도"를 그려 볼 수 있다.

이런 방식으로 '연관의 통계'를 이용하면 각각의 염색체에 있는 일종의 '특성 지도'를 얻을 수 있다. 이런 예견은 충분히 확인된 바 있다.[10] 충분히 검증된 사례들에서(주로 초파리 실험에서), 검증 대상이 되는 특성들은 실제로 염색체 개수만큼(초파리의 경우는 4쌍) 서로 연관되지 않은 채 분리된 그룹으로 나뉘었다.[11] 각 그룹에서는 특성들의 자리를 선 모양의 지도에다 그릴 수 있는데, 그 지도는 각 그룹에 속한 특성들의 연관 정도를 수치로 보여 준다. 그럼으로써 특성들이 염색체가 막대 모양임을 보여 주듯이 사실상 하나의 선을 따라 자리를 잡고 있다는 점은 거의 의심할 수 없다. (29-30)

이 대목에서 슈뢰딩거는 수많은 초파리 교배 실험을 거쳐 염색체 안의 유전자 지도를 만들어 낸 토머스 모건의 초파리 실험실의 업적을 아주 짧게 소개한다. 1910년대 미국 컬럼비아 대학에 있던 토머스 모건의 실험실은 흰색 눈을 지닌 초파리, 작은 날개를 지닌 초파리, 황록색의 몸을 지닌 초파리처럼 다양한 특성 또는 유전 형질을 지닌 초파리들을 교배 실험에 이용해 많은 유전학적 발견을 이루어 냈다. 당시 모건은 "초파리의 염색체 수는 상대적으로 적은 데 비하여 개체의 형질은 매우 많으므로, 많은 형질이 동일 염색체 안에 있어야 한다는 학설을 제시할 수 있다"[12]는 믿음으로, 다양한 초파리 유전 형질이 어느 염색체의 어

---

10 토머스 모건의 초파리 실험실에 의해 확인됐다. 상자 글 「토머스 모건과 초파리 실험실」을 참조하라.

11 염색체가 4개인 초파리의 경우, 4개의 그룹으로 분할된다는 의미이다. 즉 여기에서 각 "그룹"은 각각의 염색체이며, 유전 형질들이 각 염색체에 나뉘어 자리를 잡고 있는 것으로 이해할 수 있다.

12 아이앤 사인·실비아 로벨, 한국유전학회 옮김, 『모건』, 전파과학사, 1995.

느 자리에 놓여 있는지를 추적하는 연구를 벌였다.

모건은 우리가 앞에서 살펴본 같은 염색체 안 두 유전 형질이 함께 유전되는 '연관' 현상과 유전 형질이 감수 분열 과정에 염색체들 사이에서 교환되는 '교차' 현상을 초파리 교배 실험에서 발견하고 입증한 과학자였다. 그는 또한 같은 염색체 안의 연관 유전자들이 멀리 떨어져 있을수록 교차가 일어날 때 쉽게 분리된다는 점에 착안해서, 유전자들이 교차되는 빈도를 통계학으로 분석함으로써 유전자들의 상대적 거리를 파악했다. 그러고는 이를 바탕으로 어떤 유전자가 어느 염색체 어느 자리에 있는지를 추적해 염색체 지도를 만들었다. 슈뢰딩거가 말한 "연관의 통계"는 연관 유전자가 분리되는 빈도를 통계적으로 분석하는 기법을 말한다. 이런 식으로 초파리의 여러 유전 형질, 곧 유전자를 4개 그룹으로 나누었는데, 이는 유전자들이 초파리의 4쌍 염색체에 나뉘어 있음을 보여 주는 것이기도 했다. 모건의 초파리 실험실에서는 한 차례 교배 실험 때마다 태어나는 수천 마리 초파리를 하나하나 관찰하고 분류하고 기록하고 통계 계산을 하는 작업이 수행되었다고 한다.

이로써, 모건의 실험 결과들이 보여 주듯이 유전되는 어떤 특성, 달리 말해 유전 형질은 염색체라는 물질 안에 있는 무엇임이 분명해졌다. 또한 그런 유전 형질들은 막대 모양의 염색체 안에 각자의 자리를 차지하고서 일정한 배열을 이루며 서로 상대적인 거리를 두고 있음도 함께 밝혀졌다. 그렇게 염색체 안에서 하나

토머스 모건과 초파리 실험실

1933년 노벨 생리의학상을 받은 미국 유전학자 토머스 모건이 컬럼비아 대학에 만든 초파리 실험실은 20세기 유전학을 일군 산실로 손꼽힌다. 모건은 이곳에서 끈질기게 초파리 교배 실험을 반복한 끝에 유전 형질이 염색체를 통해 후손에 전달되며, 유전 형질의 교차 현상이 일어남을 입증했다. 또한 슈뢰딩거가 얘기했듯이, 같은 염색체에 있는 연관 유전자들의 물리적인 거리를 수많은 교배 실험과 통계 기법으로 추정해 '염색체 지도'를 작성한 것은 놀라운 업적으로 손꼽힌다.

'파리 방'fly room으로 불린 그의 초파리 실험실에는 갖가지 유전 형질을 지닌 돌연변이 초파리들이 가득했다. 흰 눈 초파리, 반점 초파리, 황록색 초파리, 구부러진 날개 초파리 같은 다양한 유전 형질을 띤 초파리들이 모건의 유전자 연구에 쓰였다. 초파리는 훌륭한 실험동물이었다. 초파리는 기르기도 쉬웠고, 암수컷을 구분하기 용이한 데다 빠르게 번식했다. 게다가 비대한 침샘 세포에서 염색체를 쉽게 얻어 관찰할 수 있으며 초파리 염색체는 아주 단순하게 4쌍뿐이다.

모건의 실험실에는 초파리를 분류해 담은 우유병들이 즐비하게 정돈되어 있었으며, 교배를 통해 얻은 수천, 수만 마리의 초파리를 분류하는 일은 연구원들에게 일상적인 작업이었다. 한창 실험이 진행될 때는 초파리 우유병을 들고 집으로 가는 대학원생들이 대학가 주변에서 자주 눈에 띌 정도였다고 한다. 모건의 성공적인 유전학 연구는 멘델Gregor Mendel, 1822-1884의 통계적 연구 방법과 현미경 연구 방법을 결합함으로써 가능했다는 평을 받는다.[13]

의 단위를 이루면서 유전 형질, 유전되는 특성을 발현하는 것을 '유전자'라 부르기 시작했다. 다시 말해 이런 실험 연구들을 통해서 우리는 유전자가 어떤 추상적인 개념이 아니라 각자의 자리를 차지하고서 일정한 크기를 지니는 물리적인 실체임을 더욱 확실하게 이해하게 되었다.

슈뢰딩거는 이제 유전자라는 용어를 이 책에서 처음으로 사용한다. 유전자가 물리적 실체임은 분명하지만 그 실체가 무엇인지는 알지 못하던 시대에, 슈뢰딩거는 유전자를 염색체 안에 '특성들의 차이'가 놓이는 자리이자 '가설적인 유전 물질 구조'로서 소개한다.

당연히 지금까지 살펴본 유전 메커니즘의 도식이 다소 공허하고 무미건조하며, 심지어 약간 고지식하게 들릴지도 모르겠다. 왜냐면 특성을 통해 알게 된 바가 정확히 무엇인지는 우리가 얘기하지 않았기 때문이다. 유기체의 패턴은 본디 통일체이고 '온전한 하나'인데, 유기체 패턴을 분리된 특성들로 쪼개는 것은 적절하지도 않고 가능하지도 않은 듯하다. 지금 우리가 특정한 예를 들어서 이야기하는 바는 사실상 이런 것이다. 쉽게 확인되는 어떤 점에서 부모가 서로 다를 때(예컨대 한 명은 파란 눈을 지니고, 다른 한 명은 갈색 눈을 지닌다고 생각하자), 후손은 이것 아니면 저것을 따른다는 점이다. 우리가 염색체에서 찾는 것

---

13 아이앤 사인·실비아 로벨, 앞의 책, 111쪽.

이 바로 이런 차이가 놓인 자리이다. (우리는 그것을 전문 용어로 '유전자 자리'locus라고 부르거나, 그 바탕이 되는 어떤 가설적인 물질 구조를 생각해서 '유전자'라 부른다.) 내 생각에는 특성 자체보다는 특성의 차이야말로 정말이지 더 근본적인 개념이다. 물론 이렇게 말하는 게 언어 모순, 논리 모순 같아 보이지만 말이다. 특성의 차이들은 실제로 서로 분리되어 있다. 이 점은 다음 장에서 돌연변이에 관해 이야기할 때 더 잘 드러날 텐데, 그러면 지금까지 얘기했던 무미건조한 도식이 훨씬 더 생기를 띨 것이다. (30)

지금까지 슈뢰딩거는 유전 물질인 염색체가 어떻게 한 개체의 몸이 성장하면서 세포에서 세포로, 그리고 세대에서 세대로 유전되면서 부모에서 자손으로 전달되는지 그 기본적인 메커니즘을 체세포 분열, 감수 분열, 교차 현상을 통해 간추려 설명했다. 사실 그가 『생명이란 무엇인가』를 쓴 1940년대와 비교해 볼 때 지금 우리는 세포 분열과 유전 물질 전달 메커니즘에 관해 훨씬 더 정확하고 많은 지식을 알고 있다. 슈뢰딩거의 설명보다 더 해박한 설명을 고등학교 생물학 교과서에서 볼 수 있을 정도이다. 지금 생각하면 노벨 물리학상을 받은 석학이 생물학 교과서에 정리될 만한 내용을 청중 앞에서 진지하게 설명한다는 게 어색한 일일 터이다. 하지만, 당시로서는 빠르게 진보하는 유전학의 기본 내용을 간추려 설명하고, 게다가 물리학의 관점에서 바라보는 그의 이야기는 대단히 도전적이고 신선하게 받아들여졌을 것이다.

유전자의 크기와 유전의 항구성에 관한 물음들

슈뢰딩거는 이상의 논의를 정리하면서 두 가지의 흥미로운 질문을 던졌다. 하나는 유전자의 물리적인 크기를 어떻게 추정할 수 있을까 하는 문제이고, 다른 하나는 세대에서 세대로 오랜 시간에 걸쳐 유전 형질이 전해지는 유전의 그 놀라운 "항구성"을 어떻게 설명할 수 있느냐 하는 문제이다.

우리는 조금 전에 분명한 유전 특징의 운반체가 되는 가설적인 물질을 유전자라는 용어로 불렀다. 이제 우리 논의와 아주 많이 연관될 만한 두 가지 점을 강조해야 하겠다. 하나는 그 운반체의 크기, 좀 더 정확히는 최대 크기의 문제이다. 달리 말해, 그 운반체가 있는 자리를 얼마나 작은 부피까지 추적할 수 있을까 하는 문제이다. 두 번째는 유전적 패턴의 내구성에서 유추되는 유전자의 항구성 문제이다. (30-31)

지금 생물학에서 유전자의 크기는 물리적인 부피로 표현되지 않고 거기에 담긴 유전 정보의 양, 그러니까 염기 서열의 길이로 표현된다. 또한 하나의 유전자 단위를 이루는 염기 서열 집합의 길이는 매우 다양해서 수만 개 염기 서열에 불과한 유전자도 있고 수백만 개 염기 서열로 이뤄진 유전자도 있음을 우리는 안다. 하지만 슈뢰딩거 당대에는 가설적인 유전 물질 구조인 유전자의 크기를 확인하기가 당연히 어려웠다. 그런데도 그는 물리학자로서, 아직 완전히 드러나지 않은 유전자의 실체에 관한 여러 단서와 더불어 물리학과 화학의 이론과 방법을 동원해 유전자의 '부피'가 어느 정도일지를 추적해 간다.

그런데 우리는 슈뢰딩거에게 이렇게 물을 수 있다. 유전자 물질의 부피를 추적하는 게 왜 이토록 중요한 문제로 다뤄져야 하는가? 그 이유는 아마도 추론을 마무리하며 그가 제시하는 결론, 즉 유전자는 원자들이 균일하게 퍼져 있는 물질 구조일 수 없으며 단백질과 같은 결정 구조일 것이라는 그의 결론과 관련이 있을 터이다.

슈뢰딩거는 유전자의 부피를 추정하면서 몇 가지 추론 방법을 제시한다. 하나는 아주 단순한 원리를 이용하는 방법이다. 예컨대 초파리 교배 실험을 반복하여 어느 염색체에 속하는 유전 형질의 개수를 찾아낼 수 있다. 그렇게 찾은 유전 형질의 개수로 현미경으로 관찰해 알아낸 염색체의 길이를 나누는 나눗셈을 한다. 그러면 유전 형질 하나, 즉 유전자 하나가 염색체에서 평균적으로 차지하는 자리의 길이를 추산할 수 있다. 그렇게 얻은 값에다 염색체 단면적을 곱하면 유전 형질이 염색체에서 차지하는 부피의 크기를 얻을 수 있다. 하지만 이 방식에는 문제가 있다. 계산에 사용한 유전 형질의 개수는 당시까지 밝혀진 것만을 따질 수밖에 없으니, 앞으로 새로운 유선 형질이 더 많이 발견될수록, 유전자가 차지하는 부피의 크기는 계속 달라질 것이다.

그래서 다른 추정 방법이 제안된다. 이번에는 현미경으로 세포를 관찰해서 얻은 결과를 이용하는 방법이다. 초파리는 토머스 모건의 유전학 실험실에서 여러모로 안성맞춤인 실험동물로 이용됐는데, 초파리의 장점 중 하나는 비대한 침샘 세포에서 염색체가 비교적 쉽게 관찰된다는 것이다. 초파리 유충의 침샘 세포에 염색액을 떨어뜨린 다음에 현미경으로 염색체를 관찰하는 방법을 안내하는 자료를 인터넷에서도 쉽게 찾아볼 수 있다.

초파리 염색체에서는 많은 검은 띠를 관찰할 수 있는데, 영국 유전학자 시릴 딘 달링턴Cyril Dean Darlington, 1903-1981은 검은 띠가 실제 유전자를 가리키는 것이라고 해석해 유전자의 개수를 구했다고 한다. 슈뢰딩거는 달링턴의 연구를 소개하면서 그가 관찰한 검은 띠의 개수 2,000이라는 수치로 염색체의 길이를 나누어 얻은 값인 "300옹스트롬"이 '유전자 입방체'의 한 변이 될 수 있다고 추론했다.

하지만 누구도 유전자의 실체를 알지 못했던 시기이므로 슈뢰딩거는 유전자 크기의 정확한 수치를 얻을 수 있다고 자신하지는 못했다. 어찌 보면 그의 목적은 유전자 입방체의 정확한 크기를 구하기보다는, 유전자의 크기가 아주 작다는 점을 보여 주기 위함이었으리라. 그는 곧이어 일반 물리학의 지식을 총동원해 생각해 볼 때 이 크기가 유전의 암호 문서를 안정적으로 간직하고 정교하게 작동하기에는 터무니없이 너무 작다는 논증을 편다.

왜 터무니없다는 것일까? 그 이유는 앞 장에서 여러 예시를 통해 거듭해서 설명했던 통계 열역학, 통계 물리학과 관련된다.

지금 내가 정리하는 모든 사실과 관련해 통계 물리학이 어떤 의미를 지니는지, 달리 말해서 살아 있는 세포에 통계 물리학을 사용할 때 지금까지 말한 사실들이 어떤 의미를 지니는지에 관해서는 나중에 충분히 더 논의하도록 하겠다. 지금 여기에서는 300옹스트롬이라는 길이가 액체 또는 고체에서 대략 100에서 150개의 원자가 들어가는 거리에 해당한다는 사실에 주의를 집중하자. 확실히 이 정도 크기의 유전자 하나에 담기는 원자는 많아야 백만 개, 또는 몇백만 개를 넘지 못할 것이다. 통계 물리학에 따르면, 그 정도는 질서 정연하고 법칙에 따르는 거동을 보여 주기에 너무나 적은 수이다($\sqrt{n}$의 관점에서 볼 때 그렇다[14]). 앞 장에서 기체 또는 물안개의 예시에서 보았듯이 모든 원자가 같은 역할을 한다고 해도 그 정도 수는 너무나 작다. 그리고 유전자가 균일한 액체 방울과 같지 않다는 점도 너무 명확하다. 그것은 아마도 커다란 단백질 분자일 것이다. 그 분자 안에서는 모든 원자, 모든 라디칼radical[15], 모든 헤테로 고리heterocyclic ring[16] 하나하나가 개별 역할을 다하는데, 이는 다른 유사한 원자, 라디칼, 헤테로 고리 중 무

---

14 이 책 1장에서 자세히 다뤘듯이, $\sqrt{n}$의 관점에 따르면 원자 100만 개가 통계 열역학의 조건에서 거동할 때 법칙을 벗어나는 오차 비율은 100만의 제곱근인 1,000의 역수인 1,000분의 1에 달한다. 오차율 0.001은 유전자의 안정적이고 정교한 기능을 생각할 때 너무 큰 수치이다.

15 라디칼은 안정적인 전자 짝을 갖추지 못해 매우 불안정한 원자나 분자 상태로, 주변의 다른 원자나 분자와 쉽게 반응한다.

16 분자 구조식에서 고리 모양의 원자 배열을 지니는 화합물을 '고리 화합물'이라고 한다. '헤테로 고리'는 두 종류 이상 원자들이 고리 구조를 이루는 '헤테로 고리 화합물'에 나타나는 결합 구조 또는 방식을 가리키는 것으로 풀이된다.

엇 하나가 행하는 역할과는 얼마간 다른 것이다. 아무튼 홀데인J.B.S. Haldane,1892-1964과 달링턴 같은 앞서가는 유전학자들의 견해가 그렇다. 이런 견해를 입증하는 데 바짝 다가서는 유전학 실험을 언급해야 하는 날도 곧 올 것이다. (32)

당대 생물학 수준에서 유전자 크기는 300옹스트롬으로 추산할 수 있지만, 거기에 담기는 원자 수백만 개로는 도저히 질서 정연한 생명 현상과 유전 메커니즘을 작동할 수 없으리라는 게 통계 물리학의 관점이다. 사실 1장에서 순박한 물리학자가 부딪힌 문제도 이런 것이었음을 다시 기억하자. 이처럼 통계 물리학의 관점과 생물학적 사실은 충돌한다. 이런 충돌의 문제를 풀 열쇠는 어디에 있을까? 슈뢰딩거는 유전자가 상대적으로 작은 크기인데도 질서 정연함을 유지하는 비결이 원자의 개수에 있는 게 아니라 그 유전자 분자가 구성되는 방식에 있을 가능성을 주목한다.

여기에서 하나 더 눈여겨볼 곳은 슈뢰딩거가 유전자를 가리켜 "아마도 커다란 단백질 분자일 것이다"라고 말한 대목이다. 당연히 지금 우리가 아는 유전자는 단백질 분자가 아니라 데옥시리보 핵산(DNA) 분자이다. 그렇다고 슈뢰딩거가 유전자를 단백질로 착각하는 실수를 범한 것은 아니다. 당시에 유전자가 DNA 물질이라는 최신의 연구 논문이 발표되기는 했지만, 전반적으로 유전자는 단백질로 알려지고 대체로 그렇게 받아들여졌기 때문이다. 이처럼 관련 지식이 부족한 상황에서도 슈뢰딩거는 유전 물질의 구조가 생명과 유전 법칙, 즉 '유전 암호 문서'를 담은 분자임을 예견하는 독창적이면서도 통찰력 있는 사유를 펼쳐 보였다.

독특한 분자 구성을 이루고 있음이 틀림없는 유전 물질이 대대손손 전해지는 항구성을 지닌다는 점은 앞 장에서도 살펴보았다. 여기에서 슈뢰딩거는 조금 더 구체적인 물음을 던진다. 여러 세대에 걸쳐 거의 변함없이 전해지는 유전 형질의 항구성은 어디에서 비롯하는 걸까? 우리가 지금껏 관심을 기울여 온 유전 물질의 구조와 그 항구성은 어떤 관련이 있을까? 슈뢰딩거는 이런 물음에 당장 답을 제시하기에 앞서 이 항구성에 더할 나위 없는 "경이로움"을 드러낸다.

이제 연관된 두 번째 물음으로 돌아가자. 유전적 특성이 대물림되는 항구성은 어느 정도나 될까? 그리고 그 항구성은 유전적 특질을 담은 물질 구조와 어떤 관계가 있는 걸까?

이에 대한 답은 전문적인 연구 없이도 누구나 할 수 있다. 유전되는 특성들에 관해 이렇게 얘기하고 있다는 사실 자체가 그 항구성이 거의 절대적임을 우리가 인정하는 것임을 보여 준다. 부모한테서 아이에게 전해지는 것이 그저 이런저런 눈에 띄는 특징, 그러니까 매부리코, 짧은 손가락, 류머티슴, 혈우병, 색소 침착 경향성 따위만이 아니라는 점을 잊지 말아야 할 테니까. 그런 특징은 우리가 유전의 법칙을 연구하기 위해 편의적으로 선택한 것일 수 있다. 하지만 실제로도 겉으로 드러나는 개체의 성격, 즉 '표현형'[17]의 (4차원) 패턴 전체는 알아차릴 만한 변화 없이 재생산되는데, 수만 년은 아니라 해도 수백 년 동안 여러 세대에 걸쳐 그대로 이어지며, 수정란으로 합쳐지는 두 세포의 핵에 있는 물질 구조를 통해 매번 전달되어 다시 태어난다. 경이로운 일이다. 더 큰 경이로움이 하나 더 있을 뿐이다. 그것은 첫 번째 경이로움과 밀접하게 연관되어 있지만 그것과는 또 다른 면에 놓여 있다. 더 큰 경이로움은 다름 아니라 우리 인간이 이렇게 놀라운 상호작용 덕분에 존재하면서 또한 그것에 관해 상당한 지식을 쌓는 능력을 갖추고 있다는 사실이다. 나는 우리 지식이 그 첫 번째 경이를 완벽하게 이해하는 데 부족함이 없는 수준까지 나아가리라고 생각한다. 하지만 두 번째 경이로움은 당연히 우리 인간의 이해 능력 너머에 있을 것이다. (32-33)

유전 형질이 대물림되는 비결은 바로 유전자의 물질 구조에 있을 것이다. 유기체 생명에서 핵심인 그 물질의 구조는 대체 어떻게 이해할 수 있을까? 슈뢰딩거의 물음은 이후에 계속되는 이야기에서 중요하게 다뤄진다.

앞 인용문의 뒷부분은 또 다른 의미에서 흥미롭게 읽힌다. 슈뢰딩거는 유기체 생명을 질서 정연하게 작동하며, 그 유전 형질을 안정적이고 항구적으로 후손에 전하는 메커니즘을 보면서 경

---

17 표현형은 DNA의 유전 정보에 의해 결정되는 유전자형genotype과 대비되는 개념으로, 그 유전자가 주어진 환경에서 실제로 발현하여 겉으로 나타나는 특성을 말한다.

이로움을 느꼈다. 그러면서도 "더 큰 경이로움"을 말한다. 생명의 경이로움 덕분에 존재하는 인간이 다시 그 경이로움을 바라보며 그에 관한 과학 지식을 쌓아 간다는 점이 더욱 경이롭다. 이는 아마도 물질과 다른 정신의 영역을 가리키는 것으로 보인다. 슈뢰딩거는 유기체 생명의 수수께끼를 풀려는 인간의 지식이 언젠가는 "완벽하게 이해하는 데 부족함이 없는 수준까지 나아가리라고 생각"하면서도, 인간이 이런 지식을 쌓는 능력을 갖추고 있다는 더 큰 경이로움은 "우리 인간의 이해 능력 너머에 있"다고 바라본다. 물질과 정신에 관한 슈뢰딩거의 생각은 『생명이란 무엇인가』의 마지막에 실린 「에필로그: 결정론과 자유 의지」(이 책의 9장)에서 좀 더 자세히 읽을 수 있다.

4

돌연변이는
생물학의 양자 도약

앞 장의 얘기를 정리해 보자. 그토록 작은 유전자가 세대에서 세대로 유전되고 세포에서 세포로 수없이 복제되면서도 생명의 놀라운 작용을 흐트러짐 없이 유지하기 위해서는, 첫째 거기에는 기체와 고체에서 일어나는 분자 운동과 다른 메커니즘이 존재해야 하며, 둘째 그 구조는 상당한 항구성, 즉 내구성을 반드시 갖춰야 한다. 이런 모든 속성이 물리학과 화학으로 충분히 설명되어야 하고 설명될 수 있다는 것이 『생명이란 무엇인가』가 내세우는 핵심 주제이다. 이런 주제에 다가가는 또 다른 길로서, 슈뢰딩거는 3장에서 생명과 유전의 메커니즘에서 어쩌면 "예외" 같은 현상으로 비치는 돌연변이 문제를 집중해 다룬다.

유전자 구조가 내구성을 지녀야 한다는 주장의 근거로 앞에서 제시한 일반적인 사실들은 아마도 우리에게 너무 익숙한 것들이라 놀랍지도 않고 확신을 주는 데 부족할 수 있다. 흔히 하는 '예외가 규칙을 증명한다'는 말이 이런 경우에 들어맞는다. 부모와 자손 간의 닮은꼴에 예외가 없다면, 우리는 유전의 자세한 메커니즘을 보여 주는 모든 훌륭한 실험을 볼 수 없었을 것이고, 자연 선택과 적자생존을 통해 생물종을 빚어내는 장대한 대자연의 무수한 실험들도 볼 수 없었을 것이다. 이 중요한 마지막 주제를 출발점으로 삼아 이와 관련한 사실들을 제시해 보고자 한다. 다시 한번 내가 생물학자가 아니라는 점을 밝히며 독자들에게 양해를 구한다. (32)

여기에서 "예외가 규칙을 증명한다"라는 말의 뜻은 분명하지 않다. 예외가 있음이 곧 규칙의 존재를 말해 준다는, 달리 말해 예외 없는 규칙은 없다는 뜻으로 쓴 문장은 아닌 듯하고, 아마도 예외처럼 보이는 사례들을 추적한다면 알지 못했던 메커니즘의 새로운 규칙들이 드러날 수 있다는 뜻이 아닐까 생각한다. 단순한 유전 메커니즘에서 보면 돌연변이는 예외적인 사건으로 보이는데, 예외처럼 출현하는 돌연변이들을 관찰하고 추적함으로써 유전 메커니즘의 새로운 측면과 특징을 찾아낼 수 있다. 실제로 당대에 활발하게 이뤄진 돌연변이 연구를 통해서 난순한 유선 메커니즘은 좀 더 정교하게 보완되었고 새로운 개념과 이론도 등장할 수 있었다. 돌연변이는 유전 메커니즘이라는 들여다볼 수 없는 유전자 블랙박스 안에서 어떤 일이 어떻게 일어나는지를 추측하게 하는 중요한 실험 주제였다.

3장에서 슈뢰딩거는 예외처럼 여겨지는 돌연변이 현상에도 유전 메커니즘의 규칙이 존재하며 그것이 물리학적으로 설명 가능하다는 점을 보여 주고자 한다. 그 하나로, 그는 생물학과 물리학의 경계 분야에서 엑스 방사선으로 돌연변이체를 만들고서 유전 메커니즘을 연구했던 당대의 흥미로운 실험 결과를 소개한다.

다윈 진화론과 돌연변이

슈뢰딩거는 먼저 자신이 여기에서 관심을 기울이는 돌연변이, 즉 세대를 거쳐 유전되는 돌연변이를 그렇지 않은 돌연변이와 구분한다. 곱슬머리가 심한 경우와 덜 심한 경우처럼 개체마다 비슷하면서도 정도가 다를 뿐인 변이는 생물종의 진화에 별 영향을 끼치지 않으므로 슈뢰딩거의 관심사에 들지 않지만, 중간형이 없고 아주 다른 특성을 나타내는 '불연속적 변이'의 출현은 생물종 진화에 영향을 준다는 점에서 그의 관심과 분석 대상이 된다. 그는 유전되는 변이와 유전되지 않는 변이를 구분하지 못한 점은 찰스 다윈의 실수였다는 말로 이야기를 시작한다. 물론 이런 지적은 슈뢰딩거가 독창적으로 제시한 것은 아니고 당대 생물학자들 사이에서 논의되고 수정된 진화 이론에 바탕을 둔 것이다.

> 오늘날 우리는 작고 연속적이며 우연적인 변이(이런 변이는 아주 동질적인 개체군 안에서도 나타나게 마련이다)를 자연 선택이 작용하는 재료로

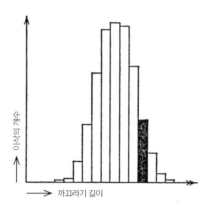

〔그림 7〕 순수 품종의 보리 이삭의 까끄라기 길이 통계 그래프.
검게 칠한 집단을 선택하여 파종한다.
(예를 들기 위해 그렸을 뿐, 이 그래프는 실제 실험에 기반을 두지 않았다.)

여겼다는 점에서는 다윈이 실수했음을 명확하게 알고 있다. 그런 변이들은 유전되지 않음이 입증됐기 때문이다. 중요한 사실이니까 짧게라도 더 설명해야 하겠다. (34)

슈뢰딩거는 흔히 나타나는 작고 연속적인 변이가 진화에 별 영향을 끼치지 않음을 보리 재배 실험을 예시로 들어 설명한다. 순수 품종의 씨앗을 뿌려 수확한 보리 이삭의 까끄라기(낟알 껍질에 붙은 깔끄러운 수염) 길이를 일일이 측정해 그 결과를 통계 그래프로 그려 보자.

그러면 [그림 7]과 같은 종 모양의 그래프를 구할 수 있을 것이다. 여기에서 세로축은 일정한 *까끄라기* 길이를 지닌 이삭들의 수를 나타내고 가로축은 *까끄라기*의 길이를 나타낸다. 종 모양 곡선을 띤다는 것은 달리 말해서 일정한 중간 값 길이가 가장 많은 수를 차지하고 좌우 방향으로 벗어난 길이는 그보다 적은 수로 나타남을 말해 준다. 이제 *까끄라기* 길이가 평균에서 한참 벗어나지만 밭에 뿌려 수확할 수 있을 만큼 충분히 많은 이삭 집단 하나를 선택한다(예를 들어 검게 칠한 부분). 다시 수확한 이후에 똑같은 방식으로 통계 작업을 할 때, 다윈이라면 이 곡선이 오른쪽으로 이동하리라고 기대할 것이다. 달리 말해 다윈이라면 이런 선택으로 인해 새로 수확한 보리의 *까끄라기* 평균 길이가 늘어나리라고 기대할 것이다. 하지만 여기에서 사용된 보리가 진짜 순수한 품종이라면 그런 일은 일어나지 않는다. 선택된 작물에서 얻은 새로운 통계 곡선은 처음 것과 동일하다. 눈에 띄게 짧은 *까끄라기* 길이를 지닌 이삭을 씨앗으로 사용하더라도 마찬가지일 것이다. 여기에서 선택은 아무런 영향을 끼치지 못한다. 왜냐면 작고 연속적인 변이는 유전되지 않기 때문이다. 그런 변이들은 유전 물질의 구조에 그 근거를 두고 있지 않은 게 분명하며, 우연적인 것이 분명하다. (34-35)

실험 결과를 통해 우리가 추론할 수 있는 바는 작고 연속적인 변이는 우연하고 자연스럽게 나타나며 유전 물질 구조에 어떤 변화가 생겨서 발생하는 게 아님이 분명하다는 점이다. 왜냐하면 유전 물질 구조 변화가 원인이라면 긴 *까끄라기*의 보리 씨앗으로 수확한 다음 세대 작물에서도 까끄라기 길이가 눈에 띄게 길어야 하기 때문이다. 이와 달리 도약적인, 또는 불연속적인 돌연변이야말로 다음 세대로 유전되는 돌연변이라는 점에 슈뢰딩거는 주목한다.

> 그러나 40년쯤 전에 네덜란드 식물학자 더프리스Hugo de Vries, 1848-1935는 완전한 순수 혈통의 가축 자손이라 해도 대략 1만 마리 중에 두세 마리 정도의 아주 적은 수에서 도약적인 변화를 보여 주는 개체가 출현함을 발견했다. 여기에서 '도약적'이란 말은, 변화의 정도가 상당하다는 뜻이 아니라 변화 없는 개체와 변화한 소수 개체 사이에 중간형이 존재하지 않을 만큼 불연속이 나타난다는 뜻이다. 더프리스는 그것을 돌연변이라 불렀다. 여기에서 중요한 사실은 불연속이다. 물리학자라면 이런 얘기를 듣고서 이웃한 두 에너지 준위energy level 사이에 중간 에너지는 없다는 양자 이론을 떠올리게 마련이다. 물리학자는 비유를 써서 더프리스의 돌연변이 이론을 생물학의 양자 이론이라고 부르고 싶어 할지도 모른다. 우리는 이제부터 이것이 비유 이상임을 보게 될 것이다. 돌연변이는 실제로 유전자 분자 내의 양자 도약에 의해 일어난다. 그러나 양자 이론은 더프리스가 자신의 발견을 처음 발표했던 1902년보다 불과 2년 전에 나타났을 뿐이다. 둘 사이에서 이런 긴밀한 연결을 발견하는 데 다시 한 세대가 걸렸다니! (35-36)

어떻게 양자 이론의 관점에서 진화 생물학의 돌연변이 이론을 바라볼 대담한 생각을 했을까? 이 대목은 생물학과 물리학의 학문 경계를 자유롭게 넘나드는 슈뢰딩거의 흥미로운 통찰 또는 상상을 보여 준다. 그는 불연속과 도약을 나타내는 돌연변이를 양자 도약의 개념에 비유하면서도, 그것이 그저 재밌는 비유에 그치지 않는다고 진지하게 말한다. 양자 이론에 따르면 전자, 원자를 다루는 미시 세계에서 그 원자, 이온, 분자의 에너지는 불연속적이어서 특정한 두 에너지 값 사이에 연속적인 중간 값은 존재하지 않는다. 이 점이 물리학의 고전 이론과 다른 양자 이론의 가장 큰 특징으로 꼽힌다. 그렇기에 낮은 에너지 준위에서 이웃한 높은 에너지 준위로 변화하는 과정은 결코 연속적이지 않으며 반드시 중간 값이 없는 도약으로 나타난다. 이렇게 볼 때 중간형이 없는 도약적인 유전자 돌연변이의 존재는 유전자의 분자 구조에 양자 도약과 같은 일이 벌어짐을 의미한다는 것이 슈뢰딩거의 중요한 추론 중 하나이다.

　　유전자 분자에서 일어나는 돌연변이 사건을 양자 이론의 관점에서 설명하고 이해하려는 작업은 다음 장에서 좀 더 자세하게 본격적으로 펼쳐진다. 여기에서 슈뢰딩거의 관심사는 불연속적이며 도약적인 돌연변이, 즉 다음 세대로 유전되는 돌연변이가 유전의 메커니즘에서 구체적으로 어떻게 나타나는지를 좀 더 자세하게 살펴보자는 데 있다.

　　돌연변이는 본래 변화하지 않은 채 그 특성을 그대로 완벽하게 유전

에너지 준위

양자 역학에서 에너지 준위는 원자, 이온, 분자가 갖는 에너지 값을 가리킨다. 그 에너지 값은 원자, 이온, 분자에 있는 전자들의 에너지 값으로 나타난다. 수소 원자의 경우에, 전자는 핵 둘레에서 여러 궤도에 놓일 수 있는데, 핵에 가장 가까운 안정된 궤도에 놓일 때 에너지 준위는 '바닥상태'가 된다. 전자가 에너지를 얻으면 더 높은 궤도로 도약하는데 이때 에너지 준위는 '들뜬상태'가 된다. 수소 원자에 에너지를 공급하면 수소 전자의 에너지 준위는 연속적인 중간 값 없이 바닥상태에서 들뜬상태로 도약하며, 거꾸로 바닥상태로 되돌아갈 때는 그만큼의 에너지를 방출한다. 에너지 준위 상태의 변화에 흡수되거나 방출되는 에너지의 값에는 연속적인 중간 값이 없다. (더 자세한 논의는 제5장 상자 글「보어의 원자 모형과 양자 도약」을 참조하라.)

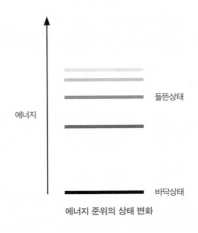

에너지 준위의 상태 변화

한다. 예를 들면, 앞에서 살펴본 보리의 첫 수확 중에서는 [그림 7]에 나타난 까끄라기 변이의 범위를 상당한 정도로 벗어나는, 예컨대 까끄라기가 아예 없는 이삭들도 극소수로 나타날 수 있다. 그런 것들이 더프리스가 말한 돌연변이일 수 있으며, 이후에 고정형의 형질이 될 수 있다. 달리 말해 그 후손은 마찬가지로 까끄라기 없는 것들이 될 수 있다.

그러므로 돌연변이는 깊게 간직된 유전 물질 안에 일어나는 분명한 변화이고, 그래서 유전 물질에 일어나는 어떤 변화로 설명되어야 한다. 실제로 우리에게 유전의 메커니즘을 보여 주었던 중요한 교배 실험 대부분은 미리 짜 둔 계획에 따라 돌연변이 된(많은 경우에 여러 돌연변이를 지닌) 개체를 돌연변이 없는 개체 또는 서로 다른 돌연변이를 지닌 개체와 교잡해서 얻은 후손 개체들을 세심히 분석하는 실험들이었다. 다른 한편에서는 돌연변이가 그대로 번식함으로써 자연 선택의 작용에 적절한 재료가 된다. 자연 선택이 돌연변이들에 작용해 다윈이 설명한 대로 부적합한 것을 제거하고 적합한 것을 생존하게 하는 방식으로 생물종을 바꾸기 때문이다. 다윈 이론에서, 우리는 그가 말한 '사소하고 우연적인 변이'를 '돌연변이'로 대체해야 한다(양자 이론이 '에너지의 연속적 전이'transition를 '양자 도약'으로 대체한 것과 마찬가지다). 다윈 이론에서 그 밖에 다른 모든 측면은 거의 바꿀 필요가 없다. 물론 내가 대다수 생물학자들이 견지하는 관점을 정확하게 해석하고 있다면 말이다. (36-37)

현대 생물학에서 유전 정보를 지닌 고분자 DNA가 내부와 외부의 여러 가지 요인에 의해 원본과 달라지는 현상을 포괄적으로

'돌연변이'라고 부른다. 이런 점에서 보면 연속적 돌연변이와 불연속적 돌연변이를 구분하는 슈뢰딩거의 방식은 현대 생물학의 개념과 다소 차이가 있다. 예컨대 현대 생물학에서 유전적 변이는 개체 간 DNA 염기 서열 차이를 가리키는 말로 쓰이는데, 때로는 돌연변이와 비슷한 개념으로도 사용된다. 돌연변이는 다양한 개인 차이를 빚어내는 유전적 변이의 원천이라고 말할 수 있다.

또한 돌연변이가 불연속적이냐 연속적이냐의 차이가 반드시 돌연변이가 후세대에 유전되느냐 아니냐를 결정하는 요인이 되는 것도 아니다. 돌연변이는 DNA가 자연적인 복제 과정에서 생긴 오류(에러)를 복구하지 못할 때 생기거나 화학 물질이나 방사선, 자외선 같은 외부 자극으로 DNA 구조가 손상을 입고서 제대로 복구하지 못할 때 생길 수 있다. 그런데 이런 돌연변이가 모두 후손에게 영향을 끼치지는 않는다. 돌연변이가 우리 몸을 이루는 체세포에서 일어난다면 대체로 후손에는 큰 영향을 주지 않고 그 세대 안에서 마무리된다. 심각한 경우 암 같은 질병으로 나아갈 수도 있다. 하지만 이 경우에도 체세포 돌연변이가 후세대에 유전되지는 않는다. 물론 돌연변이가 정자나 난자 같은 생식 세포에 영향을 끼친다면 이때의 변이는 후세대로 유전될 수 있다.

이런 점에서 보면, 슈뢰딩거의 설명에서 우리가 주목할 부분은 불연속적 돌연변이만이 후세대에 유전된다는 예측이 아니라, 돌연변이는 곧 유전 물질 구조에 일어나는 어떤 물리적 변화를 가리킨다는 그의 통찰일 것이다. 생물학적 돌연변이의 출현과 진화는 어떤 물리적인 변화에서 비롯하는 것일까? 이렇게 물음을 바꾸면 이제 생물학의 문제는 그 자신의 울타리를 벗어나서 저 멀리 동떨어진 듯이 보이는 물리학의 문제로 바뀐다. 여기에 슈뢰딩거의 탁월함이 있다.

돌연변이에 관한 몇 가지 사실과 개념

생물학적 돌연변이의 문제를 물리학의 문제로 풀기에 앞서, 슈뢰딩거와 우리는 돌연변이에 관해 좀 더 많은 사실과 단서를 손에 쥐어야 한다. 돌연변이의 유전 생물학을 잘 알아야 그 문제를 물리학으로 푸는 일도 정교하게 해낼 수 있을 테니까.

이제 슈뢰딩거가 여러 예시까지 제시하며 설명할 돌연변이에 관한 중요한 몇 가지 사실과 개념을 미리 간략히 정리해 보자. 첫째, 돌연변이가 실제로 어디에서 일어나는지, 그 변화 지점을 지목할 수 있을 정도로 돌연변이는 분명히 유전 물질 안에서 국지적으로 발생하는 현상이다. 둘째, 변이 형질이 우성인 경우는 후세대에 바로 나타나지만 열성인 경우는 세대를 거듭해도 잘 드러나지 않는다. 생물학에 익숙한 독자라면 눈치챘겠지만, 첫 번째는 1910년대 토머스 모건의 초파리 교배 실험에서, 두 번째는 19세기 그레고르 멘델의 완두콩 교배 실험에서 밝혀진 유전학의 기초를 정리한 것이다.

슈뢰딩거는 왜 이토록 돌연변이에 큰 관심을 기울인 걸까? 당연히 생명이란 무엇인가라는 그의 이야기 주제에서 그것이 대단히 중요한 단서이기 때문이다. 무엇보다 돌연변이가 염색체의 어느 특정한 지점에서 일어나는 변화라는 점은 그것이 물리적인 구조 변화에서 비롯함을 의미하며, 또한 유전자가 신비한 무엇이 아니라 물리적 변화를 겪는 물질적 실체임을 말해 준다.

실제로 당시 일부 물리학자와 생물학자들 사이에서는 초파리 같은 실험동물에 방사선을 쪼아 일부러 다양한 형질의 돌연변이 개체들을 만들고서 교배 실험을 하는 방식으로 눈에 보이지 않는 유전자와 돌연변이의 특성을 추적하는 연구가 상당한 관심을 끌었다. 슈뢰딩거의 특별한 관심도 방사선을 이용한 돌연변이 연구에 쏠려 있다. 그 이야기는 이 장의 후반부에 자세히 다뤄진다.

돌연변이 형질이 우성이냐 열성이냐에 따라 개체의 형질이 겉에 드러나기도 하고 숨기도 한다. 이런 점은 부모한테서 각각 한 짝의 염색체를 물려받는 자손한테서 돌연변이의 변화가 곧바로 드러날 수도 숨을 수도 있음을 보여 주는 근거가 된다. 또한 돌연변이가 유전체의 어떤 특정 위치에 나타나는 구조 변화임을 말해 주는 근거로 받아들여진다. 그렇기에 슈뢰딩거가 보기에 돌연변이는 개체에 우연히 표현되는 막연한 무엇이 아니라 유전자라 불리는 유전 물질의 어떤 곳에 일어나는 물리적 구조 변화임이 더욱 분명하다.

이제 돌연변이에 관한 몇 가지 사실과 개념 중 첫 번째로서 '돌연변이는 염색체 하나에서 일어나는 변화'임을 설명하는 슈뢰딩거의 이야기를 들어 보자.

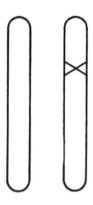

〔그림 8〕 이형 접합 돌연변이. X 표시는 돌연변이가 생긴 유전자를 가리킨다.

우리는 염색체 중 하나의 특정 부위에 변화가 생기면 분명하게 관찰되는 돌연변이가 나타난다고 예측해야 하고, 또한 실제로도 그렇다. 우리는 변화가 단 한 짝 염색체에서 일어나며, 쌍을 이루는 상동 염색체의 상응하는 유전자 자리에서 변화가 일어나지 않음을 분명히 알고 있다는 점을 말해 두어야 하겠다. [그림 8]은 이를 도식적으로 보여 준다. 여기에서 X 표시는 돌연변이가 일어난 지점을 가리킨다. (37)

[그림 8]에서 보듯이 염색체 한 쌍을 나타내는 그림에 돌연변이 지점을 표시할 수 있다. 슈뢰딩거가 이런 표시를 그려 넣을 수 있는 것은 1940년대에 이미 돌연변이 형질이 어디에서 비롯하느냐를 유전자의 어느 한 지점의 문제로 나타낼 수 있었음을 보여 준다. 이런 그림과 설명은 슈뢰딩거가 유전학을 독자적으로 연구해 찾아낸 것이 아니라, 그동안 유전학 분야에서 밝혀지고 확인

된 성과, 특히 멘델과 모건이 이룬 돌연변이 교배 실험의 성과를 간추린 것이다. 슈뢰딩거는 이 그림에서 돌연변이가 쌍을 이루는 염색체 두 짝에서 동시에 일어나는 변화가 아니라 하나에서 일어나는 변화임을 보여 준다. 그는 뒤이어 그렇게 확실히 말할 수 있는 근거로 다음과 같은 가계도의 예시를 제시한다.

> 염색체 한 개만이 영향을 받는다는 사실은 돌연변이 형질을 지닌 개체(돌연변이체)가 돌연변이가 없는 개체와 교배할 때 드러난다. 왜냐하면 이 경우에 자손 중 정확히 절반이 돌연변이 형질을 보여 주고 나머지 절반은 보통 형질을 보여 주기 때문이다. 이는 감수 분열 할 때 돌연변이체에서 한 쌍의 염색체가 각기 분리됨으로써 일어나는 결과라고 생각할 수 있다. [그림 9]가 그것을 아주 도식적으로 보여 준다. 이 그림은 개인을 한 쌍의 염색체로 단순하게 표현해서 그린 3대의 가계도이다. 만일 돌연변이체의 염색체 쌍에 모두 변화가 있다면 그 자손은 모두 똑같은 (보통과 돌연변이 염색체가 혼합된) 유전 형질을 지님으로써 부모 어느 쪽과도 다를 것이다. (37-38)

[그림 9]에서 부모 중 1명의 염색체 2개 중 하나에 돌연변이 형질이 있을 때(그림에서 맨 위 오른쪽), 2세대에서 돌연변이 형질이 나타나는 개체와 그렇지 않은 개체는 2명 대 2명, 즉 1 대 1의 비율로 나타난다. 이는 실제 자연에서 관찰되는 바이기도 하다. 같은 원리로 만일 부모 중 1명의 염색체 2개에 모두 돌연변이 형질

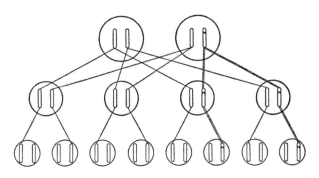

〔그림 9〕 돌연변이의 유전. 직선은 염색체의 후손 전달을 나타내는데 굵은 선은 돌연변이 염색체의 전달을 나타낸다. 가계도에서 2세대 배우자가 포함되지 않아 3세대의 경우는 충분히 설명되지 않는다. 2세대 배우자는 친족이 아니며 돌연변이 형질을 지니지 않은 것으로 상정했다.

이 있을 경우도 생각해 볼 수 있다. 이런 경우에 2세대는 염색체 2개 중 하나에 돌연변이 형질을 지닐 확률은 100퍼센트가 되며 그 형질은 4명 모두에게 유전된다. 이때에는 돌연변이 형질이 유전체 2개에 모두 없거나 유전체 2개에 모두 있는 부모와는 다르게, 2세대는 모두 다 염색체 하나에 돌연변이 형질을 지닐 것이다. 이런 설명은 슈뢰딩거가 말했듯이 돌연변이 형질이 염색체 1개만으로 후손에 충분히 유전될 수 있음을 보여 준다.

여기에서 잠깐, 과학 용어에 대한 오해를 풀고 넘어가야 하겠다. 우리는 흔히 돌연변이를 부정적인 의미로 쓰는데 이는 지나친 오해라고 슈뢰딩거는 짚어 준다. 돌연변이를 이야기할 때 주의해야 할 점이다.

이제 돌연변이체에서 두 짝의 '암호 문서 사본'은 동일하지 않고, 어쨌든 그 같은 자리에서 암호 문서는 서로 다른 두 가지의 '기록'과 '판본'을 보여 준다. 어쩌면 원본을 '정통적인 것'이라 여기고 돌연변이 판본을 '이단적인 것'이라 생각하고 싶은 마음이 들지도 모르겠다. 하지만 그렇게 생각한다면 그건 전적으로 잘못이라는 점도 마땅히 지적해 두어야 하겠다. 우리는 원칙적으로 둘을 동등한 권리를 지닌 것으로 여겨야 한다. 왜냐면 지금 정상으로 여기는 형질도 사실 과거에 일어난 돌연변이에서 온 것이기 때문이다. (38-39)

돌연변이는 자연적인 현상이며 생물 진화의 재료이기도 하여, 생물종 다양성의 원천이기도 하다. 앞에서 잠시 등장한 네덜란드의 식물학자인 더프리스는 여러 돌연변이를 연구한 끝에 돌연변이가 진화의 원동력이라는 학설을 발표한 바 있다. 슈뢰딩거는 이 점을 이 장의 뒷부분에서 한 번 더 강조한다.

도식적으로 그린 가계도는 돌연변이 형질이 다음 세대로 유전되는 과정을 아주 간명하게 보여 주었지만, 슈뢰딩거는 "하지만 방금 얘기한 것처럼 이런 실험이 그리 간단한 건 아니다"라고 말한다. 지금까지 쌍을 이루는 염색체 중 하나의 돌연변이만으로도 돌연변이가 충분히 나타날 수 있음을 보여 주었지만, 지금부터 얘기하는 사례는 돌연변이가 염색체 쌍을 이루는 2개에 동시에 나타날 때만 개체 형질로 나타나는 경우이다. 우선해서 쉽게 드러나는 우성의 유전 형질과는 달리, 쉽게 겉으로 표현되지 않은 채 숨어 있는 열성의 유전 형질에 관한 이야기이다.

일반적으로 개체의 '패턴'[1]은 한 쌍 염색체 중에서 이쪽 판본을 추종하기도 하고 저쪽 판본을 추종하기도 하는데, 추종하는 판본이 정상 판본일 수도 있고 돌연변이 판본일 수도 있다. 이때 패턴이 추종하는 판본을 우성이라고 부르며 다른 것을 열성이라고 부른다. 달리 말해 개체의 패턴을 바꾸는 데 곧바로 효력을 발휘하느냐 아니냐에 따라 돌연변이는 우성 또는 열성으로 불린다.

열성 돌연변이는 먼저 모습을 드러내지는 않지만, 우성 돌연변이보다 훨씬 흔하고 그래서 아주 중요하다. 열성 돌연변이가 개체의 패턴에 영향을 끼치는 경우는 쌍을 이룬 염색체 2개에 모두 나타날 때이다 ([그림 10] 참조). 그런 개체들은 똑같은 열성 돌연변이체 둘이 교배할 때, 또는 돌연변이체 하나가 자신과 교배할 때 생겨난다. 이런 일은 자웅 동주 식물에서 가능하며 심지어 자발적으로 일어난다.[2] (39)

여기에서 다룬 많은 이야기, 특히 열성과 우성 형질이 후손에게 어떻게 나타나는지에 관한 이야기는 훨씬 앞선 시대인 19세

---

1   패턴은 개체에 나타나는 또는 표현되는 유전 형질, 즉 표현형을 가리키는 것으로 이해된다.

2   자웅 동주 식물은 한 개체에 암수의 꽃을 함께 지닌 식물을 말한다. 자웅 동주 또는 자웅 동체의 생물이 자기 몸에 지닌 암수의 생식 세포를 이용해 스스로 수정하는 것을 자가 수정이라고 한다.

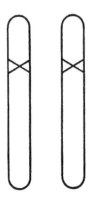

〔그림 10〕 동형 접합 돌연변이. 이형 접합 돌연변이(〔그림 8〕 참조)의
자가 수정, 또는 같은 돌연변이체 둘의 교배에 의해
자손의 4분의 1에서 나타난다.

기 후반에 유전학의 기초를 닦은 사제이자 과학자인 멘델의 완두 교배 실험에서 확인된 것들이다. 슈뢰딩거는 멘델에 관한 글을 일부러 따로 마련해서 멘델의 선구적 업적을 "길잡이 별"로 기리는 말을 남겼다.

　이 대목에서 유전학의 초기 역사에 관해 잠깐 얘기하는 게 좋겠다. 유전학 이론의 중추, 그러니까 대물림해서 서로 다른 부모의 형질이 후세대에 계속 유전된다는 법칙, 그리고 특히나 중요한 우성과 열성의 법칙은 세계적으로 유명한 아우구스티누스 교단의 대수도원장 그레고르 멘델에게서 나왔다. 멘델은 돌연변이나 염색체에 관해서는 전혀 알지 못했다. 그는 브루노 지역에 있는 수도원 정원에서 완두를 재배하며 실험했다. 멘델은 서로 다른 변종들을 길러 그것들을 교잡하며 1대, 2대,

3대……에 걸쳐 후손들을 관찰했다. 그가 자연에서 이미 만들어진 돌연변이체들을 이용해 실험했다고 말할 수도 있겠다. 멘델은 그 결과를 1866년에 《브루노 자연 과학 연구회지》에 발표했다. 아무도 대수도원장의 취미 생활에 특별한 관심을 보이지는 않았던 것 같다. 그의 발견이 20세기에 완전히 새로운 과학 분야, 오늘날 가장 흥미로운 과학 분야에서 길잡이 별이 되리라고는 꿈에도 생각하지 못했으리라. 그의 논문은 잊혔다가 1900년에야 베를린의 코렌스Karl Correns, 1864-1933, 암스테르담의 더프리스, 빈의 체르마크Erich Tschermak von Seysenegg, 1871-1962에 의해 동시에 그리고 각각 다시 발견되었다. (43)

슈뢰딩거는 지금까지의 이야기를 좀 더 전문적인 생물학 용어를 써서 다시 정리한다.

우리 논의를 명확하게 하기 위해 여기에서 몇 가지 전문 용어를 설명하는 게 좋겠다. 내가 '암호 문서의 판본'이라고 부른 것에 대해서는, 그것이 본래 판본이건 돌연변이 판본이건, '대립 유전자'라는 용어가 쓰인다. [그림 8]에서 보듯이 판본이 서로 다른 경우 개체는 해당 유전자 자리에 관해 말할 때 이형 접합체라고 불린다. 돌연변이가 일어나지 않은 개체나 [그림 10]의 경우처럼 판본이 똑같다면 동형 접합체라고 불린다. 그러므로 열성 대립 유전자는 동형 접합체일 때만 패턴에 영향을 끼치며, 반면에 우성 대립 유전자는 동형 접합체이거나 이형 접합체일 때 동일한 패턴을 만들어 낸다.

완두 교배 실험과 멘델의 유전 법칙

19세기 오스트리아 식물학자이자 수도원 사제인 그레고르 멘델은 수도원 뜰에서 7년 동안 완두 교배 실험을 벌여 형질 유전의 법칙을 발견했다. 이 내용은 1865-1866년 발표됐지만 주목받지 못하고 묻혔다가 1900년 네덜란드의 더프리스, 독일의 코렌스, 오스트리아의 체르마크에 의해 각각 재발견되면서 유전학의 토대가 되는 업적으로 세상에 널리 알려졌다. 멘델의 발견은 우성과 열성, 그리고 형질 유전의 분리 법칙과 독립 법칙의 발견으로 간추릴 수 있다.

멘델이 주목한 것은 완두의 형질 유전이었다. 특히 쌍을 이뤄 대조되는 형질들이 관찰 대상이 됐다. 예를 들어 둥근 완두콩을 맺는 완두와 주름진 완두콩을 맺는 완두의 형질은 유전되는데, 이렇게 대조되는 형질('대립 형질'이라 부른다)이 잡종 세대에서는 어떻게 나타나는지를 알아보고자 교배 실험을 했다. 멘델이 실험에서 다룬 대립 형질은 일곱 가지였는데, 주름 형질 외에 콩 색깔, 꽃 색깔, 콩깍지 모양과 색깔, 완두의 키, 꽃 피는 위치가 서로 다른 완두를 교배 대상으로 삼았다.

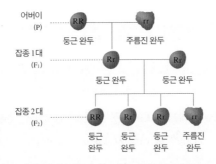

교배 실험의 방식은 이렇다. 먼저 세대를 거듭해도 같은 형질이 계속 유지되는 순종의 둥근 완두와 주름진 완두를 재배한다. 다음에 두 순종을 교배해 잡종 1대를 재배했다. 그랬더니 잡종 1대 완두는 둥근 완두뿐이었다. 잡종 1대에서 둥근 형질과 주름진 형질이 섞였지만 발현되는 우성은 둥근 형질이었기 때문이다. 반면에 완두에서 주름진 형질은 열성이다. 다시 잡종 1대끼리 교배해 얻는 잡종 2대에선 어떨까? 잡종 2대에서는 둥근 완두와 주름진 완두가 3 대 1이라는 일정한 수학적 비율로 나타났다.

이 실험 결과에서 형질을 유전자로 바꿔 생각해 볼 수 있다. 우성인 둥근 형질을 유전자 RR로 표현하고, 열성인 주름진 형질을 유전자 rr로 표현하면, RR×rr 교배로 얻어진 잡종 1대에서는 Rr, Rr의 유전자형만이 나타난다. 우성인 R이 우선하기에 둥근 완두 형질만 표현된다. 그래서 잡종 1대에서는 우성 형질만이 표현된다고 말할 수 있다. 잡종 2대에서는 어떨까? Rr×Rr 교배의 결과로 RR, Rr, Rr, rr의 유전자형이 생긴다. 우성인 R이 우선하기에 둥근 형질과 주름진 형질은 3:1로 표현되며 유전자형 RR:Rr:rr의 비율은 1:2:1이 된다.

유색 형질은 아주 많은 경우에 무색(또는 흰색) 형질에 대해 우성이다. 그래서 예컨대 완두는 해당 유전체 쌍 모두에 '흰색의 열성 대립 유전자'를 지닐 때만, 즉 '흰 꽃 동형 접합체'일 때만 흰색 꽃을 피운다. 그렇게 고정형이 되면 후손들은 모두 흰색 꽃을 피울 것이다. 하지만 '빨간 꽃 대립 유전자' 하나일 때(다른 하나는 흰 꽃인 이형 접합체일 때) 꽃 색깔은 빨개질 것이고, 또한 빨간 꽃 대립 유전자가 둘일 때(동형 접합체일 때)도 마찬가지로 빨간 꽃을 피울 것이다. 뒤의 두 경우가 다른 점은 후손들에서나 나타날 것이다. 이형 접합체 빨간 꽃인 경우에는 후손에서 일부 흰 꽃이 생길 것이며 동형 접합체 빨간 꽃인 경우에는 그렇게 고정될 것이다. (40)

이제 돌연변이에 관해서는 간략한 기초 지식부터 생소한 생물학 용어도 등장하는 다소 복잡한 지식까지 어느 정도 간추려졌다. 마지막으로 슈뢰딩거는 돌연변이에 관해 중요한 점 하나를 추론해 낸다. 생물의 진화 역사를 돌이켜 볼 때 돌연변이는 쉽게 일어나지 않는 드문 사건이라는 점이다. 이 점은 나중에 그가 유전자의 물리적인 특성을 추론할 때 다시 중요하게 다뤄진다.

그동안 우리에게는 해로운 돌연변이에만 관심을 기울이는 경향이 있었다. 그런 돌연변이가 더 많을 수도 있다. 하지만 분명하게 얘기해 두어야 할 것은 우리는 마찬가지로 이로운 돌연변이들도 만난다는 점이다. 자발적인 돌연변이가 생물종의 발달 과정에서 작은 발걸음이 된다고 할 때, 우리는 어떤 변화가 해를 끼칠 위험을 무릅쓰고서 '시도된다'고 생각할 수도 있다. 해로운 변화라면 자연히 제거된다. 여기에서 우리는 한 가지 매우 중요한 점을 생각할 수 있다. 자연 선택이 작용하는 대상으로서 적절한 재료가 되려면 돌연변이는 드물게 일어나는 사건이어야 한다는 점이다. 실제로도 그렇다. 만일 돌연변이가 너무 자주 일어나서, 예컨대 한 개체 안에 여러 가지 다른 돌연변이가 출현할 확률이 꽤 높다면, 대체로 해로운 돌연변이가 이로운 돌연변이를 압도할 것이며 생물종은 자연 선택으로 발전하기는커녕 답보하거나 소멸할 것이다. 유전자가 고도의 항구성을 지닌다는 점을 감안하면 어느 정도의 보수성은 필수적이다. 여기에서 비유 하나를 들 수 있다. 대량 생산이 이뤄지는 공장이 운영되는 방식을 생각해 보자. 더

대립 형질과 대립 유전자, 동형 접합과 이형 접합

사람의 눈동자 색은 여럿이다. 파란 눈, 갈색 눈, 검은 눈……. 이처럼 서로 대조되는 유전 형질을 '대립 형질'이라고 부른다. 멘델의 완두 교잡 재배 실험에 쓰인 완두콩의 둥근 형질과 주름진 형질도 대립 형질이다. 이런 대립 형질을 만드는(발현하는) 유전자를 대립 유전자라 부른다.

우리는 부모한테서 각각 한 벌의 염색체를 물려받아 둘을 합친 두 벌의 염색체를 지닌다. 이때 어머니와 아버지한테서 서로 다른 대립 형질의 유전자를 물려받을 수 있다. 그런 경우에는 두 형질이 대립할 텐데, 그중 어떤 것이 실제로 표현될까? 예를 들어, 파란 눈의 형질과 갈색 눈의 형질을 어머니와 아버지한테서 각각 물려받아 두 형질 유전자를 모두 지닌 자손의 눈동자 색깔은 어떠할까? 이 경우에는 갈색 눈동자가 나타난다. 대립 형질이 함께 있을 때 우선해 표현되는 것을 '우성'이라 하고 가려져 숨어 있는 것을 '열성'이라 하는데, 갈색 눈 유전자는 우성이며 파란 눈 유전자는 열성임이 이미 밝혀졌기 때문이다.

유전학에서는 이렇게 서로 다른 형질의 대립 유전자를 지니는 경우를 이형 접합이라 부른다. 그 반면에 어머니와 아버지한테서 파란 눈의 형질을 물려받았다면, 자손은 모두 파란 눈동자를 지니게 된다. 이처럼 같은 대립 유전자를 갖춘 경우를 동형 접합이라 부른다.

나은 방법을 개발하기 위해, 아직 입증되지 않은 것이라 해도 여러 혁신이 시도되어야 한다. 하지만 그 혁신이 생산량을 늘릴지 줄일지를 확인하기 위해서는 다른 모든 공정 부분들은 일정하게 유지하면서 한 번에 하나씩 혁신을 도입해야 한다. (43-44)

여기까지 얘기하고 나니, 이제 슈뢰딩거가 이 장에서 정말 말하고 싶어 했던 이야기, 즉 방사선을 이용한 돌연변이 실험을 통해 블랙박스 같은 유전자의 물리적 특성을 추리하고 추적하는 일을 독자들에게 설명하기가 조금은 수월해졌다.

돌연변이를 통해 유전자를 들여다보는 방사선 실험

슈뢰딩거는 돌연변이를 일으키는 방사선 실험의 결과에 주목했다. 먼저 이런 방사선 실험이 어떻게 이뤄졌는지를 간추려 보자. 엑스선 혹은 감마선을 초파리에 쪼이면 생식 세포에 돌연변이를 일으킬 수 있는데, 그럼으로써 실험실에서는 자연에서 드물게 나타나는 돌연변이를 인위적으로 훨씬 더 많이 만들어 낼 수 있다. 이렇게 만들어진 다양한 돌연변이 초파리는 유전 물질의 새로운 특성을 추적하는 데 좋은 실험동물로 활용됐다. 유전자의 실체를 알지 못하던 시대였으므로, 블랙박스 같은 유전자에다 측정 가능한 방사선량으로 외부 자극을 가한 뒤 유전자에 나타나는 돌연변이 결과를 관찰함으로써 방사선량에 반응하는 유전자 내부 구조의 변화와 특성을 추적하고자 했다. 마치 원자의 내부 구조를 알지 못하던 19세기에 영국 물리학자 러더퍼드Ernest Rutherford,1871-1937가 원자에다 중성자 빔을 쏘아 나타나는 효과를 관찰하고 분석함으로써 원자 내부에 핵이 존재함을 발견한 방법과 기본적으로는 비슷하다.

물리학에서 중요하게 사용된 실험 도구인 방사선 장치를 이용한 돌연변이 실험은 서로 동떨어졌던 분야인 물리학과 생물학이 하나의 연구 주제를 향해 점차 거리를 좁히기 시작한 당대 과학의 모습을 보여 주는 장면 중 하나였다. 실제로 슈뢰딩거가 생명이란 무엇인가라는 주제를 탐구하고서 공개 강연과 책 출판까지 하게 된 것은 방사선 물리학이 이룬 유전자 연구 성과에 그가 특별한 관심을 기울여 왔기 때문이라는 사후 평가도 있다. 특히 슈뢰딩거가 직접 언급하며 중요하게 인용한 델브뤼크, 티모페예프, 짐머의 '3인 논문'은 이 책에서 중심적인 내용을 차지한다고 해도 지나친 말이 아니다. 일부 비평가는 슈뢰딩거가 당대 물리학자들에게도 잘 알려지지 않았던 방사선 돌연변이 실험 결과를 이 책을 통해 널리 알림으로써 물리학자들이 생물학에 관심을 갖게 하는 데 기여했다고 평가한다.

방사선이 유전자에 돌연변이를 유발한다는 사실은 1927년 처음 발견됐다. 토머스 모건의 제자이자 이른바 모건학파의 중요한 일원인 허먼 멀러는 초파리가 엑스 방사선에 노출될 때 유전자 돌연변이가 생겨나며, 엑스선 또는 다른 이온화 방사선량이 커질수록 돌연변이 수도 더욱 증가함을 발견해 1946년 노벨 생리의학상을 수상했다. 니콜라이 티모페예프는 멀러의 실험 방법을 이어받아 방사선 돌연변이에 관해 여러 연구 결과를 남겼다. 티모페예프의 많은 실험 데이터에다 물리학자 델브뤼크와 짐머가 이론적 분석과 해석을 곁들여 발표한 것이 슈뢰딩거가 여기에서 주목한 이른바 '3인 논문'이다.

'3인 논문'이 밝혀낸 새로운 사실들을 다루기에 앞서, 슈뢰딩거는 방사선을 이용한 초파리 실험을 간략하게 소개한다. 방사선 실험 연구는 방사선이 유발하는 다양한 돌연변이들을 관찰함으로써, 이전에 알지 못했던 유전자의 작동 메커니즘에 관해 훨씬 많은 사실을 발견했다.

이제 우리는 매우 창의적인 일련의 유전학 연구를 살펴봐야 하겠다. 이 연구는 우리 논의에서 가장 의미 있고 눈에 띄는 부분일 것이다. 부모 세대에 엑스선 또는 감마선을 쪼이면, 자손 세대에 돌연변이가 나타나는 비율, 이른바 돌연변이율은 자연적인 돌연변이율보다 훨씬 높게 증가할 수 있다. 이런 식으로 만들어지는 돌연변이는 자발적으로 일어나는 돌연변이와 비교할 때 (더 많이 발생한다는 점을 빼고는) 다를 바 없는데, 이런 점에서 보면 모든 '자연적인' 돌연변이도 엑스선에 의해 일어날 수 있겠다는 생각에 이른다. 초파리의 경우에는 여러 특별한 돌연변이들이 대규모 사육 집단 내에서 자발적으로 계속 반복해 발생한다. 그런 돌연변이들은 앞에서 설명했던 대로 염색체의 특정 위치에서 일어난다는 게 규명되었고 거기에는 전문적인 용어가 부여됐다. 이른바 '다중 대립 유전자'라는 것도 발견되었다. 이는 염색체 암호 문서의 동일한 지점에 돌연변이 되지 않은 정상 판본뿐 아니라 2개 이상의 서로 다른 판본과 기록이 함께 존재함을 의미하며, 또한 그 특정한 '자리'에 단지 2개가 아니라 3개 또는 그 이상의 다른 판본이 존재할 수 있음을 의미한다. 그것들이 쌍을 이룬 상동 염색체 2개의 해당 '자리'에서 동시에 나타날 때, 그것들 중 임의의 2개가 우성과 열성의 관계에 놓이는 것이다.

엑스선에 의한 돌연변이 실험은 모든 특정한 '전이(바뀜)', 그러니까 정상 개체에서 특정 돌연변이체로 바뀌는 전이 또는 그 반대로 일어나는 전이들이 각각의 '엑스선 계수'를 지닌다는 인상을 준다. 여기에서 엑스선 계수는 일정 단위량의 방사선을 자손이 생기기 전의 부모에 쪼일 때 특정 방식으로 돌연변이를 일으키는 자손의 비율을 가리킨다. (45)

방사선을 이용한 돌연변이 실험에서 얻은 여러 발견 중에서 슈뢰딩거가 먼저 주목한 점은 '돌연변이 비율을 지배하는 법칙들'이다. 여기에는 앞에서 말한 '증가 계수'[3]를 어떻게 이해하느냐가 매우 중요하다. 슈뢰딩거는 돌연변이 비율의 법칙을 두 가지로 정리하는데, 엑스선 방사선량과 돌연변이율 사이의 정확한 비례 관계가 그 첫 번째이다.

(1) 돌연변이율은 방사선량에 정확하게 비례해 증가한다. 따라서 우리는 증가 계수에 관해서 이야기할 수 있다.

우리는 단순한 비례에 너무 익숙해 있어서 이런 단순 법칙의 넓은 의미를 쉽게 과소평가할 수 있다. 그 의미를 이해하기 위해, 한 가지 예

---

3 계수係數,coefficient는 변수에 일정하게 곱해진 상수이다. 예를 들어, ax일 경우 a는 x변수에 곱해지는 계수이다.

를 떠올려 보자. 상품 가격의 경우에는 그것이 언제나 양에 비례하는 건 아니다. 평시라면 상점 주인은 당신이 전에 오렌지를 6개나 샀던 일이 너무나 고마워서 이번에는 12개를 사려는 당신에게 6개의 2배 값에 못 미치는 값으로 오렌지를 팔 수 있다. 하지만 오렌지가 부족한 경우에는 반대의 일이 일어날 수도 있다.

돌연변이의 경우에 우리의 결론은 이런 것이다. 일정량의 방사선을 쬐일 때, 초파리 자손에서 예컨대 1,000마리 중 하나의 비율로 돌연변이가 나타날 때 그 방사선량이 나머지 [999마리의] 자손에는 어떤 영향도 주지 않는다는 게 우리의 결론이다. 나머지 자손에는 돌연변이가 기질을 높이거나 돌연변이에 저항할 면역력을 주는 식의 영향도 끼치지 않는다고 본다. 왜냐면 그렇지 않았다면, [즉, 나머지 자손에 돌연변이 기질이나 면역력을 준다고 가정한다면] 같은 양의 방사선을 이후에 다시 쬐일 때는 돌연변이가 1,000마리 중 딱 하나의 비율로 나타나지는 않을 것이기 때문이다. 그러므로 돌연변이는 적은 양으로 연속하는 방사선이 서로 강화하며 누적해서 일으키는 효과가 아니다. 돌연변이는 방사선을 쬐이는 동안에 하나의 염색체에서 일종의 단일 사건으로 발생하는 게 분명하다. 그런데 그 단일 사건은 어떤 종류의 사건일까? (45-46)

다시 정리하자면 방사선 돌연변이 실험 결과에서 슈뢰딩거가 얻은 첫 번째 법칙은 방사선의 돌연변이 효과가 방사선을 쬐일 때마다 동일한 확률로 일어나는 독립적인 단일 사건이라는 것이다. 이는 주사위를 던질 때 어떤 수가 나올 확률이 언제나 동일하

방사선과 DNA

방사선은 DNA에 손상을 일으킨다. 약한 손상일 때는 인체 세포가 손상을 자동으로 복구할 수 있다. 하지만 방사선량이 많아질수록 복구 기능은 제대로 발휘되지 못해, 돌연변이가 생길 수 있다. 많은 양의 방사선 피폭은 세포 사멸뿐 아니라 돌연변이가 생겨서 암 질환을 일으키기도 한다.

방사선이 인위적인 돌연변이를 일으킨다는 점을 활용하는 연구 분야도 있다. 예컨대 '방사선 육종' 분야에서는 자연 상태에서 드물게 일어나는 돌연변이를 방사선을 쪼여 더 많이 만들어 냄으로써 유전적 다양성을 늘리는 방식을 활용한다. 한국원자력연구원의 설명 자료를 보면, 방사선 육종은 공인된 육종 방법 중 하나로서 벼, 콩 등 식량 작물뿐만 아니라 화훼류 및 과수류 등 신품종 개발에 다양하게 활용된다.

게 유지되는 경우와 비슷하다. 먼저 던진 주사위에서 어떤 수가 나왔다고 두 번째 던진 주사위에서 그 수가 나올 확률이 줄어들지는 않는다. 다만 어떤 수가 나오는 사건의 수는 주사위를 많이 던질수록 그에 정비례해서 많아진다. 마찬가지로 방사선의 돌연변이 효과는 누적되지 않으며 방사선을 쪼일 때마다 일정한 확률로 독립적 단일 사건으로 나타난다. 그래서 돌연변이 수는 방사선량에 정확히 비례해 늘어날 뿐이며, 증가 계수는 일정하게 유지될 수 있다.

"그런데 그 단일 사건은 어떤 종류의 사건일까?" 슈뢰딩기는 첫 번째 법칙을 제시하면서 이런 물음을 던지는데 두 번째 법칙을 설명하며 이에 대해 답한다. 두 번째 법칙을 요약하자면 그것은 돌연변이 비율이 방사선 종류를 엑스선이나 감마선으로 달리

해도 변함이 없으며, 방사선량에 따라 달라질 뿐이라는 것이다.

(2) 방사선의 성질(파장)을 넓은 범위에서 약한 엑스선부터 아주 강한 감마선까지 달리한다 해도 방사선량만 동일하다면, 증가 계수는 일정하게 유지된다. 여기에서 방사선량이 동일하다는 것은 부모 초파리가 어떤 방사선에 노출되건 같은 시간과 장소에 있는 비교 기준용 표준 물질에서 생성되는 단위 부피당 전체 이온의 양이 동일하게 측정됨을 의미한다. (46)

두 번째 법칙에 관한 설명을 읽기는 다소 까다로울 수 있다. 먼저 새롭게 등장한 '이온' 개념을 정리하는 게 좋겠다. 원자나 분자는 특정한 전자 수를 지니는데, 어떤 사건으로 이보다 더 많은 전자를 갖거나 더 적은 전자를 갖는 상태를 '이온'이라 하고 그런 상태가 됨을 '이온화'라 한다. 양전하를 띠는 양성자의 수와 음전하를 띠는 전자의 수가 같아서 중성을 띠는 어떤 원자가 있다고 하자. 그 원자가 하나 이상의 전자를 잃으면 원자는 양전하를 띠는 양이온 상태가 된다. 반대로 본래의 전자보다 더 많은 잉여 전자를 얻는다면 음이온 상태가 된다. 어떤 물질을 통과하면서 그 물질의 원자나 분자에서 전자를 떼어 내어 이온화할 만큼의 에너지를 가진 방사선을 이온화 방사선이라 한다. 엑스선과 감마선도 이온화 방사선에 속한다.

그런데 슈뢰딩거가 자주 인용하는 방사선 돌연변이 실험의 주인공인 티모페예프는 당시에 이온화가 돌연변이를 일으키는 과정을 '표적 이론'target theory으로 설명했다. 표적 이론에 따르면, 엑스선의 광자(빛 입자)가 날아가 원자를 타격함으로써 그 원자가 지닌 전자를 떨어낸다. 이렇게 떨어져 나온 전자들은 주변의 다른 원자를 타격할 수 있다. 더 많은 전자가 떨어져 나온다. 자유 전자들은 결국에 다른 원자의 전자껍질에 자리를 잡는다. 이런 식으로 엑스선은 양전하 이온(전자를 잃어버린 원자)과 음전하 이온(잉여 전자를 지닌 원자)을 만들어 낸다. 방사선이 일으키는 이런 이온화의 효과로 유전자에 돌연변이가 발생한다는 것이다.

그런데 표적 이론을 따른다면 당연히 방사선을 쪼일 때 유기체 조직에서 발생하는 이온화의 총량을 측정할 수 있어야 한다. 하지만 대체 초파리 몸 안에서 일어나는 이온화를 어떻게 측량할 수 있다는 말인가? 방법은 있다. 바로 앞의 인용문에서 잠시 언급한 "표준 물질"을 기준으로 삼아서 추정하는 방법이다. 슈뢰딩거는 "공기"가 표준 물질이 될 수 있다고 말한다.

방사선을 쪼일 때, 이온화는 초파리 몸 안에서도 일어나지만 주변 공기의 기체 분자들에서도 일어난다. 공기 중의 이온화는 상대적으로 쉽게 관찰할 수 있다. 방사선을 쪼일 때 같은 시간과 장소에서 일어나는 공기 중의 이온화를 측량하고서, 그 수치를 기준으로 삼아 초파리 몸의 원소 밀도를 고려해 환산하면 초파리 몸에 일어나는 이온화 사건의 규모를 추정할 수 있다.

이때 표준 물질로 공기를 선택할 수 있는데, 그 이유는 간편하기도 하거니와 유기체의 조직이 공기의 원소와 같은 원자량의 원소들[4]로 이뤄져 있기 때문이다. 유기체 조직 내에서 일어나는 이온화라는 연합 과정(들뜸) 총량의 하한선[5]은 공기 중 이온화의 수에다 두 밀도의 비를 곱해 구할 수 있다. (46)

좀 더 구체적인 계산법은 뒤이은 예시로 제시됐다. 특히 슈뢰딩거의 관심을 끈 것은 이렇게 같은 시공간에서 일어나는 두 사건, 즉 '공기 중 이온화 사건'과 '초파리 세포에서 일어나는 이온화 사건'을 비교함으로써, 돌연변이 하나를 일으키는 이온화 사건 하나가 얼마나 작은 부피 안에서 일어날 수 있는지 추정할 수 있다는 점이다. 슈뢰딩거의 추론에 따라 하나의 이온화 사건은 하나의 돌연변이 사건과 동일하게 다뤄진다는 점을 잊지 말자. 이렇게 다음과 같은 추정과 계산을 거쳐, 슈뢰딩거는 초파리 세포에서 한 번의 이온화 사건이 일어날 수 있는 임계 부피가 5,000만 분의 1세제곱센티미터일 수밖에 없다는 결론에 이르렀다.

그러므로 돌연변이를 일으키는 하나의 단일 사건은 다름 아니라 생식

---

4 공기는 질소, 산소, 아르곤, 이산화탄소, 수증기(수소, 산소) 등으로 이루어져 있다. 우리 인체의 90퍼센트 이상은 산소, 탄소, 수소, 질소 네 가지 원소로 구성돼 있다.

5 슈뢰딩거는 여기에서 하한선 값을 사용했다. 왜냐면 이온화 측정에 포착되지는 않지만 돌연변이를 생성하는 데 관여하는 다른 과정들이 있을 수 있기 때문이다.

세포의 일정한 '임계' 부피 안에서 일어나는 한 번의 이온화(또는 비슷한 과정)일 뿐이라는 점은 매우 명백하며 좀 더 결정적인 연구를 통해 확증된다.

그 임계 부피의 크기는 얼마나 될까? 그 크기는 관찰된 돌연변이율을 이용하는 다음과 같은 추론을 통해 추정할 수 있다. 방사선으로 세제곱센티미터(cm^3)당 5만 개 수준의 이온이 만들어지고 이때 (방사선 쏘임 구역에 놓인) 특정 생식 세포가 특정한 방식의 돌연변이를 일으킬 확률은 1,000분의 1이라고 하자. 그러면 돌연변이를 일으키는 하나의 이온화가 '타격'해야 하는 '표적'인 임계 부피는 5만 분의 1세제곱미터의 1,000분의 1, 즉 5,000만 분의 1세제곱미터일 수밖에 없다는 결론을 얻을 수 있다. (46-47)

"5,000만 분의 1세제곱미터"는 물론 이론적으로 계산해 얻은 추산일 뿐이고 정확하게 실측해 얻은 경험적 수치는 아니다. 슈뢰딩거에 따르면, 당시에 돌연변이 사건 하나가 일어날 수 있는 임계 부피의 좀 더 정교한 값을 델브뤼크가 제안했는데, 대략 원자 1,000개 정도가 들어갈 만한 부피일 것으로 추정되었다.

이런 수치는 정확하지 않으며 예시를 위해 사용했다. 실제 추정에서 우리는 M. 델브뤼크와 N. W. 티모페예프, K. G. 짐머의 공저 논문에 실린 델브뤼크의 설명을 따른다. 이 논문은 이 책의 다음 두 장에서 자세히 설명할 이론의 주요 원천이 된다. 델브뤼크는 이 논문에서 한

변의 길이가 평균 원자 간 거리의 10배가량인 입방체, 즉 대략 원자 1,000개를 담은 입방체가 돌연변이가 일어날 수 있는 임계 부피일 것이라는 결론에 도달했다. 이런 결과에 대한 가장 단순한 해석은 이렇다. 염색체의 어떤 특정 지점에서 '원자 10개의 거리'보다 가까운 곳에서 이온화(또는 들뜸)가 일어나면 돌연변이가 충분히 발생할 수 있다는 것이다. 우리는 곧 이 점을 더 자세히 다룰 것이다. (46-47)

이런 추정 값도 흥미롭지만, 눈에 보이지 않는 유전자 돌연변이 사건의 시공간을 눈에 보이는 방사선 돌연변이 실험을 통해서 추적하고 추정할 수 있다는 점도 또한 매우 흥미롭다. 이렇게 슈뢰딩거뿐 아니라 그가 소개하는 '3인 논문'의 연구자들은 방사선 실험을 통해 생물학적인 돌연변이가 원자 10개가량의 공간에서 일어나는 국소적인 사건이라는 물리학적 추론에 이르렀다.

방사선 돌연변이 실험에 관해 슈뢰딩거가 하고자 하는 이야기는 더 많다. 특히나 돌연변이 연구를 통해 새로운 유전자 모형을 제시한 막스 델브뤼크의 이론은 이후의 논의에서 매우 중요하게 다루어진다. 유전자 모형에 관한 논의에 더 깊게 들어가기 위해서, 슈뢰딩거는 방사선 돌연변이 실험 이야기를 여기에서 잠시 멈추고서 유전자와 돌연변이의 수수께끼를 설명해 주는 양자 물리학과 양자 화학의 이야기를 다음 장에서 펼친다. 유전자는 '안정적인 분자' 물질로서 다뤄진다.

5

양자 이론이
설명할 수 있소이다!

『생명이란 무엇인가』는 유전자의 물리적 실체라는 당대 생물학의 큰 수수께끼를 1940년대 양자 물리학과 화학으로 접근해 풀어 보려는 과감한 시도라고 요약할 수 있다. 더욱이 책의 저자가 양자 이론의 기초를 닦은 주인공으로서 빠질 수 없는 슈뢰딩거인 점을 생각한다면, 이 책에서 양자 이론은 당연히 중요한 자리를 차지한다. 그런 점에서 이 장은 지금까지 유전자와 관련해 정리한 생물학적 사실과 개념을 바탕으로 이론 물리학자 슈뢰딩거의 통찰을 본격 제시하는 논의라고 말할 수 있겠다.

앞 장까지 물리학자 슈뢰딩거가 주목한 유전자의 물리적 특징은 다음과 같다. 먼저 유전자는 생명 현상에 매우 규칙적이며 질서 정연한 패턴을 만들어 내는 암호 문서 같은 존재라는 점, 유전자는 염색체 안에 정렬한 물리적인 실체라는 점, 그리고 유전되는 돌연변이의 출현이 드문 사건인 만큼 유전자는 항구성 또는 내구성을 지니는 물질이라는 점이다.

유전자의 물리적 특징을 추론하고 정리하는 작업을 마쳤으므로, 이제 슈뢰딩거가 정말 하고 싶은 이야기를 펼칠 수 있다. 실제로 그는 "이제 그 일을 시작해 보자"(51)라고 말한다. 이 장은 그 본격적인 이야기의 도입부이다. 그 논의의 기초로서 먼저 양자 물리학이 다뤄지고, 다음 장에서는 유전자의 물리적 실체와 관련한 새로운 가설이 밀도 높게 전개된다.

기적에 가까운 유전자 물질의 항구성

앞 장에서 보았듯이 엑스선을 이용한 돌연변이 실험은 눈에 보이지 않는 유전자 구조를 짐작하는 데 여러 단서를 제공했다. 그중 하나로서 일정한 방사선량을 초파리에 쪼일 때 나타나는 돌연변이 출현 비율을 고려해 계산해 보면 유전자의 임계 부피는 생각보다 훨씬 작은 크기라는 점이 과학적 추론에서 드러났다.

엑스선은 경이로울 정도로 훌륭한 실험 도구이다. 물리학자라면 다들 기억하듯이, 30년 전에 엑스선이 원자 수준에서 결정체의 격자 구조를 상세히 밝혀낸 바 있다. 그런 엑스선의 도움을 받아, 이번에는 생물학자와 물리학자가 함께 노력을 기울여서 생명체 개체의 눈에 띄는 특징을 만들어 내는 미시적인 구조물, 즉 유전자의 크기 문제를 최근까지 성공적으로 다루어 왔다. 유전자의 크기는 우리가 이 책 앞에서

살펴본 추정 값보다 더 작은 것으로 밝혀지고 있다. (49)

상대적으로 적은 수의 원자들로 이뤄진 물질인 유전자가 세대를 거듭해 전해지면서도 흐트러짐 없이 규칙적, 법칙적 작용을 한다는 것은 물리학의 시선으로 볼 때 매우 경이롭고, 때로는 기적적인 현상이었다. 대체 유전자 물질은 어떤 구조로 이루어졌기에 무생물 자연에서 볼 수 없는 이토록 독특한 성질을 띤다는 말인가? 때로는 모순적인 듯한 현상은 어떻게 설명할 수 있을까?

우리는 진지하게 다음 물음을 마주한다. 즉 통계 물리학의 관점에서 볼 때, 우리는 다음의 두 사실을 어떻게 조화시킬 수 있을까? 하나는 유전자 구조가 상대적으로 작은 수(천 단위 또는 그보다 훨씬 작은 수)의 원자들로 이뤄진 것으로 보인다는 사실이고, 다른 하나는 그런데도 유전자가 기적에 가까운 내구성 또는 항구성을 지니면서 동시에 매우 규칙적이고 법칙적인 거동을 보여 준다는 사실이다. 이 두 사실을 어떻게 조화롭게 받아들일 수 있을까? (49)

답을 찾아 나서면서, 슈뢰딩거는 과거 합스부르크 왕가 사람들의 사례를 들어 유전자의 놀라운 항구성과 규칙성을 다시 한번 부각한다.

진짜 놀라운 이야기를 하나 더 해 보고자 한다. 합스부르크 왕가의 몇 몇 인물은 독특한 모양의 아랫입술('합스부르크 입술'이라 불린다)을 지녔다. 그 유전 현상은 왕가의 후원을 받은 빈 제국 아카데미에 의해 세심하게 연구되어 과거 역사의 초상화들과 함께 발표됐다. 그런 특징은 정말 멘델이 말한 의미에서 보통의 입술 형태와 '대립 형질'의 관계임이 입증되었다. 우리 관심을 16세기 그 가문 한 사람과 19세기 그 후손의 초상화에 집중한다면, 우리는 입술 특징을 만들어 낸 물적인 유전자 구조가 몇 세기에 걸쳐 세대에서 세대로 전해져 왔다고 안전하게 추정할 수 있다. 그것은 세대와 세대 사이에 아주 많은 건 아니지만 모든 세포 분열 때마다 충실히 재생산된 것이다. 더욱이 여기에서 그 유전자 구조에 관여하는 원자의 수는 엑스선 실험들에서 살펴봤던 것과 동일한 규모일 것이다. 그 유전자는 그 기간 동안에 대략 화씨 98도[대략 섭씨 36.7도]에서 유지되어 왔다. 그 유전자가 몇 세기 동안 열운동의 무질서 경향성에 의해 방해를 받지 않은 채 그대로 유지되어 왔다는 것을 우리는 어떻게 이해해야 하는 걸까? (49-50)

여러 세기 동안에 수많은 세포 분열을 거쳐 복제되면서, 또한 섭씨 36도가 넘는 낮지 않은 체온에서, 무작위로 쉽게 흩어지는 다른 자연 물질과 달리 그 규칙과 법칙을 오롯이 유지해 온 '합스부르크 입술'의 유전자는 정말이지 놀라운 물질적 구조를 지닌 존재가 아닐 수 없다. 대체 어떤 비결이 유전자 물질의 구조에 숨어 있는 걸까? 이런 놀라운 현상을 어떻게 설명할 수 있을까?

유럽 왕실의 대표적인 가문 중 하나인 오스트리아 합스부르크 가문 사람들.
특히 남자들은 유난히 턱이 튀어나오고 아랫입술이 두툼한 신체 특징을
지녔는데, 이런 유전적 특징을 일러 '합스부르크 턱' 또는 '합스부르크
입술'이라 부른다. 이런 얼굴 특징이 근친결혼 문화의 영향일 수 있다는
과학 연구의 결과가 발표되기도 했다. 그림 왼쪽은 합스부르크 가문 출신의
스페인 왕 카를로스 2세|Charles II, 1661-1700|이며 오른쪽은
그의 아버지 펠리페 4세|Philip IV, 1605-1665|.

이런 물음 앞에서, 19세기 말의 물리학자가 자신이 진정 이해하고 설
명할 수 있는 자연법칙들에만 의존한다면 답을 찾는 데 난처함을 겪
었을 것이다. 아마도 그는 잠시 통계학적 상황을 생각해 보고는 이렇
게 답했으리라. '그 물적 구조는 분자일 수밖에 없나'라고(그런데 이 답
은 정확히 맞다. 이유는 나중에 살펴보겠다). 사실 19세기 말 당시 화학은
분자라는 원자 결합의 존재에 관해, 때로는 분자의 높은 안정성에 관
해 이미 폭넓은 지식을 갖추고 있었다. 하지만 당시의 지식은 [이론이

제5장 ─ 양자 이론이 설명할 수 있소이다!　　169

뒷받침되지 못한 채] 순전히 경험적일 뿐이었다. 분자의 본성은 제대로 이해되지 못했다. 분자 모양을 유지하는 원자들의 강한 상호 결합은 모든 이에게 완전히 수수께끼였다. 사실 유전자가 분자일 수밖에 없다는 그 답변이 지금 볼 때 올바른 것으로 입증된다. 하지만 생물학적 안정성이라는 수수께끼가 마찬가지로 수수께끼 같은 화학적 안정성의 문제로 거슬러 올라갈 뿐이라면 그 답의 점수는 제한적일 수밖에 없다. 외견상 비슷한 둘의 특성이 동일한 원리에 기반을 둔다는 증거는 그 원리 자체를 알지 못하는 한 언제나 불확실할 뿐이다. (50)

'합스부르크 입술이 보여 주는 유전자의 생물학적 안정성은 원자들의 강한 결합인 유전자 분자의 화학적 안정성 덕분이다'라고 이렇게 뭉뚱그려서 말할 수는 있더라도 그 둘을 하나의 원리로 설명할 수 있어야만 비로소 만족스러운 답이 된다. 둘을 설명하는 하나의 원리는 다름 아니라 양자 이론이다. 여기서부터 양자 이론의 거장인 슈뢰딩거가 직접 전하는 양자 물리학 이야기가 한동안 이어진다. 다음 글에서 하이틀러-런던 이론에 관한 이야기는 나중에 더 자세히 다뤄지므로 그 부분은 일단 가볍게 건너뛰어 읽도록 하자.

이런 경우에 양자 이론이 그 원리를 제공한다. 현재 지식으로 볼 때, 유전의 메커니즘은 바로 양자 이론의 기초와 밀접하게 연관되어 있다. 아니 그 기초에 기반을 두고 있다. 양자 이론은 1900년 막스 플랑크Max

Planck,1858-1947에 의해 발견됐다. 현대 유전학의 역사는 1900년 더프리스, 코렌스, 체르마크가 멘델의 논문을 재발견하고 1901-1903년 더프리스의 돌연변이 논문이 나오면서 시작했다. 그러므로 위대한 두 이론의 탄생 시기는 거의 일치한다. 그 둘이 일정한 성숙기를 거쳐 이제서로 연결될 수 있다는 것은 적잖이 경이로운 일이다. 양자 이론의 측면에서 보면, 화학 결합의 양자 이론은 1926-1927년 W. 하이틀러와 F. 런던에 의해 그 일반 원리의 윤곽을 드러냈다. 하이틀러-런던 이론은 최신의 양자 이론('양자 역학' 또는 '파동 역학')에 있는 매우 난해하고 복잡한 개념들과 관련이 있다. 미적분을 쓰지 않고서 그것들을 설명하기는 거의 불가능하다. 아니 이 책과 비슷한 분량의 다른 책 한 권이 더 필요하다. 그러나 다행히도 우리 추론을 명확하게 하는 데 도움이 될 만한 설명을 모두 다 마쳤기에, 이제는 '양자 도약'과 돌연변이가 서로 연결된다는 점을 좀 더 직접적인 방식으로 보여 주는 게 가능해졌다. 이제 그 일을 시작해 보자. (51)

양자 이론 핵심은 에너지 불연속과 양자 도약

'양자'라는 말은 여전히 많은 독자에게 낯선데, 더 나아가 알쏭달쏭하고 난해하기로 잘 알려진 양자 이론을 충분히 이해하며 슈뢰딩거의 책을 읽기는 솔직히 어려운 일이다. 다행히 슈뢰딩거는 이 책에서 양자 이론 자체를 깊게 다루지는 않는다. 다만 생명이란 무엇인가라는 물음을 다루는 논의에 필요한 몇 가지 개념을 중심으로 아주 짧게 간추려 독자들에게 제시한다. 노벨 물리학상을 받은 양자 역학 거장의 설명이니까 이 부분은 찬찬히 읽어 보도록 하자.

무엇보다 에너지의 불연속이 중요한 개념으로 다뤄진다. 슈뢰딩거가 양자 이론을 설명하면서 처음 제시하는 개념이 바로 불연속이다. 우리말에서 양자量子로 불리는 콴툼quantum은 양量, quantity을 뜻하는 라틴어에서 유래한 말인데, 원자 이하의 미시 세계에서는 에너지의 변화가 연속적이지 않고 뚝뚝 끊어지는 불연속적인 양으로 나타남을 뜻한다. 불연속적인 양이 곧 양자이다.

양자 이론의 위대한 업적은 '자연의 책'Book of Nature[1]에서 불연속의 특성을 발견했다는 점이다. 그 전에는 자연의 책에서 연속성만이 받아들여졌으며 그 외 다른 어떤 것도 모두 다 터무니없는 것으로 여겨졌다. (51)

'양자 도약'이라는 개념이 여기에서 매우 중요하다. 먼저 이 모든 얘기가 우리가 눈으로 쉽게 경험하는 거시적인 세계가 아니

---

1   자연을 책에 비유하는 '자연의 책'이라는 은유는 서양 중세에서 비롯한 표현으로 알려져 있는데, 본래는 신이 창조한 사연에 신의 지식 또는 계시가 담겨 있다는 종교적, 철학적 의미로 사용됐다. 그러나 근대 과학 혁명 이래 과학자들이 자연이 수학 또는 자연법칙의 언어로 쓰인 책이라는 의미로 자연의 책이라는 은유를 즐겨 썼다. 예컨대 17세기 갈릴레이Galileo Galilei, 1564-1642는 자연이 수학의 언어로 쓰인 책이라는 뜻으로 이 은유를 썼으며, 20세기 조지 가모George Gamow, 1904-1968는 과거 진화의 흔적을 담은 역사학 또는 고고학의 기록물이라는 의미로 이 은유를 사용했다.

라 분자를 이루는 원자, 더 작게는 원자를 이루는 핵과 전자의 미시적인 세계 이야기라는 점을 기억해 두자. 미시 세계에서는 거시 세계에서 우리가 철석같이 믿고 있는 물리 법칙이 그대로 통하지 않는다.

그 하나가 에너지 양의 변화이다. 아주 작은 원자나 그보다 더 작은 세계에서는 에너지가 조금씩 늘거나 줄면서 연속적으로 변화하지 않고, 이 상태에서 저 상태로 도약하듯이 불연속적이고 도약적으로 변화한다는 점이 가장 중요하게 기억해야 할 특징이다. 그렇게 이 상태에서 저 상태로 도약함을 양자 도약quantum jump 또는 양자 뜀이라 부른다.

불연속성의 첫 사례는 에너지에 관한 것이었다. 거시 규모에서 물체의 에너지는 연속적으로 변한다. 예를 들어, 흔들리는 진자의 진동은 공기 저항을 받아 점진적으로 느려진다. 꽤 이상하게 들리겠지만, 원자 규모의 작은 계[2]는 이와 다르게 거동한다는 것을 받아들여야 한다. 여기에서 다 설명할 수는 없지만, 우리는 어떤 작은 계[3]는 그 고유한 성질로 인해 에너지를 불연속적인 특정한 양으로 지닌다는 것을 받아들여야만 한다. 이는 입증된 사실이다. 그런 양을 작은 계의 고유한 에

---

2 물리학에서 말하는 계는 일정한 물질과 공간을 갖추고 있으면서 구성 요소들과 그 상호 작용이 정의되는 경계 안의 세계를 말한다. 더 자세한 논의는 제1장 상자 글 「계」를 참조하라.

3 여기에서 '작은 계'로는 예컨대 핵과 전자로 이뤄진 원자 계를 생각해 볼 수 있다.

너지 준위라 부른다. 이런 에너지 준위 상태에서 저런 에너지 준위의 상태로 바뀌는 전이는 다소 신비로운 사건인데, 이를 일반적으로 '양자 도약'이라 부른다. (51-52)

양자 도약은 우리가 직관적으로 이해하기 어려운 미시 세계의 고유한 현상이다. 우리는 열을 가하면 물의 온도가 0.001도씩, 0.01도씩, 0.1도씩, 이렇게 점진적으로 올라가는 연속적 변화에 익숙하다. 당연히 그 사이에 무수한 중간 값들이 있다. 물 온도가 10도 아니면 20도 또는 30도 중 하나일 뿐이고 중간의 온도는 결코 있을 수 없는, 그런 이상한 상황은 생각조차 하기 어렵다. 이렇게 우리가 경험하는 거시 세계에서 물리량 변화는 아날로그의 변화이다. 그런데 그런 이상한 일이 원자 이하의 미시 세계에서는 당연하게 일어난다. 에너지 변화는 이 값에서 저 값으로 불연속적이고 돌연한 도약으로 일어난다. 중간 값 없는 디지털 같은 물리량의 변화이다. 이런 양자 모형은 덴마크 물리학자 닐스 보어가 1913년 원자핵 주변 전자들이 특정한 에너지 준위의 궤도에서만 존재한다는 새로운 원자 모형을 제안하면서 알려졌다.

미시계에서 물리량의 불연속과 양자 도약은 에너지에서만 나타나는 게 아니다. 슈뢰딩거는 양자화와 양자 도약의 의미를 에너지 준위에서 더 나아가 설명한다. 원자라는 계의 상태는 그것을 구성하는 요소들의 짜임새로 결정되는데, 그 상태 또는 짜임새의 변화도 또한 양자로 표현되며, 그 변화도 역시 양자 도약으

보어의 원자 모형과 양자 도약

양자 도약은 원자핵을 둘러싼 전자들의 에너지 준위 변화에서 나타난다.
닐스 보어가 이런 원자 모형을 처음 제시했다. 원자핵 주변에 전자들은
특정한 에너지 값을 지니는 궤도에만 놓인다. 궤도와 궤도 사이에 놓이
는 법은 결코 없다. 궤도는 양파 껍질처럼 여러 겹으로 이뤄지기도 하는
데, 이를 전자껍질이라 부른다. 보어는 전자껍질의 이름을 원자핵에 가
장 가까운 쪽부터 시작해 K, L, M, N으로 붙였다. 전자는 전자껍질에만
놓이며 껍질들 사이에는 존재하지 않는다. 중요한 점은 각 껍질의 에너
지 준위가 정수배로 변하는데, 이때 이런 정수 n을 양자수라고 부른다.
양자수 n이 커질수록 에너지가 커진다.

전자의 궤도는 원자 상태에 외부 에너지가 공급되거나 원자 상태가 에너
지를 외부로 잃을 때 변한다. 전자의 에너지가 가장 낮은 안정적인 바닥
상태에 있는 원자가 에너지를 흡수하면 전자는 에너지 준위가 높은 궤도
로 이동해 원자는 들뜬상태가 된다. 전자 이동은 점진적인 중간 단계가
없는 돌연한 도약으로 이뤄진다. 반대로 전자가 에너지 준위가 낮은 전
자껍질로 이동할 때 원자는 에너지를 방출한다. (에너지 준위에 관하여서는
제4장 상자 글 「에너지 준위」를 참조하라.)

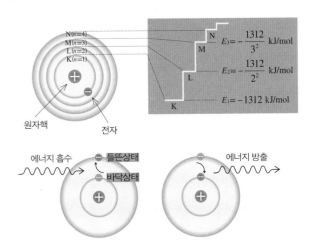

로 나타난다. 슈뢰딩거는 미시계에서 에너지의 물리량이 불연속으로 띄엄띄엄 나타나는 것과 마찬가지로, 계를 나타내는 여러 상태 특성의 물리량도 연속적이지 않은 양자 값을 지닌다고 설명한다. 다음에 등장하는 "양자화되어 있"다는 말은 그런 뜻으로 사용됐다.

하지만 계를 나타내는 특성에는 에너지만 있는 게 아니다. 다시 진자의 예로 돌아가자. 이번에는 여러 다른 운동을 하는 진자를 생각해 보자. 무거운 공이 천장의 끈에 매달려 있는 경우이다. 진자를 남북 방향으로, 동서 방향으로, 또는 어떤 다른 방향으로, 혹은 원이나 타원으로 흔들거리게 할 수 있다. 풀무질로 공 쪽에 부드럽게 바람을 일으켜 이런 운동 상태를 저런 운동 상태로 바꿀 수 있는데, 그 상태 변화는 끊김 없이 연속적으로 이뤄진다.

미시계에서는 이와 비슷한 특성들의 변화가 불연속으로 나타난다(여기에서는 자세히 설명할 수 없다). 에너지가 그런 것처럼 이런 특성들이 양자화되어 있기 때문이다. (52)

미시 세계에서는 에너지뿐 아니라 계의 상태도 불연속적인 물리량으로 표현된다. 미시계를 이루는 모든 구성 요소들이 양자화되어 있기 때문이다. 핵과 전자로 이뤄진 어느 원자 계의 상태 또한 그러하다. 다음 글에서 슈뢰딩거는 원자핵과 전자들이 특정한 짜임새로 이루어진 원자 계의 짜임새 또는 상태가 변화하는 데에는 특정한 물리량의 변화가 반드시 일어나야만 한다는 점을 강조한다.

슈뢰딩거는 원자 계를 기술하는 데에는 여러 특성의 물리량이 있고 또한 거기에 불확실성도 있다는 점을 신중하게 밝히면서도, 원자 계의 상태를 대표로 나타낼 만한 물리량은 결국에 '에너지 준위'라고 꼽는다. 이어서 슈뢰딩거는 어떤 원자 계가 낮은 에너지 준위에서 높은 에너지 준위 상태로 나아간다면, 즉 일정한 물리량을 지니는 양자 도약을 하려면 두 에너지 값의 차이에 해당하는 에너지 물리량이 외부에서 원자 계에 공급되어야만 한다는 점을 밝혀 둔다.

결론적으로 말하고자 하는 바는 이런 것이다. 원자핵과 그 보디가드 같은 전자들이 서로 가까운 거리에 놓여 하나의 '계'를 이룰 때, 우리가 흔히 생각하듯이 아무렇게나 임의적인 짜임새를 택할 수는 없다. 고유한 본성이 있기 때문이다. 그 본성으로 인해 그것들은 경우의 수야 아주 많겠지만 일련의 불연속적 '상태들' 중 하나를 택할 수밖에 없다. 일반적으로 우리는 그 상태를 준위 또는 에너지 준위라고 부른다. 에너지가 [원자 계의] 그 특성을 가장 잘 보여 주기 때문이다. 하지만 그 상태를 완벽하게 기술하고자 한다면 에너지 외에 더 많은 것들을 포함해야 한다는 점은 명심해야 한다. [원자핵과 전자로 이뤄진 원자 계에서] 상태라는 것은 모든 미립자의 특정한 짜임새를 가리킨다고 이해하는 게 사실상 정확할 것이다.

이 중 하나의 짜임새에서 다른 짜임새로 바뀌는 전이가 양자 도약이다. 만일 나중의 짜임새가 더 큰 에너지를 지니는 것이라면(에너지 준위가 더 높다면), 이때 전이를 일으키려면 적어도 두 에너지의 차이에 해당하는 만큼의 에너지가 외부에서 계 안으로 제공돼야 한다. [이와 반대로] 계는 더 낮은 에너지 준위로는 자발적으로 변화할 수 있으며 이때에는 잉여의 에너지가 복사로 방출된다. (52-53)

여기까지 이야기한 양자 이론을 다시 요약해 보자. 양자 이론은 미시 세계에서 나타나는 에너지 값의 불연속적인 흐름을 설명하는 이론으로 등장했다. 미시계의 상태를 나타내는 에너지 준위라는 물리량은 미시계의 불연속적 변화, 즉 양자 도약을 이해하는 데 중요한 개념이다. 양자 도약은 어떤 에너지 준위 상태에서 더 높은, 또는 더 낮은 에너지 준위 상태로 변화함을 말하는데, 에너지의 물리량이 불연속적인 것처럼 그런 상태 변화도 또한 중간의 점진적 변화 없이 불연속적인 양자 도약으로 나타난다.

이때 미시계가 낮은 에너지 준위에서 높은 에너지 준위로 나아가는 양자 도약은 저절로 일어나는 게 아니며, 반드시 두 에너지 차이만큼의 에너지 물리량이 외부에서 공급되어야 한다는 점도 쏙 기억해 두어야 하셨다. 이 점은 유선사라는 물질이 몇 세기에 걸쳐 후세대에 전달되면서도 유전되는 정보를 고스란히 유지하는, 기적적인 내구성을 어떻게 갖출 수 있는지를 이해하는 데 꼭 필요한 개념으로 나중에 다시 얘기된다.

유전자 분자를 양자 화학으로 이해하기

불연속성과 양자 도약 같은 양자 이론의 기본 개념을 바탕으로 이제 슈뢰딩거는 원자들이 모여서 이루는 분자 구조에 관한 이야기로 넘어간다. 분자에 관한 논의가 중요한 이유는 당연히 이 책의 주제 중 하나, 즉 유전자는 어떻게 법칙성을 띠면서 또한 항구성을 지닐 수 있는지를 분자 이론의 차원에서 설명하기 위해서이다. 무엇보다 먼저 그는 양자 이론으로 볼 때 분자 자체가 안정적인 물질임을 입증해 보여 주고자 한다. 외부에서 분자의 짜임새를 바꿀 만한 물리량의 에너지가 공급되지 않는다면 분자는 변하지 않는다는 말이다.

원자들의 어떤 집합이 놓일 수 있는 불연속 상태들 중에는 반드시 그런 건 아니지만 가장 낮은 에너지 준위 상태가 존재할 텐데, 이런 상태는 원자핵들이 서로 가까이 접근해 있음을 의미한다. 그 상태에서 원자들은 하나의 분자를 형성한다. 여기에서 강조할 점은, 그럼으로써 분자는 필연적으로 어떤 안정성을 지닐 수 있다는 것이다. 달리 말해, 적어도 분자의 짜임새를 더 높은 에너지 준위로 '끌어올리는' 데 필요한 만큼의 에너지 차이가 외부에서 공급되지 않는다면, 그 분자의 짜임새는 변할 수 없다는 말이다. 그러므로 잘 정의된 물리량인 이런 에너지 준위 차이는 분자가 얼마나 안정적인지 그 정도를 수치로 결정해 준다. [……]

이런 개념이 화학적 사실에 의해 완전히 검증되었음을 당연하게 받아들이길 독자들에게 부탁드린다. 그 개념은 화학에서 말하는 원자가原子價,valency[4]의 기초 사실과 분자 구조에 관한 여러 세부 내용, 그러니까 분자들의 결합 에너지, 여러 온도에 나타나는 분자의 안정성 등을 성공적으로 설명할 수 있음도 또한 입증되었다. 지금 나는 하이틀러-런던 이론에 관해 말하고 있는데, 앞서 이야기했듯이 여기에서는 그 이론을 자세히 다루기 어렵다. (53)

분자가 안정적인 이유는 분자를 이루는 원자들의 짜임새가 안정적인 에너지 준위에 놓여 있기 때문이라고, 즉 양자 화학의 이론으로 이해할 수 있다. 예컨대 단백질 분자는 외부에서 일정 정도 이상의 열에너지가 공급되지 않는다면 원자들의 짜임새를 유지하지만 그 이상으로 열에너지가 공급되면 그 에너지 준위는 도약하고 짜임새에 변화가 일어난다.

유전자라는 분자의 안정성 문제를 살펴볼 때 유의해서 따져 볼 점이 있다. 온도의 문제이다. 체온을 유지하는 항온 동물에게는 온도가 유전자 분자[5]의 안정성에 얼마나, 어떻게 영향을 줄 수 있느냐가 중요한 문제이다. 슈뢰딩거는 가장 낮은 에너지 준위

---

4 원자가는 어떤 원자가 다른 원자 및 개와 결합할 수 있는지 그 능력을 나타내는 수치이다. 보통은 수소를 기준으로 하는데, 예컨대 수소의 원자가는 1가이며 탄소의 원자가는 4가이다.

5 사실 유전자는 분자가 아니다. 고분자인 DNA에 있는 유전자는 유전 형질을 발현하는 단위로 이해되며 독립적인 분자로 존재하지 않는다. 이 책에서는 유전자를 분자로 파악하는 슈뢰딩거의 관점을 설명하면서 '유전자 분자'라는 표현을 쓰고자 한다.

상태에 놓인 가상의 분자를 대상으로 사고 실험을 시작한다. 이론적인 온도의 최저점인 절대 온도 0도(섭씨 영하 273도)에 있는, 가장 낮은 에너지 상태에 있는 분자를 조금 더 높은 에너지 상태로 끌어올리기 위해서 열을 가하는 실험을 한다고 생각해 보자.

> 우리의 생물학적 물음에서 가장 흥미로운 문제, 그러니까 온도가 달라질 때의 분자 안정성 문제를 당연히 살펴봐야 하겠다. 먼저 우리가 다루는 원자들의 계[6]가 사실상 가장 낮은 에너지 상태에 놓여 있다고 가정해 보자. 물리학자라면 그런 상태는 분자가 절대 온도 0도에 놓인 경우라고 말할 것이다. 그것을 다음으로 높은 상태, 즉 다음의 에너지 준위로 끌어올리는 데는 특정한 양의 에너지가 필요하다. 에너지를 공급하는 가장 간단한 방법은 분자에 '열을 가하는' 것이다. 분자를 더 높은 온도의 환경에 넣는 '열처리'를 하여 다른 계들(다른 원자, 분자들)이 그 분자에 충돌하게 해 보자. (54)

이런 가상의 실험에서 외부 열이 공급되면 입자들은 그만큼 더 활발하게 무작위 운동을 한다는 점을 잊지 말아야 하겠다. 『생명이란 무엇인가』의 1장에서 슈뢰딩거가 친절하게 여러 예시를 들어 설명했던 브라운 운동 같은 불규칙, 무작위 운동을 다시 떠

6　여러 원자들이 모인 계는 곧 분자 계를 말한다. 계에 관한 더 자세한 설명은 제1장 상자 글 「계」를 참조하라.

올려 보자. 개개 입자들의 열운동은 무작위적이고 불규칙적이므로, 거기에서 우리가 생각할 수 있는 통계 물리학의 법칙 또는 규칙은 기계적이지 않고 확률적일 수밖에 없다는 얘기도 다시 기억해야 하겠다.

> 이때 열운동은 완전히 불규칙적이다. 이런 열운동을 감안하면 [분자의 에너지 상태를 한 단계 더 높게] '끌어올림'을 확실하게, 즉시 일으킬 수 있는 온도 한계는 딱 정해져 있지 않다. 그렇기보다는 어떤 온도에서 (물론 절대 온도 0도가 아닌 다른 온도에서) 끌어올림이 일어날 확률이 더 작다 또는 더 크다고 말할 수 있을 뿐이다. 당연히 그 확률은 열처리 온도가 높아질수록 증가할 것이다. (54)

지금 슈뢰딩거의 가상 실험에서는 낮은 에너지 준위 상태의 분자 안정성을 깨어 그 분자의 에너지 상태를 끌어올리기 위해 외부에서 열을 공급해 주고자 한다. 그런데 이때 분자의 상태 변화를 곧바로 일으킬 열에너지의 양이 딱 정해져 있지 않다는 점, 그리고 그 상태 변화가 일어날 가능성은 확률로 표현될 수밖에 없다는 점을 슈뢰딩거는 강조해서 말하고 있다. 여기에서 그는 상태 변화가 일어날 확률을 '기대 시간'의 수치로 바꾸어 생각해 보자고 제안한다.

이런 확률을 표현하는 가장 좋은 방법은 끌어올림이 일어날 때까지

기다려야 하는 평균 시간, 다시 말해 '기대 시간'을 표시하는 것이다.

M. 폴라니Michael Polanyi, 1891-1976와 E. 위그너Eugene Wigner, 1902-1995의 연구[7]에 따르면 '기대 시간'은 주로 다음과 같은 두 에너지의 비에 따라 달라진다. 하나는 끌어올림을 일으키는 데 필요한 에너지, 즉 두 에너지 준위의 차이(W라고 표기하자)이며, 다른 하나는 특정 온도에 나타나는 열운동의 세기를 보여 주는 에너지(절대 온도를 T로, 그때의 에너지를 W/kT로 표기하자)이다.[8]

합리적 추론으로 다음과 같이 생각할 수 있다. 끌어올림이 일어날 확률이 낮아 기대 시간이 길어진다는 것은, 그만큼 평균 가열 에너지와 비교할 때 끌어올림에 필요한 에너지가 커진다는 것, 달리 표현하면 $W:kT$ 비율 (즉, W/kT의 값)이 더 커짐을 의미한다.

여기에서 놀라운 것은 W/kT의 값이 조금만 변해도 기대 시간은 엄청나게 달라진다는 점이다. 예컨대 델브뤼크의 연구 결과를 보면 다음과 같이 나타난다. 기대 시간은 W가 kT의 30배일 때 아주 짧은 0.1초이지만 W가 kT의 50배일 때는 16개월로 늘어나며, W가 kT의 60배일 때는 무려 3만 년이나 된다! (54-55)

마지막에 제시한 수치 예시는 슈뢰딩거가 자세히 그 출처를

---

7 마이클 폴라니는 영국의 물리 화학자이자 철학자이며, 유진 위그너는 미국의 이론 물리학자이다.

8 [슈뢰딩거의 주] 여기에서 k는 수치가 밝혀진 '볼츠만 상수'를 가리킨다. 절대 온도 T에서 기체 원자의 평균 운동 에너지는 $\frac{2}{3}kT$이다.

밝히지 않았지만 막스 델브뤼크의 연구 결과에서 가져온 것으로 보인다. 독일 출신의 미국의 물리학자이자 분자 생물학자인 델브뤼크의 독창적인 유전자 연구는 다음 장인 5장 「델브뤼크 모형의 논의와 검증」에서 한 장에 걸쳐 자세히 다뤄질 정도로, 슈뢰딩거가 이 책을 구상하는 데 지대한 영향을 끼친 것으로 알려져 있다. 델브뤼크의 연구 결과는 슈뢰딩거에게 고무적인 수치를 제공해 주었다. 0.1초에 불과할 수 있는 분자 안정성의 기대 시간은 일정한 환경 온도의 조건만 유지한다면 3만 년까지 늘어날 수 있음을 입증해 보여 주었기 때문이다.

그런데 어떻게 에너지 준위와 열에너지의 30배, 60배 차이가 0.1초와 3만 년이라는 엄청난 차이를 만들어 낼 수 있는 걸까? 'W/kT의 값'과 '기대 시간'은 어떤 관계이길래 그런 걸까? 슈뢰딩거는 복잡한 설명은 생략한 채 그 관계식을 간략하게 다음과 같이 소개한다.

기대 시간이 이렇게 에너지 준위 단계, 즉 온도의 변화에 엄청나게 민 감한 이유를 관심 있는 독자들에게는 수학의 언어로 설명하는 게 좋 겠다. [……] 그 이유는 t로 표현되는 기대 시간이 W/kT의 값에 지수 함수로 의존하기 때문이다. 즉,

$$t = \tau e^{W/kT}$$

여기에서 τ는 10^{-13}에서 10^{-14}초 정도로 작은 특정한 상수이다. (55)

이런 지수 함수 관계식은 열을 다루는 통계 물리학 이론에 자주 등장할 정도로 정립된 것인데, 그것은 "[분자의 에너지 준위 상태를 바꿀 만한] 정도의 에너지가 우연히 계의 어느 한 부분에 집중할 가능성이 매우 낮음을 의미하며, 게다가 평균 에너지에 비해 상당한 배수의 에너지 양이 요구되는 조건이라면 그 가능성은 더욱 엄청나게 줄어든다는 점을 말해 준다."(55)

이 관계식은 이후에도 다시 등장한다. 그러므로 슈뢰딩거의 논의를 따라가기 위해서는, 다른 것은 건너뛰더라도 'W/kT'가 무엇을 의미하는지를 기억해 두는 게 좋다. W는 어떤 분자의 계를 이 상태에서 저 상태로 바꿀 수 있는 에너지의 양(즉, 낮은 에너지 준위와 높은 에너지 준위의 차이)을 말하며, kT는 그 분자 계가 놓인 환경의 온도를 가리킨다. '기대 시간'의 지수 함수 관계식은 W/kT의 값이 클수록(즉 분자 상태를 바꾸는 데 필요한 에너지의 물리량이 환경 온도의 에너지 물리량보다 클수록) 분자 계의 상태가 변할 확률은 지수 함수적으로 엄청나게 낮아짐을 표현한 것이다.

분자의 W는 언제나 정해져 있을 테니까 결국에 기대 시간 W/kT 값은 분자가 놓인 환경 온도(kT)의 변화에 의해 좌우된다. 즉, 분자의 안정성 문제에서 주변 환경 온도는 중요한 요인임을 기억해 두자.

쉽게 되돌아가지 않는 돌연변이의 양자 도약

슈뢰딩거는 에너지의 불연속성과 양자 도약이라는 양자 이론의 기본 개념에서 시작해 양자 화학 이론을 끌어들여 분자 안정성에 관해 설명했다. 요점은 분자 상태가 쉽게 바뀌지 않는 안정성을 지니지만 일정한 양의 외부 에너지가 분자 계에 가해질 때 그 상태는 바뀔 수 있다는 것이다. 여기에서 일반적인 분자를 유전자 분자로 바꾸어 생각해 보자. 그러면 분자 상태 변화는 유전자 돌연변이로 이해할 수 있다.

이상의 논의를 분자 안정성의 이론으로 전개하면서 우리는 암묵적으로 다음과 같이 가정해 왔다. 우리가 '끌어올림'이라고 부른 양자 도약이 [분자를 이루는] 원자들을 완전히 해체하지는 않더라도 적어도 그 원자들의 짜임새를 근본적으로 다른 것으로 바꾸리라는 것이다. 달리 말해 화학자들이 말하는 '이성질체異性質體,isomer 분자'로 바뀐다는 것이다. 이성질체 분자는 분자를 구성하는 원자들은 동일하지만 그 원자들의 배열이 달라진 분자를 가리킨다(이를 생물학에 적용한다면, 이성질체는 [쌍을 이룬 염색체 2개에서] 동일한 유전자 자리에 있는 서로 다른 대립 유전자라고 표현할 수 있고, 양자 도약은 돌연변이로 표현할 수 있겠다). 그런데 이런 해석이 가능하려면, 내가 앞에서 이해를 돕고자 일부러 단순화했던 이야기를 두 가지 점에서 수정 보완해야 한다. (56)

슈뢰딩거가 수정 보완하는 하나는 분자의 에너지 준위 변화가 앞에서 말한 대로 분자의 짜임새를 바꿀 만큼 큰 변화를 일으킬 때만 일어나는 건 아니라는 점이다. 실제 분자들에서는 더 작은 규모의 에너지 준위 변화도 쉽게 관찰할 수 있다. 그런 점에서 슈뢰딩거는 자신이 이 책에서 다루는 에너지 준위 변화는 분자의 짜임새에 변화를 일으킬 정도에 한정된 변화임을 일부러 밝힌다. "[우리가 이 책에서 쓰는 용어인] '한 단계 더 높은 에너지 준위'라는 말은 분자의 짜임새 변화에 상응하는 다음 단계를 뜻하는 것으로 이해해야 한다."(56) 이런 보완 설명은 그가 용어의 뜻까지 깐깐하게 챙기는 엄격한 이론 물리학자임을 보여 준다.

두 번째 수정 보완할 점에는 다소 긴 설명이 뒤따른다. 미리 요점을 정리하면, 분자의 짜임새를 바꾸는 데 요구되는 에너지 물리량은 사실 지금까지 얘기해 왔던 것보다 훨씬 더 크다는 점이다. 단순하게 계산하면 그 물리량은 높은 단계의 에너지 준위에서 낮은 단계의 에너지 준위를 빼고 남은 에너지 양으로 나타나지만, 슈뢰딩거는 실은 두 에너지 준위 사이에는 넘어야 할 높은 '문턱' 이 존재한다고 밝힌다. 긴 설명을 차근차근 들어 보자.

두 번째로 보완할 점은 설명하기가 훨씬 까다롭다. 서로 비교되는 다른 에너지 준위의 도식에 담겨 있는 중요하면서도 복잡한 특징과 관련된 문제이기 때문이다. 두 상태의 자유로운 이동은, 필요한 만큼의 에너지가 공급된다 해도 가로막힐 수 있다. 실은 높은 준위 상태에서 낮은 준위 상태로 바뀌는 전이조차도 차단될 수 있다. (57)

왜 그럴까? '훨씬 까다로운 설명'으로 나아가기에 앞서 슈뢰

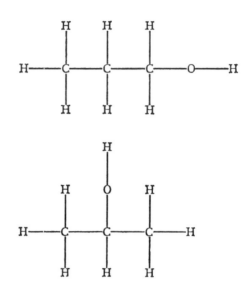

〔그림 11〕 프로필알코올의 두 가지 이성질체

딩거는 조금 돌아가는 길에 있는 '이성질체 분자'라는 개념을 먼
저 설명한다.

경험 과학에서 밝혀진 사실들에서 이야기를 시작해 보자. 같은 원자
들 무리도 분자를 이룰 때 한 가지 이상의 방식으로 합쳐진다는 것은
화학자들에게 잘 알려져 있다. [같은 원자 무리가 다른 방식으로 결합한]
그런 분자들을 이성질체라 부른다(그리스어 어원을 따지면 '동일한' '부분'
으로 이뤄졌다는 뜻이다). 이성질체는 예외적인 현상이 아니며 규칙이
다. 분자 몸집이 클수록 더 많은 이성질체가 만들어진다.

[그림 11]은 아주 단순한 예시 하나를 보여 준다. 두 종류의 프로필알코올 분자인데, 둘 다 탄소(C) 셋, 수소(H) 여덟, 산소(O) 하나로 이뤄져 있다. 산소는 수소와 탄소 사이에 어디에라도 끼어들 수 있지만, 여기 그림에서 제시된 두 가지 경우만이 서로 다른 물질이다. 실제로도 정말 다른 물질이다. 두 물질의 물리적, 화학적 특성은 뚜렷하게 다르다. 또한 그 에너지도 달라 '다른 에너지 준위'를 보여 준다. (57-58)

이성질체인 두 분자의 상태가 바뀌는 데에는 에너지의 '문턱'을 넘어서게 하는 더 큰 에너지가 공급되어야 한다. 문턱을 넘어서는 에너지가 공급되어야 이성질체의 상태 변화가 일어날 수 있다는 의미이다. 또한 두 상태 사이에 문턱이 있다는 말은, 달리 말해 다른 상태로 한번 변화한 뒤에는 다시 원상태로 복귀하기도 역시 그만큼 더 어렵다는 뜻이다. 즉, 에너지의 문턱이 있기에 두 이성질체는 이리저리 상태를 쉽게 오갈 수 없고 각자가 안정한 상태에 머물 수 있게 된다.

주목할 만한 사실은 두 분자가 모두 완벽하게 안정적이며, 둘 다 에너지 준위가 '가장 낮은 상태'에 있는 듯이 거동한다는 점이다. 둘 사이에는 이 상태에서 저 상태로 바뀌는 자발적 전이가 일어나지 않는다. 그 이유는 두 분자의 짜임새가 서로 이웃한 짜임새가 아니기 때문이다. 이 짜임새에서 저 짜임새로 바뀌는 전이가 일어나려면, 둘 중 어느 하나보다 더 큰 에너지를 지니는 중간 단계의 짜임새를 거쳐야 한

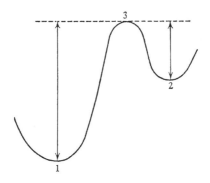

〔그림 12〕 두 이성질체 에너지 준위 1과 2 사이에 놓인 에너지 문턱 3.
화살표는 전이에 필요한 최소 에너지를 가리킨다.

다. 거칠게 말하자면 산소 원자가 어떤 위치에서 떨어져 나와야 하고, 그러고서 다시 다른 위치로 끼어들어야 한다는 것이다. 상당히 더 큰 에너지의 짜임새들을 통과하지 않고서는 그런 일이 일어날 길은 없어 보인다. 이런 사태는 종종 [그림 12]와 같은 비유적인 그림으로 표현된다. 여기에서 1과 2는 2개의 이성질체를 나타내고 3은 그 둘 사이의 '문턱'을 나타낸다. 화살표 선분 2개는 '끌어올림', 다시 말해 상태 1에서 상태 2로, 또는 상태 2에서 상태 1로 바뀌는 전이를 만들어 내는 데 필요한 각각의 에너지 공급량을 가리킨다. (58-59)

슈뢰딩거는 분자 이론을 통해서, 특히 이성질체 분자의 사례에서 유전자 돌연변이 현상에 접근할 수 있는 물리학과 화학의 중요한 토대를 발견한 듯하다. 그의 해석에 따르면, 유전자 분자에 상당한 양의 어떤 에너지가 가해질 때 에너지 문턱을 넘는 돌연변이 사건이 일어나며, 그렇게 일어난 돌연변이 상태는 다시 에너지 문턱을 넘어 원상태로 쉽게 돌아가지 못하고 다른 유전자처럼 오랜 시간에 걸쳐 여러 세대에 안정적으로 유전될 수 있는 항구성을 지니게 된다. 이런 점에서 에너지 문턱은 돌연변이 사건을 이해하는 데 중요한 개념이다.

이제 우리는 '두 번째 보완'을 이야기할 수 있다. 이성질체에서 일어나는 이런 전이가 우리가 생물학에 응용할 때 관심을 기울일 만한 유일한 전이이다. 우리가 앞에서 분자의 '안정성'을 설명할 때 염두에 두었던 것이 바로 이것이다. 우리가 '양자 도약'이라고 말할 때 그것은 상대적으로 안정적인 하나의 분자 짜임새에서 다른 짜임새로 바뀌는 전이를 의미한다. 전이에 필요한 에너지 공급량(W로 표시되는 수치)은 실제적인 에너지 준위 차이만을 말하는 게 아니라 초기 준위에서 문턱까지의 간격([그림 12]에 표시된 화살표 선분)을 말하는 것이다.

초기 상태와 최종 상태 사이에 문턱이 없는 전이는 우리의 흥미를 전혀 끌지 못한다. 우리의 생물학적 논의에서만 그런 것도 아니다. 그런 전이는 분자의 화학적 안정성에 사실상 아무것도 기여하지 못한다. 왜 그럴까? 그런 전이는 그 효과를 지속해 유지하지 못하고, 그래서 우리가 감지하지도 못한 사이에 언제나 일어난다. 문턱 값 없는 전이는 일어난다 해도, 곧이어 거의 즉시 초기 상태로 되돌아간다. 되돌아가기를 막을 수 있는 것이 아무것도 없기 때문이다. (59)

『생명이란 무엇인가』는 슈뢰딩거가 양자 물리학과 화학에 토대를 두고서 아직 실체가 다 드러나지 않은 유전자라는 물질적 실체의 구조와 특성에 접근하려는 모험적인 사유 과정을 담고 있다. 생물학의 돌연변이 사건을 물리학과 화학으로 어떻게 이해할 수 있느냐에 초점을 맞춘 이 장에 이어, 다음 장에서 슈뢰딩거는 양자 이론에 더욱 의지하여 유전자의 가설적 모형을 추론하고 펼치는 가장 구체적이고도 본격적인 지적 탐험에 나선다.

6

델브뤼크의
분자 모형을
검증하다

슈뢰딩거의 지적 탐험이 점점 더 본격적인 논의에 깊숙하게 접어들고 있다. 그래서 5장의 내용은 다른 장에 비해 좀 더 전문적이고 기술적이다. 특히 방사선 돌연변이 실험을 바탕으로 유전자의 실체에 접근하는 막스 델브뤼크의 해석과 이론은 대단히 중요하게 다뤄지는데, 슈뢰딩거는 그 이론을 소개하고 분석하고 돌아보면서 거기에다 자신의 과학적 상상력을 담아 탐험의 잠정 결론을 제시한다.

　슈뢰딩거는 잠시 짬을 내어 지금까지 다룬 논의를 간명하게 간추리면서 이 장의 이야기를 시작한다. 우리가 주요하게 다룬 물음은 다시 다음과 같이 정리된다. "유전 물질은 끊임없이 열운동에 노출되는데, 비교적 적은 수의 원자로 구성된 이 구조물[유전자]은 열운동의 흩트리는 힘을 어떻게 견뎌 내는가?"(60) 이에 대해 슈뢰딩거가 지금까지 보여 준 답은 다음과 같이 정리된다.

> 우리는 유전자 구조가 거대 분자 구조이며, 원자 재배열로 이성질체 분자가 되는 불연속적인 변화만을 겪는다고 가정할 것이다. 원자 재배열은 유전자의 작은 부분에만 영향을 주며, 서로 다른 재배열의 경우 수가 아주 많이 존재할 수 있다. 실제의 분자 짜임새를 다른 잠재적 이성질체 짜임새와 구분해 주는 에너지 문턱은 원자의 평균 열에너지에 비해 높을 수밖에 없고, 그래서 [문턱을 넘나드는 짜임새의] 변환은 드물게 일어날 뿐이다. 우리는 바로 이런 식의 드문 사건이 [자연에서 일어나는] 자발적 돌연변이임을 인식한다. (60)

이 장은 델브뤼크가 제시하는 유전자와 돌연변이에 관한 일반적인 이론 모형을 짚어 보고, 그런 다음에 델브뤼크의 이론을 중심으로 양자 물리학과 화학의 원리가 유전학 분야의 여러 사실과 맞아떨어지는지를 되짚어 검증하는 순서로 구성되었다. 델브뤼크의 이론이 이 장의 중심 재료인 셈이다. 이 과정에서 슈뢰딩거의 독창적인 과학적 상상이 빛을 발한다.

유전자는 분자다, 다른 가능성은 없다

슈뢰딩거가 주목하는 델브뤼크의 유전자 모형을 짧게 간추리면 '유전자는 분자다'로 요약된다. 이 책에서 다룬 1935년 '3인 논문'의 주요한 결론 중 하나도 '유전자는 분자인 것으로 보인다'

였다. 사실 『생명이란 무엇인가』는 이런 유전자 분자 모형의 그림을 양자 물리학과 화학의 원리로 충분히 설명할 수 있음을 보여 주는 데 초점을 맞춰 왔다. 앞에서 다룬 통계 물리학과 양자 이론의 이야기, 그리고 유전과 진화, 돌연변이에 관한 이야기도 지금 돌아보면, 결국에 이 장의 주제인 '양자 물리학과 화학으로 바라보는 유전자 모형'을 논의하기 위해 거쳐 온 긴 여정이라고 볼 수 있다.

슈뢰딩거는 왜 생명이란 무엇인가의 물음, 그 중심에 있는 유전자 분자의 수수께끼를 굳이 양자 이론의 관점에서 풀어 보고 설명하려고 애쓰는 걸까? 그가 말했듯이 양자 이론의 도움이 없더라도 그 물음과 수수께끼는 어느 정도 풀리고 있는 중이었는데도 말이다. 그는 스스로 이렇게 묻는다.

생물학적 물음을 마주하면서 가장 깊은 뿌리까지 파고 들어가 양자 역학 위에 그 그림[1]을 세우는 일이 정말로 반드시 해야만 하는 중요한 일이었을까? 유전자가 분자라는 추정은 단언하건대 오늘날 상식이 되었다. 양자 이론에 익숙하건 그렇지 않건 이 견해에 동의하지 않을 생물학자는 거의 없다. 앞 장에서 우리는 다소 무리한 시도이긴 했지만 양자 이론 이선 시대 물리학자의 입을 빌려 유전 물질의 항구성을 이

---

[1] 유전자를 분자로 바라보는 이론 모형을 가리킨다. 여기에서 '그림'은 설명, 이론, 모형 같은 다른 표현으로 바꿔서 이해할 수 있다.

해하는 데 유전자 분자가 유일하게 합당한 설명임을 이야기했다. 뒤이어 우리는 이성질체, 문턱 에너지, 그리고 이성질체 전이 확률을 결정할 때 사용되는 $W:kT$ 비율의 중요한 역할을 따져 봤는데, 이것들도 굳이 양자 이론을 빌리지 않고서 순수하게 경험적인 토대에서 충분히 생각할 수 있었을 것이다. 그런데도 나는 양자 역학의 관점을 왜 이토록 강하게 주장하는 걸까? 이 작은 책에서 그것을 정말이지 명확히 다 설명할 수도 없고 많은 독자를 지루하게 만들 텐데 말이다. (61)

그 이유는 원자 미시 세계의 제1원리들first principles[2]로 분자를 설명할 수 있는 것은 양자 역학뿐이기 때문이다. 슈뢰딩거가 보기에, 양자 이론에 바탕을 둔 양자 화학, 특히 하이틀러-런던 결합 이론은 유전자 분자를 "가장 깊은 뿌리까지 파고 들어가" 설명할 수 있는 고유한 이론이다.

양자 역학은 자연에 실재하는 수많은 종류의 원자 집합들을 제1의 원리들로 설명하는 최초의 이론이다. 하이틀러-런던 결합 이론은 그런 양자 이론에서 단 하나로 나올 수밖에 없는 유일한 것이며, 화학 결합을 설명할 목적으로 발명된 게 아니다. 그것은 아주 흥미롭고도 이해하기 쉽지 않은 방식으로 저 혼자 조용히 나타나, 완전히 다른 사유 방식으로 우리를 압도한다. 그 이론은 관찰되는 화학적 사실들과 정

---

2   제1원리는 어떤 이론, 체계, 방법의 기초가 되는 근본 개념이나 전제를 말한다.

하이틀러-런던 이론과 공유 결합

슈뢰딩거가 여러 차례 언급하는 하이틀러-런던 이론은 1927년 독일 화학자인 발터 하이틀러와 프리츠 런던이 발표한 '원자가 결합 이론'을 가리킨다.

하이틀러와 런던은 처음으로 양자 역학을 이용해 수소 원자(H) 둘이 결합해 어떻게 수소 분자(H_2)를 형성하는지, 그 결합의 특성을 깔끔하게 계산하고 예측해 낸 것으로 평가된다. 이들은 슈뢰딩거의 양자 역학 파동 방정식을 토대로 양자 화학 이론을 세웠다. 그 양자 화학 이론에 의해, 비금속 원자들이 전자를 공유하며 결합하는 '공유 결합' 방식을 양자 역학 수준에서 정밀하게 이해할 수 있게 되었다.

H_2
(수소)
　　수소 원자　　　　　수소 원자　　공유 결합　　　　수소 분자

수소 원자 2개가 각각 전자를 1개씩 내놓고, 이 전자를 공유하면서 결합한다.

확히 들어맞는다는 게 증명됐다. 그래서 양자 이론이 더 발전하더라도 '이런 건 다시 나타날 수 없다'고 합당하게 확실히 말할 수 있을 정도로 충분히 이해된, 그런 의미에서 유일한 이론이다. (61)

양자 이론이 등장하기 이전 19세기의 물리학자가 고전 물리학과 통계 물리학의 자연법칙들을 따져 보고서 '유전자는 분자일 것'이라고 거칠게 추론할 수 있다 해도, 그것을 원자 미시 세계의 기본 원리로 설명하고서 다른 가능성이 없음을 최종 확인할 수 있는 것은 양자 이론뿐이라는 얘기다. 양자 이론의 관점으로 검증한 이후에야 우리는 유전자가 분자일 수밖에 없고 분자가 아닐 가능성이 없음을 "안심하고 단언할 수 있다"라고 슈뢰딩거는 말한다.

그러므로 우리는 유전 물질을 분자로서 설명하는 것 외에 다른 방법이 없다고 안심하고 단언할 수 있다. 물리적 측면을 따져 보면 유전 물질의 항구성을 설명할 다른 가능성은 남지 않는다. 만일에 델브뤼크의 모형 그림이 실패한다면 우리는 더 이상 다른 시도를 포기해야 할 것이다. 이것이 바로 내가 강조하고자 하는 첫 번째이다. (61)

유전자를 분자로 설명하는 델브뤼크의 이론 모형이 잘못된 것이라면 더 이상 다른 시도를 할 수 없다는 슈뢰딩거의 평가는 델브뤼크의 유전자 분자 모형에 대한 그의 강한 신뢰를 보여 준다. 그가 그렇게 신뢰할 수 있었던 이유는 델브뤼크의 유전자 분자 모형이 양자 역학의 거장인 자신이 양자 이론의 관점에서 검증하더라도 충분히 설명되어 딱 들어맞는다고 평가할 수 있기 때문일 것이다.

그런데 여기에서 한 가지 용어의 혼란을 짚고 넘어가야 하겠다. 사실 유전자는 분자가 아니다. 인간의 경우에 2만 가지 안팎의 유전자 정보를 담고 있는 데옥시리보 핵산, 즉 DNA가 거대 분자(고분자)이기는 하지만, 지금 우리는 DNA에 염기 서열 정보로 담겨 있는 유전자 하나하나를 분자라고 말하지는 않는다. 이 책이 쓰인 1940년대에는 염색체 안에 있다고 추정되는 유전자가 DNA인지 또는 단백질인지도 불분명했고, 그 물리적 실체가 무엇인지도 분명하지 않았다는 점을 감안해서 슈뢰딩거의 이야기를 들어야 하겠다. 그렇더라도 실험과 이론으로 더듬으며 추론해야 하는 유전 물질의 물리적 실체가 분자일 수밖에 없음을 밝혀 가는 델브뤼크와 슈뢰딩거의 과정은 그 자체로 대단히 혁신적이고 통찰력 있는 시도로 평가받을 만했다. 슈뢰딩거가 유전자는 분자라고 말할 때 그 유전자를 DNA로 바꾸어 들으면서 슈뢰딩거의 지적 탐험을 계속 따라가 보자.

슈뢰딩거는 유전자가 항구성을 유지하는 비결이 분자라는 물질 구조 자체의 견고성 덕분이라는 점을 부각해 강조한다. 한발 더 나아가 그는 분자의 견고성을 생각한다면, 사실상 분자는 잘 변하지 않는 고체나 결정과 다름이 없다고 주장한다. "이제 내가 밝히고자 하는 두 번째 요점에 도달했다. 분자나 고체나 결정, 이것들은 정말이지 다르지 않다."(62) "2,000년 동안 무덤에 묻혀 있으면서도 변함없는 금화"나 "지질학적 시기에 오랫동안 불변했을 바위 속의 광물 결정"이 한결같은 견고성을 보여 주듯이, 분자도 역시 견고성을 지닌 물질 구조라는 것이다.

분자를 금화나 광물 결정과 나란히 세우는 비유는 아무래도 좀 무리하고 과장되었다. 그런데도 슈뢰딩거가 이런 비유를 일부러 들고 나와 분자의 견고성을 강조한 것은 분자를 쉽게 상태 변화를 일으키는 존재로 바라볼지 모른다는 우려 때문이다. 분자라는 물질 구조의 견고성에 주목하라는 주문이다.

물질들을 구분하는 진짜 "근본적인 차이"는 어떤 것일까? 슈뢰딩거는 기체, 액체, 고체 같은 물질 상태의 차이가 아니라 정말 중요한 차이가 무엇인지를 다음 도식으로 제시한다.

물질 구조의 진정한 측면에서 본다면, 한계는 완전히 다르게 그려져야 한다. 근본적인 차이는 아래 두 가지 '등식' 사이에 존재한다.

분자=고체=결정

기체=액체=비결정

이 등식을 간략하게 설명해야 하겠다. 이른바 비결정 고체라 불리는 것들은 진정한 비결정이 아니거나 진정한 고체가 아닌 경우가 있다. 예컨대 '비결정'으로 불리는 목탄 섬유에는 흑연 결정의 기본 구조가 들어 있음이 엑스선에 의해 밝혀졌다. 그러므로 목탄은 고체이며 또한 결정이다. 결정 구조를 발견할 수 없을 때 우리는 그 물체를 매우 높은 점성(내부 마찰)을 지닌 액체라고 간주해야만 한다. 잘 정의된 녹는점과 융해열이 없다면 참된 고체가 아니다. 열이 가해지면 그런 물체는 점점 물러지다가 결국 불연속성 없이 액체가 된다. (나는 제1차 세계 대전 끝 무렵에 빈 시민들에게 아스팔트 비슷한 것이 커피 대용품으로 지급된 일을 기억한다. 그것은 아주 단단해서 끌이나 자귀로 잘게 잘라 내야 했는데 잘린 조각은 매끈한 조개껍데기 같았다. 하지만 오래 놔두면 액체처럼 변해서 그릇 바닥을 다 채워 달라붙곤 했다. 그래서 현명한 사람들은 그렇게 이틀 정도까지 놔두지는 않았다.) (63)

물질의 상태와 결정 구조

우리가 흔히 분류하는 고체, 액체, 기체는 물질의 상태에 따른 구분이다. 물질을 이루는 입자 간 거리에 따라 구분되는데, 입자들의 거리가 멀면 기체, 아주 가까우면 고체, 그리고 중간 정도일 때 액체이다.

고체는 입자 간 거리가 아주 가까워 경직된 구조를 지니는데 거기에는 입자들이 어떻게 결합하는지, 어떤 배열을 이루는지가 중요하게 작용한다. 입자들이 규칙적으로, 반복적으로 배열된 경우를 결정성이라 하며 불규칙적 배열일 때 비결정성이라 한다. 석영과 유리는 자주 비교되는데, 둘 다 규소(Si)와 산소(O)로 구성되지만 석영은 원자 배열이 규칙적인 결정성 고체이고 유리는 불규칙한 배열을 지닌 비결정성 고체이다.

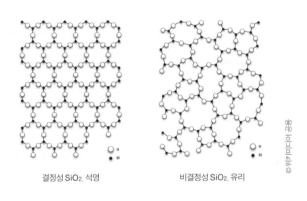

결정성 SiO₂, 석영   비결정성 SiO₂, 유리

앞의 글에서 슈뢰딩거는 흔히 고체가 언제나 딱딱하고 견고하다고 여기지만 항상 그렇지는 않음을 강조한다. 딱딱한 커피 내용품도 며칠 동안 놔두면 중력의 작용으로 점성이 높은 액체처럼 물러지고 흘러내려 그릇을 채웠다는 그의 예시는 고체의 참된 기준이 그저 겉보기에 있지 않음을 입증해 준다. 흥미롭게도 딱딱

한 고체가 90년 넘는 긴 시간 동안 액체처럼 아주 서서히 흐르는 현상을 관찰하는 이색 실험도 실제로 벌어지고 있다. 오스트레일리아 퀸즐랜드 대학 물리학과에서 1927년에 시작한 실험인데, 연구자들은 고열로 녹인 타르 찌꺼기를 깔때기에 부어 굳힌 다음에 6-12년마다 한 방울씩 떨어지는 고체 타르의 흐르는 성질을 관찰한다. 이곳에서는 몇 세대의 연구자들이 그동안 아홉 차례 방울이 떨어지는 현상을 관찰했다고 한다. 연구자들은 1984년에 타르의 점성이 물의 점성보다 2,300억 배 높다는 내용의 논문도 발표했다. 2014년에 언론 매체들이 주목하는 가운데 아홉 번째 방울이 떨어졌고, 지금은 열 번째 방울이 낙하를 준비하고 있다. 이런 사례들로 미루어 보아, 견고성을 갖춘 참된 고체를 찾을 때 우리는 물질 상태가 어떠하냐가 아니라 결정성 구조를 지니고 있느냐를 확인해야 한다는 게 슈뢰딩거의 견해이다.

슈뢰딩거는 자신이 말하고자 하는 바를 다음과 같이 더 분명하게 제시한다. 상태가 아니라 구조에 따라 물질을 분류하면, 양자 역학의 힘으로 원자들이 결합해 이뤄진 분자의 견고함은 참된 고체 또는 결정과 다를 바 없다고 말이다. 결정성 구조에서 원자들을 단단하게 묶는 힘이나 분자 구조에서 원자들을 단단하게 묶는 힘이나 모두 다 마찬가지로 하이틀러-런던 이론이 밝힌 양자 역학의 힘에서 비롯하기 때문이다.

이렇게 우리는 앞의 도식에 있는 논점의 정당성을 모두 살펴보았다.

오스트레일리아 퀸즐랜드 대학 물리학과에서
1927년 이래 계속되는 타르 찌꺼기의 낙하 관찰 실험.

다만 하나 빠진 요점이 있는데, 분자를 고체=결정으로 보아 주길 바란다는 것이다.

그 이유는 이렇다. 분자 하나를 형성하는 원자들은 그 수가 적든 많든 상관없이 진정한 고체, 즉 결정을 만드는 원자들과 정확히 똑같은 성질의 힘에 의해 결합하기 때문이다. 그래서 분자는 결정과 똑같이 구조적으로 견고하다. 유전자의 항구성을 설명하는 우리의 근거가 정확히 말하면 바로 이런 분자의 견고성임을 잊지 말자!

물질 구조에서 정말 중요한 차이는 원자들이 '견고하게 만드는' 하이틀러-런던 힘에 의해 결합하느냐 그렇지 않느냐의 문제이다. 고체에서, 그리고 결정에서는 원자 결합에 그 힘이 작용한다. 단일 원자로 이뤄진

기체(예컨대 수은 증기)에는 그 힘이 작용하지 않는다. 분자로 이뤄진 기체에서는 모든 분자 안의 원자들만은 이런 식으로 연결되어 있다. (64)

하지만 세상의 모든 결정 구조가 항상 견고한 것도 아니며 모든 분자가 언제나 견고한 것도 아니다. 염화 나트륨, 즉 소금 결정을 생각해 보자. 물질 구조로 볼 때 결정이지만 소금은 쉽게 부서진다. 소금 결정은 원자들이 '이온 결합' 방식으로 결합해 있기 때문이다. 전자 하나를 잃어 양전하를 띠는 나트륨 원자(Na^+)와 전자 하나를 얻어 음전하를 띠는 염소 원자(Cl^-)는 둘 사이에 작용하는 음과 양의 정전기적 인력에 끌려 염화 나트륨($NaCl$)으로 결합한다. 이런 식의 이온 결합으로 형성된 소금 결정은 쉽게 부서지고 녹는다.

그러니까 이 책에서 슈뢰딩거가 말하는 견고한 분자는 이온 결합과는 다른 화학 결합, 즉 '공유 결합'에 의한 분자 구조를 가리키는 게 분명하다. 사실 슈뢰딩거가 뛰어난 양자 화학 이론으로 평가하며 이 책에서 자주 언급하는 하이틀러-런던 이론이 공유 결합을 설명하는 이론이라는 점도 유의해야 하겠다. 공유 결합은 원자들이 같은 전자를 서로 공유함으로써 결합하는 화학 결합을 말하는데, 단단히 결합하는 물질 구조를 만들어 낸다. 원자들이 공유 결합으로 만들어지는 결정을 가리키는 '공유 결정'은 매우 단단한 성질을 띤다.

슈뢰딩거의 논의를 따라가면서 "물질 구조의 진정한 측면"을 주시한다면, 물 분자에서 원자들의 공유 결합에 작용하는 양자 역학의 힘(하이틀러-런던 힘)과 다이아몬드에서 원자들의 공유 결합에 작용하는 양자 역학의 힘이 사실상 동일함을 알 수 있다. 그러므로 하이틀러-런던 이론으로 양자의 미시 세계를 바라볼 때 분자의 견고성과 결정의 견고성을 '등식'의 관계로, 즉 '분자=결정'으로 이해하는 방식은 정당한 추론이 된다.

이후에는 슈뢰딩거의 독창적, 혁신적 사유로 자주 인용되는 대목이 이어진다. 유전자는 '비주기적 결정'이며 엄청난 정보량의 암호 문서를 담은 물질 구조일 것이라는 가설이 그것이다.

유전자는 비주기적인 결정

슈뢰딩거는 앞에서 분자가 고체와 결정 같은 견고성을 지니고 있음을 공들여서 논증했다. 그런데 생명 현상을 빚어내고 유지하며 다음 세대로 흐트러짐 없이 전해지는 유전 물질은 당연히 생명 없는 고체(결정)와는 다를 수밖에 없다. 견고성에서는 서로 비교할 수 있다지만 그래도 어떤 근본적인 차이가 존재한다. 슈뢰딩거는 그 차이를 물질 구조의 차이에서 찾고자 했다.

슈뢰딩거는 '유전자는 비주기적인 결정이다'라는 과감한 가설을 제시한다. 원사들의 결합 구조가 주기적인 패턴처럼 계속 반복되는 무생물 물질의 결정과 달리, 유기체에서 원자들은 제각기 다른 역할을 하며, 즉 비주기적으로 성장하는 독특한 결정 구조를 만든다는 것이다.

작은 분자 하나는 '고체의 씨앗 세포'the germ of a solid라 부를 만하다. 그렇게 작은 고체 씨앗 세포에서 시작해서 점점 더 큰 연합체가 형성되는 데에는 두 가지 방식이 있는 듯하다. 하나는 동일 구조가 세 방향으로 계속 반복해서 성장하는 다소 지루한 방식이다. 점차 성장하는 결정에서 이런 방식을 볼 수 있다. [같은 구조가 일정하게 되풀이되는] 주기성이 일단 확립되면 군집체가 커 나가는 데 크기의 명확한 한계는 없다.

다른 방식은 지루한 반복 없이 점점 더 확장적인 군집체를 이루는 방식이다. 점점 복잡한 것으로 성장하는 유기 분자가 이런 경우이다. 여기에서 모든 원자, 그리고 모든 원자 무리가 서로 완전히 동등하지 않은, 각각의 역할을 수행한다. 주기적 구조의 경우와 다른 점이다. 우리는 당연히 그것을 비주기적 결정 또는 고체라 부를 수 있고, 그래서 우리의 가설을 다음처럼 표현할 수 있다. 우리는 유전자가 (아니 어쩌면 염색체 섬유 전체가) 비주기적인 고체일 것이라고 믿는다. (64-65)

유전자가 비주기적인 결정이라는 가설은 긴 지적 여정을 거치고 나서야 제시되었지만 사실 슈뢰딩거는 책의 맨 앞에서 이를 핵심 주제로 미리 소개한 바 있다. 그 대목을 다시 읽어 보자.

나중에 훨씬 더 자세히 설명할 것을 지금 미리 얘기하고자 한다. 다름 아니라 살아 있는 세포에서 가장 핵심적인 부분(염색체 섬유)을 '비주기적 결정'이라고 부르는 게 적절하리라는 것이다. 지금까지 물리학에서는 '주기적 결정'만을 다루어 왔다. 대단하지 않은 물리학자에게는 주기적 결정도 아주 흥미롭고 어려운 연구 대상이다. 주기적 결정은 무생물 자연이 물리학자에게 던지는 수수께끼와 같은 매우 매혹적이고 복잡한 물질 구조 중 하나이다. 하지만 비주기적 결정에 비하면 그것은 그저 평범하고 단조로울 뿐이다. 그 구조 차이는 이렇게 비유할 수 있다. 같은 패턴이 규칙적인 주기로 계속 되풀이되는 평범한 벽지를 생각해 보라. 이와는 달리 단조로운 반복은 없고 거장의 손길을 거쳐 정교하고 일관되고 의미 있는 설계를 보여 주는, 예컨대 라파엘로의 태피스트리 같은 걸작 자수품을 생각해 보라. 주기적 결정과 비주기적 결정의 차이는 [단조로운 벽지와 걸작 자수품과 같은] 이런 종류의 차이이다. (5)

유전자의 비주기적 결정은 단조로운 벽지와는 비교할 수 없을 정도로 가치 있는 명장의 걸작 자수품과도 같다. "[유전자를 이루는] 모든 원자, 그리고 모든 원자 무리가 서로 완전히 동등하지 않은, 각각의 역할을 수행"하는 유전자의 비주기적 결정 구조는 그런 걸작 자수품을 빚어내는 명장일 것이다. 오늘날에 우리가 아는 유전 물질 DNA가 매우 다양하고 방대한 유전 정보를 담고 있음을 생각한다면, 유전자의 실체를 알지 못하던 시대에 생물학적 사실들과 양자 물리 화학의 원리에만 의지해 얻은 슈뢰딩거의 이런 가설은 놀라운 통찰력을 보여 준다.

그의 통찰력은 더욱 중요한 물음에 대한 답을 찾아가는 과정에서 한 번 더 빛을 발한다. 그 물음은 이렇다. 그렇게 작은 유전 물질 분자 안에 어떻게 생명을 빚어내고 작동하는 온갖 생명 정보를 다 담을 수 있다는 말인가? 방금 전에 밝힌 유전자는 비주기적인 결정이라는 가설은 이런 물음에 어떤 답을 줄 수 있는가? 슈뢰딩거는 비주기적 결정이라는 유기 분자의 물질 구조 자체가 어떻게 방대한 유전 정보를 간직하는 '암호 문서'의 역할을 해낼 수 있는지를 설명하는 아주 독창적인 비유를 제시한다. 모스 부호가 여기에서 대단히 중요한 설명의 도구이다.

'이렇게 작은 얼룩과도 같은 물질인 수정란 세포의 핵이 그 유기체가 장차 이룰 발달과 관련한 정교한 암호 문서를 어떻게 모두 다 담을 수 있는가'라는 물음이 자주 제기된다. 원자들의 질서 정연한 연합체는 질서를 항구적으로 유지하기에 충분한 내성을 지닌다. 또한 그 원자 연합체는 잠재적인 (이성질체) 배열을 충분히 다양하게 만들어 낼 수 있고, 그리하여 작은 공간 경계 안에 갖가지 복잡한 상태 결정determination의 체계를 담아낼 수 있는, 그렇게 상상할 수 있는 바로 그런 물질 구조일 것이다. 사실 그런 구조에서는 거의 무제한으로 가능한 배열을 만들어 내는 데 반드시 많은 수의 원자가 필요한 건 아니다. 예시로, 모스 부호를 생각해 보자. 점과 선이라는 두 가지 다른 기호를 4개까지 질서 있게 잘 조합하면, 30개의 서로 다른 짝을 만들 수 있다. 이제 점과 선과 더불어 제3의 기호를 사용해 10개까지 조합해 쓴다면, 8만 8572개의 서로 다른 '문자'를 얻을 수 있다. 5개 기호를 25개까지 조합해 쓴다면 그 수는 무려 37경 2529조 298억 4619만 1405개나 된다. (65)

어떻게 몇 개 안 되는 부호만으로 문자처럼 활용할 수 있는 모스 부호 조합을 이토록 많이 만들어 낼 수 있을까? 슈뢰딩거가 생략하고 지나간 계산 과정을 우리가 직접 되짚어 보자. 먼저 점과 선의 두 종류 기호를 최대 4개까지 조합해 쓸 수 있는 모스 부호의 종류가 30개라는 계산은 어떻게 나왔을까? 그 경우를 따져 표로 정리해 보았다. 모스 부호 하나만을 쓸 경우의 가짓수는 당연히 •과 —, 이렇게 2개이다. 부호 2개를 연속해 쓸 수 있는 가짓수는 4개이고, 3개와 4개를 연속해서 쓸 수 있는 가짓수는 8개, 16개이다. 이런 경우들을 다 합쳐서 결국에 모스 부호를 최대 4개까지 조합해서 쓸 수 있는 가짓수를 따지면 모두 30개이다.

이처럼 n개의 서로 다른 구성 성분 중에서 중복을 허용해 r개를 뽑아 한 줄로 나열하는 경우의 수를 중복 순열이라 하는데, 이를 $_n\Pi_r$로 표시하고 n^r로 계산한다. 이 경우에는 점과 선 2개(n=2)를 최대 4개까지 나열할 때(즉, r=1, 2, 3, 4)의 가짓수를 구하는 것이므로,

$_2\Pi_1$ + $_2\Pi_2$ + $_2\Pi_3$ + $_2\Pi_4$

이것을 중복 순열의 공식대로 계산하면

$2^1 + 2^2 + 2^3 + 2^4 = 2 + 4 + 8 + 16 = 30$

이렇게, 30개의 가짓수를 얻을 수 있다. 마찬가지로 기호 3개

점과 선 부호를 최대 4개까지 쓸 때, 조합의 총 가짓수

1개 부호를 쓸 때 경우의 수=2

- •
- —

2개 부호를 쓸 때 경우의 수=4

- • •
- • —
- — —
- — •

3개 부호를 쓸 때 경우의 수=8

- • — •
- • — —
- • • —
- • • •
- — • —
- — • •
- — — •
- — — —

4개 부호를 쓸 때 경우의 수=16

- • • • •
- • — • •
- • — — •
- • — • —
- • — — —
- • • — •
- • • — —
- • • • —
- — — — —
- — • — —
- — • • —
- — • — •
- — • • •
- — — • —
- — — • •
- — — — •

(n=3)를 최대 10개까지 조합해서 만들 수 있는 가짓수(이때, r=1, 2, 3, 4, 5, 6, 7, 8, 9, 10)도 중복 순열 계산법으로 얻을 수 있다. 이런 예시들에서 슈뢰딩거가 강조해 보여 주고자 하는 바, 즉 "거의 무제한으로 가능한 배열을 만들어 내는 데 반드시 많은 수의 원자가 필요한 건 아니"라는 점을 기억해 두자.

그런데 우리가 여기에서 다루는 이성질체라는 것이 구성 성분은 똑같고 단지 원자 배열만 달라지는 경우라는 점을 생각한다면, 조합은 다르더라도 거기에 사용되는 원자들은 같아야 한다는 조건만은 지켜야 할 것이다. '• — —' 상태가 배열이 달라져 '— — •' 상태로 바뀔 수야 있지만, 점이 하나 추가되거나 사라져 '• • —' 상태나 '— —' 상태로 바뀔 수는 없을 테니까 말이다.

이런 비유가 불충분하다는 반론이 있을 수 있다. 우리가 예시로 보여 준 모스 부호는 서로 다른 구성 성분을 지닌 것들이어서(예를 들어 • — —와 • • —처럼) [성분은 같고 배열만 다른] 이성질체에 비유하는 건 옳지 않다는 반론이 있을 테니까 말이다. 이런 문제점을 개선하기 위해, 세 번째 예시에서 정확히 25개 조합의 경우만을 선택하고, 또한 다섯 가지 유형 각각에서 정확히 5개씩을 지닌(예를 들어 점 5개, 선 5개 등이 꼭 들어간) 경우만을 골라내 보자. 대략 계산하면 62조 3300억 개라는 조합의 수를 얻을 수 있다. 여기에서 계산의 번거로움을 피하고자 여러 숫자를 0으로 대신했다. (65-66)

사용하는 부호를 동일하게 유지하면서 단지 배열만 바꾼다는 조건에서 계산하더라도, 다양한 조합의 가짓수는 여전히 엄청나게 큰 규모인 것으로 나타난다. 그러므로 많지 않은 구성 성분만으로 엄청나게 다양한 배열, 또는 조합의 가짓수를 만들어 낼 수 있다는 논증은 여전히 굳건하게 유지될 수 있다. 슈뢰딩거는 지금까지 펼쳐 온 독창적인 추론을 다음과 같이 종합하여 제시한다.

우리가 예시를 통해 보여 주고자 하는 바는 간단히 말해 다음과 같다. 유전자를 분자로서 바라봄으로써, 우리는 이제 그 미세한 암호가 매우 복잡하고 특화한 생명 발달의 계획에 정확하게 대응하며 또한 그 계획을 작동시키는 수단을 어떻게든 그 안에 담고 있을 것임을 비로소 생각할 수 있다. (66)

슈뢰딩거는 유전자가 수없이 복잡하고 정확한 생명 정보를 담은 분자일 것이라고 바라본다. 그 분자에 담기는 생명의 유전 정보는 '유전 암호'와 '모스 부호'로 비유된다. 슈뢰딩거의 유전 암호와 모스 부호 비유는 오늘날 유전학에서 받아들여지는 DNA의 메커니즘과도 통한다. 오늘날 유전학이 설명하는 DNA의 작동 메커니즘도 염기 서열을 유전 암호로 바라보는 과학적 은유에 토대를 두고 있기 때문이다. DNA는 아데닌, 티민, 구아닌, 시토신이라는 네 가지 염기(RNA에서는 티민 대신에 우라실(U)이 사용된다)가 이중 나선의 사슬처럼 연결되어 구성되어 있다. DNA 정보가 RNA 정보로 변환되고('전사' 과정), 이를 바탕으로 생명의 기본 물질인 단백질과 효소가 만들어질 때('번역' 과정), 네 가지 염기는 슈뢰딩거의 점과 선의 모스 부호와 비슷하게 다양한 조합으로 여러 의미를 만들어 내는 유전 암호로서 사용된다.

생명의 작동에 매우 중요한 성분인 단백질과 효소의 기본 구조는 아미노산들이 사슬처럼 이어 붙어 만들어지는데, 이때 염기 서열의 유전 정보는 설계도와 같은 중요한 역할을 한다. 그 과정을 간추리면 이렇다. 우리 몸의 단백질과 효소를 만드는 원재료인 아미노산은 모두 스무 가지다. 그런데 RNA 염기 정보는 3개씩 하나의 단위를 이루어 스무 가지 각각의 아미노산과 짝을 이루는 유전 암호('코돈'codon이라 부른다)로 작용한다. 단백질과 효소를 만드는 세포 안 단백질 공장(리보솜)에서는, RNA 염기 정보를 설계 도면으로 활용해 각각의 유전 암호에 맞는 저마다의 아미노산 종을 차례차례 불러들여 긴 아미노산 사슬을 이어 붙인다. 예컨대 시토신-아데닌-구아닌(CAG)으로 이뤄진 코돈은 이에 대응하는 아미노산인 글루타민산을, 아데닌-아데닌-시토신(AAC) 코돈은 아스파라긴산을 단백질 사슬에 끌어와 이어 붙이는 데 활용된다. 이렇게 염기 3개의 조합인 코돈은 스무 가지 아미노산 각각을 가리키는 유전 암호로 작용한다.

이런 내용은 현대 생명 과학 교과서에서 기본으로 다뤄지지만, 1940년대에는 상상조차 하기 어려운 것들이었다. 그렇기에, '암호 문서'는 단지 흥미로운 은유 표현에 머무르지 않고 유전 물질 안의 물질 배열 구조가 생명의 암호문으로서 작동할 수 있음을 상상하게 해 준다는 점에서 슈뢰딩거의 뛰어난 통찰로 받아들여진다.

분자 모형은 유전자 안정성을 어떻게 설명할까

이제 양자 물리학과 화학에 바탕을 두어 추론한 유전자 분자 모형이 실제 생물학적 사실에는 얼마나 맞아떨어지는지를 검토할 차례가 되었다. 이 모형이 주요한 생명 현상의 특징을 적절히 설명할 수 있을까?

슈뢰딩거는 앞에서 티모페예프의 방사선 돌연변이 실험과 그 실험 데이터를 물리학과 화학의 관점에서 분석한 델브뤼크와 짐머의 계산, 그리고 이것들을 종합한 1935년 '3인 논문'의 주요 결론을 살펴본 바 있다. 그중에서도 유전자를 분자로 해석한 델브뤼크의 특별한 유전자 분자 모형에 초점을 맞췄다.

델브뤼크가 제안하고 슈뢰딩거가 양자 이론의 관점을 더해 발전시킨 유전자 분자 모형은 아직 가설 수준으로 제시되었다. 그런 가설 수준의 모형이 생물학의 경험적 사실들을 실제로 잘 설명하는지를 검토하는 이 장에서 슈뢰딩거는 두 가지 물음을 중요한 작업 기준으로 삼았다. 하나는 유전자 분자 모형이 유전자의 안정성 또는 항구성을 얼마나 잘 설명할 수 있느냐이고, 다른 하나는 유전자 분자 모형이 돌연변이 발생 과정을 얼마나 잘 설명할 수 있느냐이다. 먼저, 유전자의 항구성에 관한 첫 번째 물음에서 비교 검토를 시작한다.

자, 마침내 우리 이론의 그림을 생물학적 사실들과 비교할 차례가 되었다. 당연히 첫 번째 물음은 이런 것이다. 그 이론의 그림은 우리가 관찰하는 높은 수준의 유전자 항구성을 정말 잘 설명해 주는가? 평균 열에너지의 몇 배로 추정된 에너지 문턱 값은 적당한 수준인가? 일반적으로 화학에서 알려진 범위 안에 드는 수준인가? (66)

앞 장에서 우리가 살펴보았듯이 슈뢰딩거의 분자 모형은 어떤 분자가 본래의 에너지 준위 상태에서 다른 에너지 준위 상태로 도약해 이성질체 분자가 되는 '전이'로 생물학적 돌연변이를 설명했다. 앞 장의 [그림 12]를 잠깐 다시 보자. 이때 에너지의 문턱이 얼마나 높으냐에 따라 전이는 비교적 흔한 사건이 될 수도 있고 매우 드문 사건이 될 수도 있다. 즉, 에너지의 문턱 값은 굉장히 중요한 요소가 된다.

그렇다면 유전자 분자가 돌연변이로 쉽게 바뀌지 않는 높은 수준의 안정성을 유지하고, 그래서 돌연변이를 드문 사건으로 만드는 데에는 유전자 분자의 특별한 에너지 문턱 값이 필요한 걸까? 아니면 화학에서 일반적으로 다루어지는 문턱 값으로도 유전자 분자의 높은 안정성은 충분히 설명되는 걸까? 슈뢰딩거는 유전자 분자 모형에서 다루는 문턱 값의 범위가 일반적인 화학과 충돌하지 않으면서도 유전자 항구성의 문제를 충분히 설명할 수 있다는 결론을 내린다.

이런 질문은 대수롭지 않은 것이다. 이런저런 표를 검토하지 않고서
도 그렇다고 답할 수 있다. 화학자가 어떤 물질 분자를 특정 온도에서
분리할 수 있다는 것은 곧 그 분자가 해당 온도에서 적어도 몇 분 동
안은 분자로서 수명을 유지함을 보여 준다(사실 몇 분은 낮게 평가한 것
이고 일반적으로 수명은 훨씬 더 길다). 그렇게 화학자가 다루는 문턱 값
들은 생물학자가 다루는 실질적인 항구성의 여러 정도를 설명할 때
필요하며 정확히 그 정도 규모의 범위 안에 놓여 있다. 앞에서도 살펴
보았듯이 대략 1-2배 범위 안에서 변하는 문턱 값으로도 0.1초 수준
에서 수만 년에 달하는 수명을 다 설명할 수 있기 때문이다. (66-67)

이와 관련한 자세한 내용은 앞 장에서 이미 살펴본 바와 같
다. 슈뢰딩거는 그 내용을 다시 요약하고서 약간의 부연 설명을
추가한다. 아래 식에서, W는 어떤 분자가 한 단계 높은 에너지 준
위로 도약(전이)하려면 외부에서 공급해야 하는 에너지의 물리량
을 가리키며, kT는 그 분자가 놓인 환경의 온도를 가리킨다.

앞으로도 참조할 일이 있으니, 여기에서 몇 가지 수치를 얘기해 두어
야 하겠다. 앞에서 예시로서 언급한 W/kT의 비는 다음과 같다.

$$\frac{W}{kT} = 30, 50, 60$$

이때의 수명은 다음과 같다.

$\dfrac{1}{10}$ 초, 16개월, 30,000년

이런 수치는 각각 상온에서 다음과 같은 문턱 값에 해당한다.

0.9, 1.5, 1.8 전자볼트(eV).

여기에서 전자볼트라는 단위를 좀 더 설명해야겠다. 이 단위는 시각
적으로 표현할 수 있다는 점에서 물리학자에게 다소 편리하게 사용된
다. 예를 들어 세 번째 숫자, 1.8전자볼트는 대략 2볼트 전압으로 가속
된 전자 하나가 충돌할 때 전이를 일으킬 만한 에너지가 생길 수 있음
을 뜻한다. (비교를 위해 말하자면 손전등의 배터리는 3볼트이다.) (67)

어느 분자의 기대 수명이 3만 년에 달하는 경우라 해도, 2볼트
전압으로 가속된 전자 하나가 충돌할 때 생기는 정도의 에너지만
공급된다면 그 분자 상태의 전이는 충분히 일어날 수 있다는 뜻
이다. 그 정도라면 상태 전이는 분자의 진동 에너지가 우연한 요
동을 일으킬 때 분자 내부에서도 드물지만 자발적으로 발생할 수
있다. 자연에서 드물게 일어나는 자발적 돌연변이 사건을 양자 역
학의 분자 모형으로 이해할 수 있다는 게 슈뢰딩거의 설명이다.

이런 점들을 고려하면, 진동 에너지의 우연한 요동에 의해 유전자 분
자의 일부 짜임새에서 이성질체 전이가 일어날 수 있고, 그것이 드물
게 나타나는 자발적인 돌연변이를 설명해 준다고 생각할 수 있다. 이

렇게 우리는 양자 역학의 원리에 의거해 돌연변이에 관해 가장 놀라운 사실, 더프리스가 처음으로 주목했던 사실, 즉 그것이 중간 매개 형태 없이 곧바로 '도약하는' 변이라는 사실을 설명할 수 있다. (66-67)

진화 과정에서 선택된 유전자 안정성

이어 유전자의 안정성과 관련해 몇 가지 물음이 추가로 제시되고, 이에 답하는 설명이 유전자 분자 모형의 중심 개념인 에너지 문턱 값에 바탕을 두고 이어진다. 먼저 우리가 사는 지상에 늘 존재하는 자연 방사선이 자연적 돌연변이의 원인일 수 있는지라는 물음을 따져 본다.

자연에서는 우라늄, 토륨 같은 방사성 핵종이나 이런 핵종이 붕괴해 생성되는 라돈 방사성 핵종이 흙, 바위와 공기 중에 존재해 자연 방사선을 방출하며, 또한 우주에서 날아오는 고에너지 입자도 대기권과 충돌하면서 지상에 우주 방사선을 방출한다. 지역에 따라 차이가 있지만 지상 생물들은 자연 방사선에 항상 노출된 채 살아간다. 이런 점을 감안할 때 자연의 방사선 환경에서 생명체들이 어떻게 유전자의 안정성을 유지하며 진화해 왔을까 하는 물음이 자연스럽게 제기될 수 있다. 이에 대해 슈뢰딩거는 엑스선을 이용한 인공적 돌연변이 실험의 결과와 비교해 볼 때 자연 방사선은 돌연변이를 일으키기에 미약한 수준이라고 설명한다.

여러 이온화 방사선[3]에 의해 자연적 돌연변이율이 증가할 수 있음을 발견하고서, 이제 자연적 돌연변이율이 흙과 공기 중의 방사능과 우주에서 날아오는 우주 방사선 때문이라고 생각할 수도 있다. 하지만 엑스선을 이용한 돌연변이 실험의 결과와 비교해 보면, '자연 방사선'은 너무 미약해 자연적 돌연변이율의 작은 부분만을 설명해 줄 뿐임을 알 수 있다. (68)

달리 말하면, 지구 생물의 유전자 분자가 지닌 에너지 문턱 값은 자연 방사선 수준의 에너지에 별 영향을 받지 않을 정도로 높다는 얘기일 터이다. 그렇다면 유전자 분자는 어떻게 그런 에너지 문턱 값을 갖추게 되었을까 하는 물음이 다시 남는다. 슈뢰딩거는 자연 선택과 진화의 관점에서 "대자연이 돌연변이를 드문 사건으로 만들 만큼 정교한 문턱 값을 성공적으로 선택했다"라는 해석을 제시한다. 유전자 분자의 에너지 문턱 값 또한 생물 진화 과정에서 자연 선택됐다는 것이다.

드물게 일어나는 자연적 돌연변이를 열운동의 우연한 요동으로 설명할 수밖에 없음을 인정한다면, 우리는 대자연이 돌연변이를 드문 사

---

3   방사선이 어떤 물질을 통과하면서 원자나 분자의 전자를 떼어 낼(이온화할) 정도의 에너지를 지니는지에 따라 이온화 방사선과 비이온화 방사선으로 나뉜다. 우리가 보통 얘기하는 방사선은 이온화 방사선을 가리킨다. 이온화 방사선에는 알파선, 베타선, 감마선, 엑스선 등이 있다. 이런 이온화가 세포와 DNA에 직간접으로 손상을 일으킬 수 있다.

건으로 만들 만큼 정교한 문턱 값을 성공적으로 선택했다는 데 너무 놀랄 필요는 없다. 왜냐하면 이 책의 앞부분에서 우리는 빈번한 돌연변이가 진화에 해롭다는 결론을 내렸기 때문이다. 돌연변이로 인해 유전자 짜임새의 안정성이 불충분해진 생물 개체의 후손은 '너무 과격하게' 빠른 돌연변이가 일어나 오래 생존할 가능성이 매우 적어진다. 결국에 생물종에서 그런 개체는 사라질 것이고 종은 자연 선택에 의해 안정적인 유전자를 축적할 것이다. (68)

이렇게 유전자 분자는 자연 선택의 메커니즘을 통해서 유전자의 안정성을 축적하는 방향으로 진화해 왔다. 여기에서 슈뢰딩거는 양자 이론의 에너지 문턱 값 개념이 돌연변이의 출현과 진화를 설명하는 자연 선택 이론과 모순 없이 잘 어울릴 수 있음을 재차 강조한다. 교배 실험에서 인위적으로 선택되는 돌연변이체에 나타나는 유전자의 불안정성도 마찬가지로 자연 선택과 진화의 관점에서 이해할 수 있다. 인공 선택된 돌연변이체들은 대자연의 시험과 검증의 과정을 거치지 않았기 때문에 유전자의 불안정성을 지닌다는 것이다.

하지만 교배 실험에서 생기는 돌연변이체, 그리고 자손 세대 연구를 위해 우리가 돌연변이체로 선택하는 것들도 마찬가지로 매우 높은 유전자 안정성을 갖추리라고 예상할 이유는 당연히 없다. 왜냐면 그런 [인공적으로 선택된] 돌연변이체는 자연에서 제대로 '시험'을 겪은 적이 없으며, 또는 그런 시험을 겪더라도 돌연변이 가능성이 너무나 커서 야생 교배에서 '거부'되었을 것이기 때문이다. 어쨌든 이런 돌연변이체 일부가 실제로 '야생종'의 유전자보다 훨씬 큰 돌연변이 가능성을 보여 준다 해도 결코 놀라운 일이 아니다. (68)

엑스선이 일으키는 돌연변이, 양자 역학으로 설명하다

이 장의 마지막 부분은 엑스선이 유전자 분자의 미시 세계에서 돌연변이를 대체 어떻게 일으키는지 그 과정을 종합해 연속적인 사건으로 설명한다. 당연히 슈뢰딩거 앞에 명쾌한 과학적 사실들이 놓여 있는 건 아니다. 당대에는 유전자가 어떤 물질인지, 어느 정도의 크기인지, 어떤 물질 구조로 짜여 있는지를 밝혀 줄 과학 지식이 없었다. 하지만 슈뢰딩거는 이 책에서 지금까지 다뤄 온 여러 논의와 추론을 종합해 엑스선이 유전자 분자에 일으키는 돌연변이라는 극적인 일대 사건을 양자 역학의 언어로 이야기하고자 한다.

먼저 그는 '돌연변이'를 다룬 앞 장에서 추론해 낸 엑스선 돌연변이의 두 가지 법칙을 다시 정리한다. 즉, 엑스선이 일으키는 돌연변이 사건은 방사선량에 비례해 일어나며 또한 미시 세계의 아주 작은 물리적 공간에서 누적 없이 일어나는 단일 사건임이 분명하다.

이제 엑스선이 일으키는 돌연변이 비율의 문제로 돌아가자. 우리는 이미 교배 실험을 통해 다음과 같은 것들을 추론했다.

첫째는 돌연변이율과 방사선량 간의 비례 관계에서 볼 때 [누적되는 사건이 아니라] 단일 사건이 돌연변이를 일으킨다는 점이다.

둘째는 실험에서 나온 수치 데이터를 따져 볼 때, 그리고 돌연변이율이 이온화 밀도 총합[4]에 의해 결정될 뿐이지 [방사선의] 파장과는 무관하다는 사실로 볼 때 그 단일 사건은 곧 특정 돌연변이를 일으키는 하나의 이온화이거나 또는 이와 유사한 과정인 게 틀림없고, 그 사건은 대략 10개 원자 간 거리의 육면체 공간 안에서 일어나는 게 분명하다는 점이다. (70)

슈뢰딩거는 엑스선의 광자가 유전자 분자에 이성질체 전이를 일으켜 유전자 돌연변이를 만드는 과정을 "폭발"의 장면과 비슷한 그림으로 보여 준다.

우리의 이론 모형에 따르면, [돌연변이라는 이성질체 전이를 일으키려면] 이온화이든 들뜸[5]이든 폭발 같은 과정을 통해 문턱 값 이상의 에너지가 반드시 공급되어야 한다. 나는 그 과정을 '폭발 같은'이라는 말로 표현했는데, 그 이유는 하나의 이온화에 소모되는 에너지(엑스선 자체가

---

4 돌연변이율이 '이온화 밀도 총합'에 의해 결정된다는 말은 돌연변이율이 '방사선 총량' 또는 '총 방사선량'에 의해 결정된다고 바꾸어 이해할 수 있다.

5 원자의 에너지 준위가 기준 에너지 상태의 위로 상승한 상태를 '들뜬상태'라 한다. '바닥상태'보다 높은 에너지를 지니는 양자 상태이다. 그런 상태가 됨을 '들뜸'이라 한다.

아니라 엑스선이 만드는 2차 전자[6]에 의해 소모되는 에너지)가 상대적으로 막대한 양인 30전자볼트로 충분히 규명되어 있기 때문이다. (70)

엑스선은 유전자 분자의 어느 지점에 열운동을 크게 증대시키고, 그럼으로써 원자들은 강한 진동을 일으켜 마치 폭발과 같은 "열파"를 일으킨다. 열파는 폭발처럼 빠르게 확산한다. 열파는 대략 원자 10개가 놓일 만한 거리 내에서 에너지 문턱 값을 넘어섬으로써 본래 분자 상태의 유전자를 다른 분자 상태인 돌연변이 이성질체로 바꾸어 놓는다.

그 에너지는 방전 지점 부근에서 열운동을 크게 일으키고, 그 지점에서 '열파', 즉 원자들의 강한 진동 물결 형태로 퍼져 나간다. 이런 열파가 대략 10개 원자 간 거리에 해당하는 평균적인 '작용 범위' 안에 [이성질체 전이를 일으키는 데] 필요한 문턱 값 에너지인 1-2전자볼트를 공급해야 하는데, 이는 상상할 수 없는 일이 아니다. 물론 선입견 없는 물리학자라면 작용 범위를 좀 더 좁게 예견할 수는 있겠지만 말이다. 많은 경우에 그런 폭발의 효과는 질서 있는 이성질체 전이가 아니라 염색체 손상으로 나타날 것이다. 이런 염색체 손상은 교묘한 [염색체] 교차를 통해 손상되지 않은 배우자의 염색체가 질병 유전자를 지닌

6　엑스선의 이온화 효과는 2차 전자들에 의해 일어난다. 엑스선의 광자가 먼저 원자에서 전자를 떼어 내는 이온화를 일으키며, 그렇게 튀어나온 전자들이 다시 다른 원자들을 이온화한다. 대부분의 이온화는 이런 2차 전자들에 의해 일어난다.

배우자의 상응하는 염색체에 의해 밀려나고 대체될 때, 치명적인 결과를 초래할 수 있다. 이 모든 것이 완전히 예측 가능하며 실제로 관찰되는 바도 그렇다. (70)

유전자 돌연변이는 여러 요인에 의해 일어난다. 유전 정보가 바뀌거나 사라지는 오류는 자연적인 복제 과정에서 일어나기도 하고 화학 물질이나 방사선, 자외선 같은 외부 자극의 영향을 받아 일어나기도 한다. 그러면 방사선은 어떻게 유전자 돌연변이를 일으킬까? 슈뢰딩거는 방사선량이 유전자 분자의 안정성을 지켜주는 에너지 문턱 값을 넘어설 때 돌연변이를 일으키는 직접 원인이 될 수 있음을 보여 주었는데, 지금의 유전학에서 방사선이 돌연변이를 일으키는 과정은 대체로 DNA 복구 메커니즘을 통해 설명된다. 그 과정은 다음과 같다.

우리 세포에서는 평시에도 일상적으로 DNA 복구 작업이 일어난다. 여러 요인에 의해서 이중 나선 구조인 DNA의 외가닥이나 쌍가닥이 끊기는 일이 생기는데 이때 손상된 DNA를 원상태로 복구하는 세포 메커니즘이 곧바로 작동한다. 그래서 우리 세포에서는 사소한 DNA 손상과 신속한 복구 활동이 늘 일어난다고 말할 수 있다. 이런 일상적인 DNA 복구 과정에서 아주 우연찮게 오류가 발생하면, DNA 염기 서열이 원본과 달라질 수 있고 그것이 돌연변이의 원인이 된다.

좀 더 심각한 DNA 손상이 일어난다면 복구 작업은 훨씬 커지고 복잡해질 것이다. 방사선량에 따라 달라지겠지만 방사선은 DNA에 상당한 손상을 일으킬 수 있다. 자연 방사선 정도의 방사선량에는 DNA가 절단 손상을 입더라도 우리 세포가 적절히 대응해 DNA를 복구하겠지만, 강한 방사선이 일으키는 심각한 DNA 절단 손상에는 복구 과정이 충분히 이뤄지지 못해 유전자 염기 서열에 돌연변이가 일어날 가능성이 훨씬 커진다.

이처럼 슈뢰딩거는 방사선이 유전자 분자에 문턱 값을 넘는 에너지를 가하면 유전자 분자가 다른 성질의 이성질체 분자로 전이함으로써 돌연변이가 생성된다고 설명하는 데 비해, 현대 유전학은 방사선이 DNA 가닥을 절단하는 손상을 일으키며 이를 복구하는 메커니즘이 제대로 이뤄지지 못할 때 돌연변이가 생성된다고 설명한다. 또한 슈뢰딩거는 자연 선택의 진화 과정을 거쳐 지금에 이른 유전자 분자의 정교한 에너지 문턱 값을 유전자 안정성의 비결로 꼽는데, 현대 유전학은 일상적으로 일어나는 DNA 손상을 빠르게 수선하는 DNA 복구 시스템이야말로 유전자 안정성을 유지하는 데 중요한 도구로 이해한다.

하지만 슈뢰딩거 설명의 한계와 부족함은 그의 잘못이 아니다. 세포의 DNA 복구 메커니즘이 1953년 DNA 이중 나선 구조가 발견되고서도 20여 년이나 지난 1974년에야 발견되었다는 점을 생각한다면 그의 한계는 불가피했다.

그렇더라도 슈뢰딩거의 신중하고도 과감한 과학적 상상과 통찰은 값진 것으로 평가할 만하다. 그는 유전자의 실체와 그 특성이 과학적 사실로 제대로 규명되지 않은 시절에, 유전자를 물리학과 화학의 대상인 분자로서 인식하면서 수수께끼 같은 유전자의 항구성 문제와 돌연변이 문제를 양자 역학의 분자 모형으로 접근해 풀고자 했다.

지금까지 『생명이란 무엇인가』의 1-5장에서 슈뢰딩거는 생물학, 물리학, 화학을 넘나드는 길고 다양한 논의를 다루어 왔다. 생물학적인 유전과 돌연변이 사건은 이제 아주 낯선 양자 이론의 언어를 통해 유전자 분자 안에서 일어나는 사건으로 설명될 수 있었다. 그럼으로써 생명의 유전 물질은 분자임이 더욱 분명해졌다.

7

생명은
질서를
먹으며 산다

지금까지 우리는 세대를 거쳐 부모에서 자손으로 전해지는 유전 물질이 어떻게 항구성을 지니며, 생명 정보를 고스란히 담아 전달할 수 있는지를 물질 분자의 수준에서 살펴봤다. 그것은 다른 분자와 마찬가지로 양자 물리학과 화학의 법칙으로 설명될 수 있었으며, 다른 한편으로는 생명의 유전 암호를 담은 독특한 물질 구조로 추론되었다.

　　그렇지만 생명이란 무엇인가를 다루는 논의는 원자와 분자 미시 세계의 법칙과 원리만으로 충분하지 않다. 그런 생명 정보의 유전자 분자를 갖춘 유기체는 어떻게 생명 현상을 일으키고 유지하며 작동할 수 있는가?

　　슈뢰딩거는 지금까지 다룬 물음과는 다른 새로운 성격의 물음을 던진다. 물리학의 법칙으로 보면 살아 있지 않은 물질은 어김없이 시간이 흐를수록 무질서의 방향으로 나아가며 결국에는 붕괴하여 흩어지게 마련이다. 아무리 굳건한 바위나 무쇠라 해도 얼마나 긴 시간이 걸리느냐의 문제만 있을 뿐이다. 그런데 유기체는 어떻게 무질서로 향하는 시간의 흐름에 맞서 살아 있는 동안에 생명이라는 질서 정연함을 계속 유지할 수 있을까?

슈뢰딩거는 이 장에서 열과 에너지, 그리고 질서와 무질서에 관한 자연법칙을 중심으로 생명의 질서 정연함에 관한 또 다른 수수께끼를 다룬다. 그는 지금까지 꼼꼼하게 살핀 유전자 분자 모형의 의미를 다시 정리하고서, 그러고도 남는 새로운 물리학 법칙의 가능성을 거론하며 생명 질서에 관한 이야기를 시작한다.

앞에서 한 얘기를 잠시 다시 생각해 보자. 나는 유전자를 분자로 바라봄으로써, 그 미세한 암호가 매우 복잡하고 특화한 생명 발달의 계획에 정확하게 대응하며 또한 그 계획을 작동시키는 수단을 어떻게든 그 안에 담았을 것임을 이제는 적어도 상상할 수 있다는 점을 설명하고자 했다. 그때는 그 정도 설명으로 충분했다. 하지만 유전 암호가 대체 이런 일을 어떻게 행한다는 말인가? 어떻게 '그렇게 상상할 수 있음'을 진정한 이해로 바꿀 수 있을까?

델브뤼크의 분자 모형은 그 자체로는 충분히 일반성을 지니지만, 유전 물질이 어떻게 작동하는가에 관해 어떤 암시조차 담고 있지 않은 듯하다. 사실 나는 이 문제에 관한 자세한 정보가 가까운 미래에 물리학에서 나오리라고 기대하지 않는다. 지금 진보는 생리학과 유전학의 호위를 받는 생화학 분야에서 이뤄지고 있으며 단언컨대 앞으로도 계속 그럴 것이다.

앞에서 살펴본 바와 같은 유전자 구조에 관한 일반적인 설명으로는 유전 메커니즘의 작동에 관해 어떤 자세한 정보도 얻을 수 없다. 이건 명백하다. 그러나 이상하게 들리겠지만, 거기에서 얻을 수 있는 한 가지 일반적인 결론이 있다. 그것이 바로 이 책을 쓰기로 한 나의 유일한 동기였음을 여기에서 밝혀 둔다. (70-71)

책을 쓰기로 마음먹게 했다는 "나의 유일한 동기"는 무엇을 말하는 걸까? 델브뤼크의 유전자 분자 모형을 양자 역학의 법칙과 원리로 검증하면서, 그것이 유전 메커니즘의 작동에 관해서는 여전히 실제적 답을 주지 못한다는 한계를 깨달았음에도 그 과정에서 얻었다는 한 가지 중요한 결론이란 무엇일까?

유전 물질에 대한 델브뤼크의 일반론적 모형 그림을 통해 다음과 같은 점이 드러난다. 살아 있는 물질은 지금까지 밝혀진 '물리학의 법칙들'에서 벗어나지 않으면서도 또한 아직 밝혀지지는 않은 '물리학의 다른 법칙들'과 연관되어 있으리라는 점이다. 아직 밝혀지지는 않았지만 미지의 법칙들은 일단 규명되기만 하면 이 분야 과학에서 기존 물리학의 법칙들만큼이나 중요한 일부가 될 것이다. (73)

슈뢰딩거가 내린 결론은 생명의 신비를 설명할 수 있는 물리학의 다른 법칙들이 더 존재하며 언젠가 밝혀져 과학의 중요한 일부가 되리라는 것이다. 달리 말해, 양자 물리학과 화학의 이론과 원리가 유전자의 항구성과 돌연변이 사건을 유전자 분자의 물질 구조를 통해서 설명할 수 있었지만 그것만으로 유기체 생명의 질서가 어떻게 작동하는지를 이해하기는 아직 부족했다.

물리학자가 보기에 생명은 여전히 다른 우주 만물이 겪는 자연의 원리를 거스르는 듯한 수수께끼로 남아 있다. 우주 만물은 열역학 제2법칙(엔트로피 증가의 법칙), 즉 만물은 질서에서 무질서로 나아갈 뿐이라는 자연 원리를 피해 갈 도리가 없다. 그런데 이와 달리 질서에서 질서로 나아가며, 질서에 기반을 둔 질서를 유지하는 생명 작동의 신비는 어떻게 과학으로 설명할 수 있을까.

엔트로피로 볼 때 놀라운 생명 질서의 수수께끼

'질서에 기반을 둔 질서'는 생명의 특징을 잘 설명해 주는 슈뢰딩거식 표현이다. 질서에서 무질서로 나아가는 비생명과 달리 유기체 생명은 질서에서 질서를 유지하는 놀라움을 보여 준다. 그래서 슈뢰딩거는 생명 현상을 설명하는 데에는 이미 알려진 물리 법칙 외에 다른 법칙들이 있음이 분명하다는 결론을 내리고서, 엔드로피 원리에 관한 이야기를 좀 더 확장한다.

이런 결론[생명 현상에는 미지의 물리학 법칙이 관여할 것이라는 결론]은 한 가지 이상의 측면에서 오해를 불러일으킬 만한, 다소 미묘한 사유의 갈래이다. 이 책의 나머지 부분에서는 이 점을 명확하게 보여 주고자 한다. 우선 거칠긴 하지만 완전히 틀리지는 않은 한 가지 예비적 통찰을 아래와 같은 고찰을 통해 얻을 수 있다.

다 알다시피 물리학의 법칙들이 통계적 성격의 법칙이라는 점은 1장에서 설명했다.[1] 그 법칙들은 사물이 무질서로 나아가는 자연의 경향성과 깊은 관련이 있다.

하지만 유전 물질이 고도의 내구성을 지닌다는 점과 그것이 매우 작다는 점이 조화를 이뤄야 한다는 조건에서, 우리는 '분자 모형을 생각해 냄'으로써 무질서의 경향성을 피할 수 있었다. 사실상 그 분자는 매우 남다른 질서를 갖춘 걸작이며 양자 이론이라는 요술봉의 보호를 받아야 하는 이례적으로 큰 분자이다. 이런 분자 모형으로 인해 확률의 법칙들이 효력을 잃는 건 아니지만 그 결과물은 수정된다. 물리학자는 고전적인 물리 법칙들이 양자 이론에 의해, 특히 저온의 조건에서 수정된다는 사실에 익숙하다. 고전적 법칙이 양자 이론으로 수정되는 예는 많다. 생명도 그중 하나이며, 특히 두드러진 예이다. 생명은 물질의 질서와 법칙을 따르는 듯이 보이지만, 오로지 질서에서 무질서로 향하는 물질의 경향성만이 아니라 부분적으로는 유지되는 질서에도 그 토대를 두고 있는 것 같다. (73)

---

1 [슈뢰딩거의 주] '물리 법칙'에 관해 완전히 일반화해 이렇게 말하는 것은 아마도 도전적인 표현일 것이다. 이 점은 다음 장에서 논하겠다.

질서와 무질서에 관한 과학 이론에 따르면, 우주 만물은 어김없이 질서에서 무질서로 나아간다. 시간은 한 방향으로 흐른다는 진리와 마찬가지로 우주 만물이 도저히 피할 수 없는 절대 원리이다. 열역학에서는 이런 원리를 '엔트로피는 증가할 뿐 감소하지 않는다'라는 열역학 제2법칙으로 정리해 제시한다.

잠시 뒤 더 자세한 설명을 슈뢰딩거한테서 들을 수 있지만, 지금은 일단 엔트로피라는 개념을 '무질서의 정도'쯤으로 바꿔서 이해하자. 깔끔하게 정돈된 책상 위 물건들이 시간이 흐르면서 어지럽게 흐트러진 상황을 두고서 우스개로 '엔트로피가 증가했다'고 말하기도 하는데, 이처럼 질서 상태가 무질서 상태로 변하는 정도를 엔트로피 증가로 표현한다. 방 한쪽에 몰려 있던 기체 분자들이 시간이 흐르면서 방 전체에 골고루 퍼지는 현상도 기체 분자의 무질서 정도가 증가하는 것, 즉 엔트로피의 증가로 표현한다. 분자들은 세상에서 가장 낮은 온도인 절대 온도 0도(섭씨 영하 273도)에서 열운동을 멈추므로, 온도가 절대 온도 0도에 다가갈수록 분자들의 무작위 운동은 줄어들고 따라서 엔트로피도 0에 가깝게 줄어든다.

슈뢰딩거는 절대 온도 0도에 다가갈수록 분자의 무질서가 사라지는 현상에 빗대어 살아 있는 유기체가 질서를 유지하는 현상을 다음과 같이 상상한다.

물리학자에게, 아니 물리학자에게만은 내 견해를 다음과 같이 명확히 밝히고 싶다. 마치 온도가 절대 온도 0도에 접근할수록 분자들의 무질서가 사라지듯이, 거동의 특징으로 볼 때 살아 있는 유기체의 거시계는 (열역학과 대비된다는 의미에서) 아주 순수한 역학을 지휘하고 [그 유기체를 구성하는] 모든 계는 이를 따르는 것처럼 보인다. (73-74)

여기에서 슈뢰딩거가 열역학과 역학을 대비했다는 점에 유의해야 한다. 대체로 열역학은 열 현상을 일으키는 수많은 원자와 분자의 무작위 열운동을 통계와 확률의 방법을 통해 해석하는 분야이며, 기계적인 성격의 역학은 물체의 운동과 힘을 통계가 아닌 법칙으로 다루는 분야로 이해된다. 이렇게 대비되는 열역학의 원리와 역학의 원리가 유기체의 거동에서 어떻게 함께 작동하는지가 지금 이 대목에서 슈뢰딩거의 관심사이다. 양자 물리학자인 그가 보기에, 유기체의 거시계는 '아주 순수한 역학'으로 작동하며 유기체를 구성하는 미시계는 그 역학의 지휘를 잘 따르는 듯한 모습이 유기체 거동의 특징으로 비쳐진다. 유기체 안에서는 분자들이 무질서 운동에서 벗어나 무언가에 순응하는 듯한 모습을 보이는데, 이는 마치 절대 온도 0도에 다가갈수록 분자들의 무질서가 사라지는 현상과 흡사하다는 것이다.

유기체의 생명 작동을 두고서 서로 대비되는 역학의 기계적인 정확성과 열역학의 확률 통계를 동시에 이야기하는 이 대목을 간명하게 읽기는 쉽지 않다. 하지만 역학과 열역학을 종합하려는 접근은 이후에도 슈뢰딩거의 중요한 사유 방식으로 이어진다.

물리학자가 아닌 사람들은 물리학의 일반 법칙들을 정확성 불가침의 원형으로 여긴다. 그래서 사람들은 물리 법칙들이 무질서로 나아가는 물질의 통계적 경향성에 기반을 두어야 한다는 말을 좀체 믿지 않으려 할 것이다. [하지만] 나는 이와 관련한 예시를 1장에서 얘기한 바 있다. 그 일반 원리가 잘 알려진 열역학 제2법칙(엔트로피 원리)과 그 토대인 통계 역학이다. 이후에 나는 살아 있는 유기체의 거시적 거동에 관한 엔트로피 원리의 의미를 개략적으로 이야기하고자 한다. 잠시 염색체나 유전 등등에 관해서는 모두 잊어도 좋다. (73-74)

생명이란 무엇인가의 물음을 다루는 문제에서 열역학 제2법칙의 엔트로피는 대체 어떤 관련이 있길래 중요하게 다뤄져야 하는 걸까? 이제 엔트로피라는 개념에 관해 좀 더 알아봐야 하겠다.

무엇이 생명의 두드러진 특징일까? 우리가 어떤 한 덩이 물질을 두고서 살아 있다고 말한다면 어떤 경우인 걸까? 그 물질이 계속 '무언가를 행할 때', 움직일 때, 주변 환경과 물질을 교환할 때 등등, 그리고 같은 환경에서 불활성 물질 덩이가 상태를 '유지'하리라고 예상되는 시간보다 훨씬 더 오래 존속할 때 우리는 그것을 살아 있다고 말한다. 살아 있지 않은 어떤 계가 고립되거나 균일한 환경에 놓이면, 대체로 모든 운동은 다양한 마찰의 작용으로 인해 이내 정지 상태에 이른다. 전기 퍼텐셜의 차이 또는 화학 퍼텐셜[2]의 차이는 균등해지고, 화합물을 이루려는 경향성을 띠는 물질은 그렇게 화합물을 형성하며, 온도는 열전도로 인해 균일해진다. 그 이후에 전체 계는 아무런 움직임도 없는 죽은 물질 덩어리 상태로 빠져든다. 항구적 상태에 이르는데, 그 상태에서는 관찰할 수 있는 사건은 아무것도 일어나지 않는다. 물리학자들은 이를 열역학적 평형 상태 또는 '최대 엔트로피'의 상태라 부른다. (74)

엔트로피는 본래 열역학의 제1법칙(에너지 보존 법칙)과 제2법칙(엔트로피 증가 법칙)을 발견한 독일 물리학자 루돌프 클라우지우스Rudolf Clausius, 1822-1888가 제2법칙을 설명하면서 창안한 용어이자 개념이다. 그는 어떤 열에너지가 얼마나 쓸모 있는지 그 유용성을 따지면서 열량(칼로리, *cal*)을 절대 온도(T)로 나눈 값(cal/T)을 사용했는데 이를 엔트로피라 불렀다. 이렇게 본래 열기관 연구에서 주로 쓰던 엔트로피의 개념을 지금 우리가 알고 있듯이 우주 만물의 법칙으로 발전시킨 이는 오스트리아 출신 물리학자인 루트비히 볼츠만Ludwig Boltzmann, 1844-1906이었다.

볼츠만은 엔트로피 개념을 통계 열역학에 기초해 정립하고 확장했다. 그는 거시계를 이루는 수많은 원자나 분자 운동을 통계와 확률로 계산하고 거기에서 엔트로피를 해석했는데, 그의 새로운 엔드로피 해석을 따르면 세상의 모든 상태는 낮은 확률 상

---

2   전기 퍼텐셜 또는 전위는 시간에 따라 변하지 않는 전기장에서 단위 전하가 지니는 전기적 위치 에너지이다. 화학 퍼텐셜은 주어진 온도에서 단위 입자당 추가되는 자유 에너지이다. 열평형 상태에서는 화학 퍼텐셜은 한결같은 값을 가진다.

태에서 높은 확률 상태로 나아갈 뿐이다. 질서 있는 상태는 낮은 확률로 존재하고 무질서 상태는 높은 확률로 존재한다는 점에서 보면, 질서에서 무질서로 나아감은 곧 엔트로피 증가를 말해 준다. 세상 만물은 모두 시간이 흐르면서 뒤섞이거나 흩어지고 그럼으로써 불규칙해지게 마련이고 그 무질서의 방향으로만 나아간다. 자연에서는 반대 방향으로 상태 변화가 일어나지 않는다.

위에서 슈뢰딩거가 예를 들었듯이 고립된 계 안에서 뜨겁고 차가운 온도는 섞이고, 에너지 차이는 균등해지며, 모든 운동은 결국에 정지에 이른다. 완전하게 섞이고 흩어져 평형 상태에 이르렀을 때 종국에는 아무런 움직임도 없는 '열역학적 죽음', 다시 말해 최대의 엔트로피 상태에 이른다.

우주의 진화도 역시 엔트로피 증가 법칙으로 설명된다. 우리 우주는 엔트로피가 0인 상태에서 엄청난 에너지의 대폭발 또는 급팽창으로 시작했으나 물질과 에너지가 섞이고 흩어지고 무질서도가 높아지면서 우주의 엔트로피는 점차 커진다. 우주의 엔트로피는 시간이 흐르면서 계속 증가한다. 그래서 엔트로피를 '시간의 화살'이라고도 부른다. 열역학 제2법칙은 상상하기 힘들 정도의 아주 긴 시간이 지나면 마침내 우주도 더 이상 에너지의 흐름이 없는 엔트로피 최대의 상태가 되리라고 예측한다.

생명의 질서 유지와 음의 엔트로피

그런데 살아 있는 생명은 언뜻 보기에 이런 엔트로피 원리와 다르게 유기체의 질서를 그대로 유지하며 엔트로피 증가를 멈추거나 거슬러 살아가고 있는 듯이 보인다. 엔트로피 원리로 보면 유기체는 "너무나 큰 수수께끼" 같은 존재이다.

유기체가 너무나 수수께끼 같은 존재로 보이는 이유는 '평형', 곧 활성 없는 상태가 되는 빠른 붕괴를 피하기 때문이다. 너무나 큰 수수께끼처럼 보이기에, 인류 사유의 초창기부터 어떤 특별한 비물질적이고 초자연적인 힘(생기, 활기)이 유기체 안에서 작동한다는 주장이 있었다. 일부 지역에서는 지금도 그런 주장이 있다. (75)

흔히 물질과 에너지 열량(칼로리)을 섭취하는 덕분에 유기체는 질서 있는 생명을 유지할 수 있다고 설명된다. 하지만 슈뢰딩거는 이런 설명이 단순한 물질 교환이나 칼로리 섭취가 어떻게 생명의 질서 유지에 도움이 되는지를 실질적으로 설명해 주지 못한다며 큰 불만족을 드러냈다.

살아 있는 유기체는 어떻게 그런 붕괴를 면할까? 분명한 답은 다음과 같다. 먹고, 마시고, 숨 쉬고, (식물의 경우에는) 동화 작용을 일으킴으로써 그리한다. 전문 용어로는 '물질대사'metabolism[3]라고 한다. 그리스

---

3 대사 또는 물질대사는 생물체가 외부에서 영양물질을 흡수해 분해, 합성함으로써 필요한 에너지를 얻고, 노폐물은 몸 밖으로 배출하는 과정을 말한다. 작은 분자로 큰 분자를 합성하는 과정을 동화 작용, 큰 분자를 작게 분해하는 과정을 이화 작용이라 한다.

어 '메타발레인'μεταβάλλειν은 변화 또는 교환을 의미한다. 무엇을 교환한다는 말일까? 본래 바탕에 있는 개념은 당연히 물질 교환이다. (대사의 독일어 Stoffwechsel에도 물질 Stoff가 들어 있다.) [그런데] 물질 교환이 핵심적이라는 말은 터무니없는 설명이다. 질소, 산소, 황 등의 원자는 그 외 다른 원자와 마찬가지로 좋은 것이다. 그런데 그것들을 서로 교환해 무엇을 얻을 수 있다는 걸까? 과거에 한때 우리는 에너지를 먹고 산다는 말을 들으며 호기심을 잠재운 적이 있다. 일부 선진국에서는 (그게 독일인지 미국인지 또는 두 나라인지는 기억하지 못하겠다), 식당의 메뉴판에서 가격 알림과 더불어 모든 요리의 에너지 함량 표시를 볼 수 있었다. 말할 필요도 없이 말 그대로 이건 터무니없는 것이다. 성체 생물에게 에너지 함량은 물질 함량과 마찬가지로 증감 변동이 없는 것이다. 확실히 어떤 칼로리도 다른 칼로리와 마찬가지로 가치 있는 것이기에, 단순한 교환이 어떻게 도움이 되는지는 누구도 알 수 없다. (75-76)

유기체가 '살아 있음'이라는 낮은 엔트로피의 상태, 즉 생명을 유지할 수 있는 비결은 대체 어떻게 설명할 수 있을까? 여기에서 슈뢰딩거는 이후에 논란을 불러일으키는 "음의 엔트로피"라는 새로운 개념을 끌어들여 그 방법을 설명하고자 한다. 유기체가 늘어날 뿐인 양의 엔트로피를 줄이는 일이 가능한 이유는 환경에 존재하는 음의 엔트로피를 자기 안으로 끌어들일 줄 알기 때문이라는 것이다.

그렇다면 죽음에서 멀어지게 우리를 지켜 주는, 음식에 담긴 값진 것은 무엇인가? 쉽게 답해 보겠다. 무엇이라 불리건 모든 과정, 모든 사건, 모든 우연한 일, 그러니까 한마디로 자연에서 계속되는 만사는 곧 그것들이 일어나는 세계의 엔트로피가 증가한다는 것을 의미한다. 그러니 살아 있는 유기체도 끊임없이 자신의 엔트로피를 증가시킨다. 양의 엔트로피를 만들어 낸다고 말할 수도 있다. 그리하여 살아 있는 유기체는 죽음이라는 최대 엔트로피의 위험한 상태에 다가가는 경향성을 지닌다. 유기체가 죽음에서 벗어나는, 즉 삶을 유지하는 유일한 방법은 주변 환경에서 끊임없이 음의 엔트로피를 끌어들이는 것이다. 여러분은 그것이 매우 긍정적인 무엇임을 곧 알게 될 것이다. 유기체는 음의 엔트로피를 먹으며 산다. 덜 역설적으로 표현하면, 물질대사에서 핵심은 유기체가 살아 있는 동안에 만들어 낼 수밖에 없는 모든 엔트로피를 자신에게서 성공적으로 제거한다는 점이다. (76)

유기체가 음의 엔트로피로 살아간다는 말은 무언가 신비한 얘기로 들릴 수도 있다. 슈뢰딩거는 자신의 사유와 추론이 과학에 기반을 두었음을 강조하려는 듯이 무엇보다 먼저 엔트로피가 관념적인 개념이 아니라 측정할 수 있는 물리적인 양이라는 점부터 확실하게 해 둔다. 엔트로피는 왜 열이 항상 높은 온도에서 낮은 온도로만 흐르는지를 설명하려던 19세기 열역학에서 처음 등장했는데, 물리적인 양인 열량을 절대 온도로 나눈 값(cal/T)으로 열과 에너지를 연구하는 분야에서 널리 유용하게 활용됐다.

엔트로피란 무엇인가? 우선 그것이 모호한 개념이나 관념이 아니라는 점을 강조하고자 한다. 그것은 어떤 막대기의 길이나 물체의 어느 지점의 온도, 어떤 결정의 융해열이나 어떤 물질의 비열과 마찬가지로 측정할 수 있는 물리적인 양이다. 절대 온도 0도(대략 섭씨 영하 273도)에서 모든 물질의 엔트로피는 0이다.[4] 여러분이 그 물질을 천천히 가역적인 작은 단계를 거쳐 어떤 다른 상태로 가져가면, (그럼으로써 그 물질의 물리적, 화학적 성질이 변화하거나 서로 다른 두 가지 이상의 물리적, 화학적 성질로 쪼개진다 해도) 엔트로피는 증가한다. 엔트로피는 그 과정에서 단계마다 공급하는 열량을 그 단계의 절대 온도로 나눈 값을 합산한 만큼 증가한다. (77)

앞에서 이미 살펴보았듯이, 열기관 연구 과정에 태어난 엔트로피 개념이 '무질서도를 나타내는 척도'라는 보편 개념으로 확장한 것은 볼츠만이 엔트로피를 원자나 분자 미시계의 통계 열역학으로 해석하고 발전시킨 이후였다. 『생명이란 무엇인가』에서 슈뢰딩거가 다루는 엔트로피도 통계 열역학의 엔트로피이다. 이 경우에도 엔트로피는 측정하고 계산할 수 있는 무질서도의 물리적인 양으로 다뤄진다.

---

4 여기에서 절대 온도 0도는 이론적인 수치이며 절대 온도 0도로 냉각하는 것이 불가능함은 실험으로 알려져 있다. 이를 열역학 제3법칙이라고 부른다. '어떤 계의 온도를 유한수의 단계 과정을 거쳐 절대 온도 0도로 낮추는 것은 불가능하다.'

나는 때때로 엔트로피를 감싸고 있는 모호하고 신비한 분위기에서 엔트로피를 분리해 내고자 일부러 전문 기술적인 정의를 언급했다. 여기에서 우리에게 훨씬 더 중요한 점은 질서와 무질서의 통계학적 개념에 담긴 의미인데, 그 관계식은 통계 물리학에서 볼츠만과 기브스 Josiah Willard Gibbs, 1839-1903의 연구에 의해 밝혀진 바 있다. 이 또한 정밀한 양적 관계식이며 다음과 같이 표현된다.

$$엔트로피 = k \log D$$

여기에서 k는 볼츠만 상수(=$3.2983 \times 10^{-24} cal./°C$)이며, D는 연구 대상인 물체의 원자 무질서도를 나타내는 정량적 수치이다. 그 양적 수치인 D를 비전문 용어로 간략하게 설명하기는 거의 불가능하다. D가 가리키는 무질서는 부분적으로 열운동의 무질서이며, 부분적으로는 다른 종류의 원자와 분자들이 서로 깔끔하게 분리되지 않고 무작위로 섞여서 생겨나는 무질서이다. [……] 물과 설탕 분자의 예는 볼츠만 방정식[5]을 잘 보여 준다. 설탕 분자가 접근할 수 있는 물 전체로 점차 '확산'하면 무질서도 D가 증가하고, 그럼으로써 (D가 증가하면 D의 로그 값도 증가하므로) 엔트로피도 증가한다. 열을 공급하면 열운동의 요동이 증가하며, 달리 말해 D가 증가하고, 그래서 엔트로피가 증가한다는 것도 아주 명확하다. 어떤 결정체를 녹일 때 엔트로피 증가가 특히나 분명하게 나타난다. 결정체가 녹으면 정연하고 항구적인 원자 또는 분자 배열은 파괴되고 결정격자는 무작위 분포로 계속 변하는 상태가

---

5 바로 앞에 제시된 방정식을 말한다.

되기 때문이다. (77-78)

그런데 엔트로피 증가의 법칙이 적용되는 데에는 조건이 있다. 슈뢰딩거는 가볍게 이야기하고 지나가지만 엔트로피 증가는 물질과 에너지를 외부 환경과 주고받지 않는 고립된 계, 즉 고립계라는 조건에서 보편 법칙으로 관철된다.

고립된 계, 또는 균일한 환경에 있는 계(현재 논의에서 균일한 환경은 우리가 다루는 계의 일부로 포함하는 게 좋겠다)는 엔트로피를 증가시키면서 다소 빠르게 최대 엔트로피의 불활성 상태에 도달한다. 우리는 이 기본 물리 법칙이 우리가 관리하지 않을 때 물건들이 자연스럽게 카오스 상태가 되는 경향(도서관 책이나 책상 위의 논문과 원고 더미에서 마찬가지로 볼 수 있는 경향)과 똑같다고 여긴다. (여기에서 불규칙한 열운동은 물건들을 쓰고 나서 제자리에 놓을 생각은 하지 않으면서 계속 쓰고 또 쓰는 것에 비유된다.) (78)

고립계라는 조건에서 적용되는 엔트로피 법칙의 의미를 잠시 생각해 보자. 고립계에서는 엔트로피가 줄어드는 일이 절대 일어나지 않는다면 우리가 사는 세상에서 설대적인 고립계는 어디에서 찾아볼 수 있을까? 당연히 미생물, 동식물이나 인간 같은 생명은 고립계일 리가 없다. 물질과 에너지를 외부 환경과 주고받으며 살아가기 때문이다. 지구 자체도 태양과 우주에서 오는 에너지를 받으며, 또한 지구도 우주로 에너지를 내보낸다. 그렇게 보면 엄밀한 의미로 따질 때 고립계는 지구와 태양계를 넘어 우주 자체가 될 것이다. 우주와 우주 바깥 사이에 물질과 에너지의 교환이 일어난다고는 생각할 수 없기 때문이다. 우주 전체에서 엔트로피의 총량을 따진다면 그것은 절대 줄어드는 법 없이 오로지 증가만 할 뿐이라고 말할 수 있다.

이렇게 볼 때, 살아 있는 유기체가 엔트로피 증가를 늦추고 때로는 엔트로피 감소를 일으키는 능력은 열역학의 엔트로피 증가 법칙으로 설명할 수 없는 예외라고 볼 수는 없다. 유기체는 고립계가 아니다. 더 큰 세계의 계 안에서 외부의 물질과 에너지를 자기 안으로 끌어들이고 자신의 엔트로피는 외부에 배출한다. 즉 외부 환경과 상호 작용하며 살아가는 존재라고 볼 수 있다. 하지만 슈뢰딩거는 유기체를 고립계로 다루면서 음의 엔트로피 가설을 이야기함으로써 문제를 복잡하게 만들었고, 이런 점이 이후에 다른 과학자의 비판을 받는 원인이 되었다.

지금은 슈뢰딩거의 음의 엔트로피 가설을 더 들어 보자. 그는 볼츠만의 엔트로피 법칙이라는 틀 안에서 음의 엔트로피라는 개념을 도입해 살아 있는 유기체들이 생명 질서를 유지하는 방식을 설명하고자 했다. 엔트로피는 무질서를 나타내는 척도로, 음의 엔트로피는 질서의 척도로 제시됐다.

살아 있는 유기체는 열역학적인 평형의 상태(즉, 죽음)로 붕괴하는 것을 늦추는 기적적인 능력을 지닌다. 이런 놀라운 능력을 어떻게 통계 물리학 이론의 용어로 표현할 수 있을까? 앞에서 우리는 '유기체는 음의 엔트로피를 먹으며 산다'라고 말했다. 달리 말해 유기체는 음의 엔트로피 흐름을 자신에게 끌어들여, 자신이 살면서 만들어 내는 엔트로피 증가분을 상쇄하고, 그럼으로써 상당히 낮은 안정적인 엔트로피 수준에서 자신을 유지한다.

무질서의 정도를 D로 표현하면, 그 역수인 $1/D$는 질서의 정도를 직접 나타내는 척도로 여길 수 있다. $1/D$의 로그 값은 D의 로그 값에 음의 부호를 붙인 것과 같으므로, 우리는 볼츠만의 방정식을 다음과 같이 쓸 수 있다.

$$- (\text{엔트로피}) = k\log(1/D)$$

'음의 엔트로피'라는 어색한 표현을 이렇게 더 나은 표현으로 바꿀 수 있다. 음의 부호를 붙인 엔트로피는 질서의 정도 자체를 나타낸다. 그러므로 유기체가 상당히 높은 수준의 질서 정연함으로(즉, 상당히 낮은 엔트로피 수준으로) 자신을 안정적으로 유지하는 데 쓰는 방책은 다름 아니라 주변 환경에서 질서 정연함을 끊임없이 빨아들이는 데 있다고 말할 수 있다. (78-79)

통계 열역학의 볼츠만 방정식까지 동원했지만, 사실 유기체가 살아 있음을 유지하는 비결은 상식적인 지식으로도 설명할 수 있다. 유기체는 외부의 물질과 에너지를 섭취하거나 흡수함으로써 살아간다. 그런데 슈뢰딩거의 사유와 추론에서는 유기체가 섭취하거나 흡수하는 그 무언가는 엔트로피에 대척하는 음의 엔트로피, 즉 '질서'로 표현된다.

이런 결론은 처음 볼 때와는 달리 그리 역설적이지는 않다. 오히려 대수롭지 않은 결론이라는 비난을 받을 수 있다. 사실 우리는 고등 동물의 경우에 그들이 살아가며 먹는 질서 정연함이 어떤 종류인지 충분히 잘 안다. 다소 복잡한 유기 복합물에 있는 극히 질서 정연한 물질 상태가 그것으로, 동물들은 이를 섭취해서 이용한 다음에 매우 퇴화한 형태로 돌려준다. 식물이 그것을 이용한다는 점을 생각하면 완전히 퇴화한 건 아니지만 말이다. (당연히 식물은 '음의 엔트로피'를 햇빛을 통해서 가장 많이 얻는다.) (79)

음의 엔트로피 비판과 해명
살아 있는 유기체는 주위 환경에서 음의 엔트로피를 얻음으로써 엔트로피 증가의 법칙에서 벗어나고, 그럼으로써 스스로 파괴되어 무질서로 향하는 완전한 평형 상태를 피한다는 슈뢰딩거의 설명은 책 출판 이후에 일부 과학자들에게서 의심과 비판을 받았다. 음의 엔트로피라는 개념 자체가 과학적으로 모호할 뿐 아니라 유기체의 생명 유지를 설명하는 데 혼란을 초래한다는 게 비판의 요지였다. 그런 비판이 컸던지 슈뢰딩거는 책의 개정판에 음의 엔트로피에 관한 해명 글을 실었다.

왜 슈뢰딩거는 해명 글을 실어야 했을까? 먼저 오늘날에 널리 받아들여지는 생명과 엔트로피의 관계에 관한 논의부터 정리해 보자. 슈뢰딩거가 제기했듯이 시간이 흐르면서 만물이 점차 섞이고 흩어지고 무질서로 나아가는 엔트로피 법칙으로 볼 때 자기 조직화를 이루며 생명 질서를 유지하는 생명체는 쉽게 설명하기 어려운 예외적인 존재 같아 보였다.

이런 일종의 패러독스를 설명하려는 여러 시도와 논의가 있었으며, 현재에는 대체로 다음과 같은 설명이 널리 받아들여진다. 즉, 살아 있는 유기체는 화합물이나 햇빛의 형태로 주위 환경에서 자유 에너지를 얻고 다시 그 에너지의 일부를 열과 엔트로피 형태로 주위 환경에 내보냄으로써 자신의 내부 질서를 계속 유지한다. 여기에서 자유 에너지는 내부 에너지에서 일로 쉽게 변환할 수 있는, 즉 유효하며 자유롭게 쓸 수 있는 에너지를 뜻한다.

이런 현대의 해석은 지금 우리가 듣기에 훨씬 쉽게 이해된다. 이런 해석에서 유기체는 환경과 상호 작용하며 살아가는 열린계로 이해된다. 이와 비교하면 슈뢰딩거의 설명 모형도 실제로는 물질과 에너지를 외부 환경과 주고받는 열린계를 전제로 삼았으면서도 이를 일부러 적극적으로 부각하지 않으면서 음의 엔트로피라는 새 개념을 끌어들여 문제를 혼란스럽게 만든다는 인상을 줄 수 있다. 굳이 음의 엔트로피라는 개념이 없더라도 외부 환경에서 유기체가 얻는 자유 에너지와 영양분으로 유기체의 질서 있는 생명 유지를 설명할 수 있기 때문이다.

이런 비판들이 제기되자 슈뢰딩거는 책의 개정판에서 「6장에 부치는 주석」을 새로 실었다. 그 글에서 그는 음의 엔트로피라는 표현이 과학적으로 엄밀하지 않을 가능성을 사실상 인정하면서 일반 독자의 이해를 돕기 위해 만든 것일 뿐이라고 해명했다. 한 걸음 물러서서 자신의 애초 주장을 누그러뜨렸다. (하지만 책에서 음의 엔트로피에 기반을 둔 설명은 수정하지 않은 채 그대로 두었다.)

6장에 부치는 주석

음의 엔트로피에 관한 애기는 동료 물리학자들한테서 의문과 반박을 받아 왔다. 먼저, 내가 오로지 물리학자를 만족시키고자 했다면 나의 논의를 음의 엔트로피가 아니라 자유 에너지에 초점을 두어 진행했을 것이라는 점을 밝혀 둔다. 그런 맥락에서는 자유 에너지가 좀 더 익숙한 개념이다. 그러나 이렇게 매우 전문적인 용어는 언어 측면으로 살펴보건대 에너지라는 뜻에 너무 가까워 보여 일반 독자들이 ['자유'와 '에너지'라는] 둘 간의 대비를 알아차리기는 어렵다. 독자들은 '자유'를 별 의미 없이 붙여지는 형식적인 장식 어구epitheton ornans[6]로 받아들일 것이다. 그렇지만 그 개념은 꽤 복잡하다. 볼츠만의 질서-무질서 원리와 그 개념의 관계는 쉽게 이해하기 어렵고, 이보다는 엔트로피 그리고 '음의 부호를 지닌 엔트로피'를 이야기하는 편이 이해하기에 좀 더 수월하다. 음의 엔트로피라는 개념은 내가 발명한 것이 아니며, 볼츠만의 원래 논증이 의존했던 바가 정확히 그런 것이었다. (79)

---

[6] '녹색 초원'에서 녹색처럼 별 의미 없이 형식적으로 붙여지는 어구.

음의 엔트로피는 슈뢰딩거가 처음 사용한 표현이지만, 그가 개정판에서 해명했듯이 기본 개념은 그가 존경해 마지않는 오스트리아 물리학자 루트비히 볼츠만에게서 나온 것이었다. 이 책에는 인용되지 않았지만 볼츠만은 1886년 열역학의 관점으로 바라보는 생명의 진화라는 주제의 강연에서 다음과 같이 말했다.

살아 있는 유기체의 일반적인 생존 투쟁은 기본 물질을 얻으려는 투쟁이 아니다. 그런 것들은 공기, 물, 흙에 풍부하게 널려 있다. 또한 쓸모는 없지만 많은 열의 형태로 물체에 담긴 에너지를 얻으려는 투쟁도 아니다. 유기체들의 생존 투쟁은 뜨거운 태양에서 차가운 지구로 오는 에너지 전이를 통해 쓸 수 있게 바뀌는 엔트로피를 얻으려는 투쟁이다.[7]

볼츠만이 표현했던 '태양 에너지를 이용해 쓸 수 있게 바뀌는 엔트로피'는 슈뢰딩거의 음의 엔트로피와 거의 비슷한 뜻으로 읽힌다. 하지만 이 또한 자유 에너지라는 개념으로 충분히 설명될 수 있기에 따로 음의 엔트로피라는 개념을 끌어들일 필요는 없었다. 게다가 볼츠만 이후에 자유 에너지 개념이 열역학에서 정립되고, 생명과 엔트로피 문제를 다룰 때 자유 에너지가 중요한 개

---

7 M. F. Perutz, "Physics and the riddle of life," *Nature*, Vol. 326, 9 April 1987에서 재인용.

넘으로 다뤄지곤 했다는 점을 생각하면, 슈뢰딩거도 이미 자유 에너지라는 개념을 이용한 설명을 충분히 알고 있었을 것이다.

그런데도 왜 슈뢰딩거는 음의 엔트로피라는 새로운 표현을 사용한 걸까? 그의 해명대로 일반 독자의 이해를 돕기 위한 어쩔 수 없는 선택일 수 있다. 하지만 이를 비판적으로 보는 시각도 있다. 한 과학 사학자는 슈뢰딩거가 물리학의 계와 생물학의 계의 차이를 일부러 극적으로 대비하고자 했으며, 그리하여 유기체가 먹고 사는 자유 에너지에 관해 이야기하는 대신에 음의 엔트로피라는 용어를 사용했으리라는 해석을 제기하기도 했다.[8]

슈뢰딩거는 비판에 대한 해명을 담은 주석의 글에서 좀 더 구체적으로 자신의 주장을 누그러뜨렸다. 이 주석은 슈뢰딩거가 영국 옥스퍼드 대학에 머물던 시절에 그의 동료였던 프란시스 시몬 Francis Simon, 1893-1956 교수의 비판에 부치는 글의 형식으로 작성됐다. 몇몇 대목을 옮겨 보면 다음과 같다.

시몬은 다음과 같은 점을 매우 끈질기게 지적해 주었다. 즉 나의 열역학적 고찰로는, 우리가 목탄이나 다이아몬드 펄프를 먹지 않고 '다소 복잡한 유기 화합물이라는 극히 질서 정연한 상태에 있는' 물질을 먹어야 하는 이유가 설명되지 않는다는 것이다. 그의 지적은 옳다.

8　영국의 과학 사학자 로버트 올비가 1971년 《생물 사학회지》에 발표한 논문에서 주장한 내용으로, 이 논문은 국내에 출간된 슈뢰딩거의 책 『생명이란 무엇인가』(서인석·황상익 옮김, 한울, 2001)의 뒤편에 우리말로 번역돼 실려 있다.

[······] 그리고 시몬이 옳은 점이 또 있다. 그는 우리가 먹는 음식의 에너지 함량이 실제로 중요하다고 지적했는데, 옳다. 에너지 함량을 표시한 메뉴판에 대해 내가 했던 조롱은 적절하지 않았다. 에너지는 우리 신체 활동으로 소모되는 역학적 에너지를 채워 줄 뿐 아니라 우리가 환경에 끊임없이 방출하는 열을 대체하는 데에도 필요하다. 그것이 바로 우리가 신체의 생명 과정에서 지속적으로 만들어 내는 잉여 엔트로피를 처분하는 방식이기 때문이다. (80)

슈뢰딩거의 해명을 종합하면 그가 사용한 음의 엔트로피라는 말은 엄밀한 과학에 바탕을 둔 것이 아니며 사실상 과학자들 사이에서 널리 받아들여지는 자유 에너지 개념과 별다르지 않은 것으로 풀이된다. 물론 그가 유기체는 음의 엔트로피를 먹고 산다고 말할 때 마치 음의 엔트로피가 실체로서 따로 존재하는 것인양 오해를 불러일으킨다는 문제는 여전히 남는다.

『생명이란 무엇인가』에서 음의 엔트로피라는 개념과 용어는 이후에도 등장한다. 책의 결론에 해당하는 다음 장에서도 음의 엔트로피는 생명 유기체의 중요한 특징으로 이야기된다. 여기 해명의 글에서 슈뢰딩거 자신이 밝혔듯이, 이제는 음의 엔트로피라는 말이 등상하더라도 그것이 열역학의 새롭고 신비한 어떤 실체를 가리키는 게 아니라 그저 슈뢰딩거가 자신의 논의를 대중적으로 풀어 가면서 만들어 낸 자유 에너지의 다른 표현일 뿐이라고 이해하는 게 적절할 듯하다.

8

생명에는
새로운
물리 법칙이 있다

슈뢰딩거는 유기체 생명의 비결은 다름 아니라 유전자 분자의 안정성과 유전 암호를 이루는 물질 구조 덕분임을 보여 주었다. 유전자 분자 모형의 견고함은 고체와 결정의 안정성 비교와 에너지 준위 문턱이라는 양자 이론을 통해 설명되었다. 또한 생명의 수수께끼는 열역학 제2법칙으로도 바로 앞 장에서 논의됐다. 유기체는 주변 환경에서 질서, 즉 음의 엔트로피를 흡수함으로써, 시간이 흐르면서 무질서와 붕괴로 나아가는 무생물과 달리 살아 있는 동안 생명의 질서 정연함을 계속 유지한다는 게 그의 논지였다. 모든 것을 한마디로 줄여 말한다면, 생명은 초자연적 현상이 아니며 양자 물리학과 화학으로 충분히 설명할 수 있다.

그런데 마지막 장에 이르러 그는 새삼스럽게 "생명은 물리학의 법칙에 기반을 두는가?"라는 물음을 던진다. 결말에 해당하는 마지막 장에 그는 아마도 자신이 이 책에서 가장 하고 싶었던 이야기를 담고자 했을 것이다. 그러므로 우리는 이 물음을 다루는 이번 장을 좀 더 유의해서 읽어야 하겠다. 슈뢰딩거는 생명 유기체가 "평범한 물리 법칙으로는 환원할 수 없는 방식으로 작동한다"는 점을 받아들이면서도 그렇다고 해서 생명이 어떤 신비한 초자연적인 힘으로 설명되어서는 안 됨을 먼저 강조한다.

마지막 장에서 내가 명확하게 밝히고자 하는 바는 간단하다. 살아 있는 물질의 구조에 관해 지금까지 알게 된 것들을 종합할 때, 이제 우리는 유기체가 평범한 물리 법칙으로는 환원할 수 없는 방식으로 작동한다는 것을 받아들일 마음의 준비를 해야 한다는 점이다. 그것은 살아 있는 유기체 내부에서 원자 낱낱의 거동을 지휘하는 어떤 '새로운 힘' 같은 것들이 존재하기 때문이 아니라 그 [원자들의] 구성이 물리 실험실에서 지금까지 다룬 무엇과도 다르기에 그렇다.

투박하게 비유해서 표현하면, 오직 열기관에만 익숙한 엔지니어는 전기 모터의 구성을 살펴보고 난 뒤에 그것이 자신이 이해하지 못하는 원리로 작동한다는 것을 받아들일 마음의 준비를 할 것이다. 그는 열기관의 보일러에서 익숙하게 봐 왔던 구리가 전기 모터에서는 길고 긴 선으로 코일에 감겨 있음을 본다. 열기관의 손잡이, 빗장, 증기 실린더에서 익숙하게 보던 철은 전기 모터에서 구리 선 코일의 안쪽에 채워져 있다. 그는 이것이 같은 구리이고 같은 철이며, 같은 자연법칙을 따를 것이라 믿을 테고, 그런 생각은 옳다. 둘의 구성 차이를 본 엔지니어는 전기 모터가 완전히 다른 방식으로 작동할 것이라고 충분히 생각할 터이다. 그는 전기 모터가 보일러나 증기가 없는데도 스위치를 누르면 돌기 시작한다고 해서, 귀신이 그것을 돌린다고 의심하지는 않을 것이다. (81)

슈뢰딩거의 비유가 흥미롭다. 증기 기관의 장인 엔지니어가 난생처음 전기 모터를 보면 당연히 화들짝 놀랄 것이다. 하지만 찬찬히 살펴보면 거기에 쓰인 원재료도 사실 새로울 게 거의 없다. 단지 재료가 다르게 쓰이고 다르게 구성되었다. 그런 구성 차이가 증기 기관과 전기 모터가 다른 원리와 방식으로 작동하게 하는 차이를 만들어 낸다. 하지만 전기 모터를 난생처음 보고서 '귀신'이 작동한다고 생각해서는 안 된다고 슈뢰딩거는 말한다. 제대로 된 엔지니어라면 전기 모터의 작동 원리 자체를 알지 못해도 무언가 다른 작동 원리가 존재할 것임을 받아들일 수 있어야 한다는 말이다. 자신이 잘 아는 증기 기관의 원리로는 이해할 수 없고 설명할 수 없다 해서 섣불리 초자연적인 신비한 힘이 있으리라고 생각하는 건 올바른 태도가 아니다.

이 비유를 무생물과 유기체의 차이로 확장해 생각해 보자. 아마도 슈뢰딩거가 이런 비유에서 말하고자 하는 바는 "살아 있는 물질"이나 그렇지 않은 무생물이 모두 같은 원자 물질로 이뤄졌는데도 둘이 아주 다른 이유도 바로 구성의 차이가 빚어내는 작동 원리와 방식의 차이 때문이라는 것이리라. 다른 구성이 어떻게 다른 작동을 만들어 내는지를 설명할 새로운 원리를 찾는 노력이 필요하다는 얘기다.

뚜렷하게 대비되는 생물학과 물리학의 상황

사실상 마지막 장인 만큼 지금까지 길게 이어 온 논의를 총정리할 시간이다. 슈뢰딩거는 최종적으로 다시 묻는다. '고도로 질서 정연한 생명의 분자'에 관한 그 자신의 설명은 우리의 경험과 법칙에 얼마나 들어맞는 설명인가? 생물학이든, 물리학이든 어디에서나 충분히 받아들일 만한 보편적인 가설이자 모형인가?

그는 먼저 생물학 분야의 상황을 정리한다. 슈뢰딩거가 파악하기에는 생물학에서 발견해 온 여러 경험적 사실로 볼 때 그의 유전자 분자 모형은 대체로 개연성 있다고 받아들여질 만하다.

유기체의 생활사에서 펼쳐지는 사건들은 경탄할 만한 규칙성과 질서 정연함을 보여 준다. 우리가 아는 무생물 중 어떤 것도 이에 견줄 만한 것이 없다. 우리는 모든 세포에서 아주 작은 부분을 차지하는 지극히 질서 정연한 원자 무리[1]가 그 유기체를 통제함을 안다. 더 나아가 우리가 구성한 돌연변이 메커니즘의 관점에 비추어 볼 때, 생식 세포에 있는 '통치하는 원자 무리'에서 단지 몇 개 원자의 자리가 바뀌어도

---

1   문맥으로 볼 때 유전자를 의미한다. 바로 뒤에 나오는 "통치하는 원자 무리"도 역시 유전자를 의미하는 다른 표현으로 이해된다.

유기체의 거시적 유전 형질에 분명한 변화가 초래된다는 게 우리의 결론이었다.

이런 사실들은 당연히 우리 시대의 과학이 밝혀낸 가장 흥미로운 것들이다. 우리는 그것들이 끝끝내 도무지 받아들일 수 없는 것은 아니라고 생각하는 쪽으로 기울어 가는 듯하다. '질서의 흐름'을 자신에게 집중하고, 그럼으로써 원자 수준의 혼돈 상태로 붕괴하는 것을 피하는 유기체의 놀라운 재능, 달리 말해 어떤 적절한 환경에서 질서를 빨아들이는 재능은 '비주기적 고체', 즉 염색체 분자의 존재와 연관되는 것으로 보인다. 의심할 바 없이 그것은 모든 원자와 모든 라디칼이 각자 역할을 함으로써 보통의 주기적 결정보다 훨씬 더 높은 질서 정연함을 이루는, 우리가 아는 것 중에서 최고로 질서 정연한 원자들의 연합체를 보여 준다. (82)

유기체 생명은 고도의 질서를 갖춘 유전자 분자에서 비롯하며, 또한 주변 환경에서 질서를 빨아들임으로써 열역학 제2법칙이라는 자연의 숙명을 벗어나 생명의 질서를 유지한다. 슈뢰딩거가 제시하는 종합적인 그림은 당대 생물학의 상황에서 볼 때 얼마나 믿음직한 것일까? 그럴듯함, 즉 개연성은 얼마나 될까?

간단히 말하면, 현존하는 질서는 자신을 스스로 유지하며 또한 질서 있는 사건을 생성하는 능력을 우리에게 보여 준다. 우리가 목격하는 사건은 그런 것이다. 충분히 그럴듯한 설명으로 들린다. 하지만 그렇게 그럴듯하다고 생각할 때, 의심할 바 없이 우리는 유기체의 행동과 연관되는 사회적 조직체나 다른 사건들에 관한 경험에 의존하는 경향이 있다. 그러므로 [그런 판단에는] 어떤 악순환 같은 무엇이 담겼을 수도 있다. (82)

유전자 분자 모형과 음의 엔트로피 가설이 "충분히 그럴듯한 설명으로 들린다"라고는 했지만, 우리는 그것을 최종적으로 승인할 만큼 확실성을 보증하지는 못한다. 질서에서 다시 질서를 만들어 냄으로써 스스로 생명의 질서를 유지하는 유기체의 능력을 생물학 지식의 상황에서 충분히 확인할 수 있는 바이지만, 그럴듯함의 개연성이 최종의 보편 법칙으로 입증되지는 않았기 때문이다. 어쩌면 우리의 주관적인 편견이 그런 판단을 오염시켰을 수도 있다. 질서 정연한 사회 조직체에서 생활하는 우리의 인간적인 경험이 그런 판단에 투영되었을지도 모른다. 어떤 경험에 의존해 다른 현상이나 사건을 빗대어 판단하는 악순환 같은 일이 여기에서도 일어나지 않았으리라고 보장할 수는 없으니까.

그렇다면 물리학의 상황에서 볼 때는 어떠할까? 슈뢰딩거는 물리 법칙을 다루는 물리학자들이 보기에 생명의 질서에 관한 이런 그림이 충분하게 받아들여지기 어려울 수 있다고 말한다. 생명은 대단히 흥미로운 현상이기는 하지만 물리 법칙들로 볼 때 충분하게 설명될 수 없고, 그리하여 여전히 법칙의 개연성이 부족하다고 여겨질 수 있다. 왜 그럴까?

생물학의 상황이 어떠하건, 내가 거듭 강조하는 요점은 [유기체가 고도의 질서를 유지하는] 그런 상태가 물리학자에게는 개연성 없게 들리면서도 매우 흥미진진하게 보인다는 것이다. 왜냐면 전에 다뤄 본 적 없는 문제이기 때문이다. 일반의 믿음과 달리, 물리 법칙을 따르는 사건의 규칙성은 원자들의 질서 정연한 짜임새 때문에 생기는 게 결코 아니다. 그런 질서 정연한 짜임새는 주기적 결정이나 동일한 분자로 이뤄진 액체나 기체처럼 같은 원자 짜임새가 무수히 반복되는 경우에서나 볼 수 있다. (83)

원자나 분자의 질서 정연한 짜임새는 자연에서 흔하게 볼 수 있는 게 아니다. 자연은 흔히 매우 불규칙한 원자와 분자의 상호작용으로 굴러간다. 그래서 슈뢰딩거가 누누이 강조하듯이, 엄밀하게 따지면 물리 법칙의 규칙성은 매우 불규칙한 원자나 분자의 세계에서 통계 확률을 통해 평균적으로만 얻어진다. 슈뢰딩거는 화학 반응과 확산 현상, 방사성 입자의 붕괴를 그 예로 들어 설명한다.

심지어 화학자가 시험관에서 매우 복합적인 어떤 분자를 다룰 때도 언세나 엄청나게 많은 수의 비슷한 분자들을 만난다. 화학자는 그 분자들에 법칙을 적용한다. 화학자는 여러분에게 예컨대 이렇게 말할 것이다. 어떤 특정 반응을 시작하고서 1분이 지난 뒤에 분자의 절반이 반응할 것이며, 다시 1분이 지나면 4분의 3이 반응을 마칠 것이라고.

하지만 만일 분자 하나하나의 경로를 추적할 수 있다면 어떤 특정 분자가 반응한 분자 무리에 속할지, 또는 아직 반응하지 않은 분자 무리에 속할지를 화학자도 예측할 수는 없다. 그건 순전히 우연[확률]의 문제이다.

지금 한 말이 순전히 이론적인 추정은 아니다. 우리는 하나의 작은 원자 무리 또는 더 나아가 원자 하나의 운명을 결코 관찰할 수 없다. 관찰한다면 그건 우연일 뿐이다. 그러나 우리가 관찰할 때마다 우리는 완전한 불규칙성을 본다. 그런 불규칙성이 함께 작동하여 오직 평균값으로 규칙성을 만들어 낸다. 우리는 그 예를 1장에서 살펴봤다. 어떤 액체에 떠 있는 작은 입자의 브라운 운동은 완벽하게 불규칙적이다. 그러나 비슷한 입자들이 많이 모이면, 그것들은 각자의 불규칙한 운동을 통해서 '확산'이라는 규칙적 현상을 만들어 낼 것이다.

우리는 개별 방사성 원자가 붕괴하는 현상을 관찰할 수 있다(방사성 원자는 붕괴하면서 입자를 방출하는데, 그것이 형광 스크린에 닿으면 눈으로 볼 수 있는 섬광을 일으킨다). 하지만 여기 방사성 원자 하나가 있다고 할 때 그것의 확률적인 수명은 건강한 참새의 수명과 비교해도 훨씬 더 불확실하다. 사실 다음과 같은 말 외에 더 할 말이 없을 것이다. 그 원자가 붕괴하지 않고 유지되는 동안 내내(아마 수명이 수천 년은 될 것이다), 다음 1초 안에 붕괴할 확률은 크건 삭건 늘 동일한 상태에 있다. 이처럼 명백하게 개별적인 결정을 내릴 수는 없지만, 그런데도 많은 수의 동일종 원자들에 대해서는 결과적으로 지수 함수의 붕괴 법칙이 정확하게 성립한다. (83-84)

통계 물리학에 기반을 둔 이런 물리 법칙의 성격은 책의 앞 장들에서 자세하게 설명되었다. 슈뢰딩거의 긴 설명은 원자와 분자 입자의 불규칙과 무질서는 수많은 원자와 분자의 확률 통계를 거쳐 평균적으로 거시 세계에 법칙적인 거동을 만들어 낸다는 것으로 요약할 수 있다. 즉, 우리 눈에는 보이지 않지만 많은 현상의 이면에는 미시 세계의 불규칙하고 불안정한 요동이 존재한다. 물리학자라면 당연히 물리 법칙의 이런 성격을 명심해야 한다.

이렇게 본다면, 상대적으로 적은 수의 원자로 구성된 아주 작은 유전자 분자가 고도의 질서를 스스로 유지하고 다시 질서를 만들어 낸다는 유전자 분자 모형은 통계 물리학의 관점에서 볼 때 쉽게 받아들이기 힘든 가설로 들릴 수 있다. 이전의 평범한 물리 법칙에 의존해서 바라본다면 말이다. 생물학 지식의 상황에서는 우리가 목격하는 생물학적 사실들에 바탕을 두어 생명 질서를 통치하는 원자 무리, 즉 유전자 분자의 질서를 개연성 있게 생각할 수 있겠다. 하지만 원자와 분자의 고유한 불규칙성을 마주하는 물리학자 상황에서 보면 그런 분자의 존재는 놀라운 것이며 쉽게 설명할 수 없는, "전례 없는" 것으로 받아들여질 만하다.

유전자 분자에서 확인되는 생물학적인 사실들은 입자들의 불규칙한 운동과 확률 통계를 다루는 물리학에서는 다뤄 본 적 없는, 오히려 그것과 아주 대비적인 것으로 나타난다. 슈뢰딩거는 "놀라운 대비"라는 표현을 쓰면서, 유기체 생명에서는 매우 질서 정연하고 짜임새 있는 사건들이 분자 수준에서 일어나고 있음을 자세히 묘사했다. 작디작은 유전자 분자는 유기체의 무수한 세포들 하나하나에 자리를 잡고서 마치 "중앙 사무소"와 같은 기능을 해낸다.

생물학에서 우리는 완전히 다른 상황을 마주하고 있다. 한 사본에만 있는 원자 무리가 매우 섬세한 법칙을 따라 기적적으로 서로 조율하고 또한 환경과도 조율하며 질서 있는 사건을 만들어 낸다. 나는 여기에서 '한 사본에만 있는'이라는 말을 썼는데, 왜냐면 어쨌든 우리는 단세포인 수정란에서 시작하기 때문이다. 더 높은 생물 단계에서 사본들은 몇 배로 늘어난다. 이건 사실이다.

그런데 어느 정도까지 늘어날까? 내가 아는 바로는 다 자란 포유동물에서 대략 10^{14}개 정도로 늘어난다. 세상에! 그것은 1세제곱인치 입방체의 공기에 있는 분자 수와 비교하면 100만 분의 1 정도에 불과하다. 공기 분자에 비해 크다고는 하지만, 10^{14}개를 한데 뭉치면 작은 액체 방울 하나를 형성하는 정도이다.

또한 그것들이 실제로 어떻게 분포되어 있는지를 보라. 모든 세포에 딱하나씩 들어 있다(이배체 세포에서는 둘씩). 우리는 이 작은 중앙 사무소가 각기 고립된 세포 안에서 행사하는 권능을 알고 있다. 그렇게 보면, 이것들은 몸 전체에 흩어져 있으면서도 서로 통하는 공통의 암호 덕분에 어려움 없이 쉽게 소통하는 지방 정부 청사를 닮은 건 아닐까? (84)

슈뢰딩거가 모든 세포에 하나씩 자리를 차지한 유전자 분자를 두고서 "소통하는 지방 정부 청사" "중앙 사무소" 같은 은유를 사용한 점이 흥미롭다. 슈뢰딩거는 책의 앞쪽에서 유전 암호가 각 세포에 하나씩 들었다는 점을 얘기하면서 장군의 군사 작전을 모든 대원이 숙지한 상태와 같다고 비유한 적이 있다. "그래서 모든 세포는 덜 중요한 세포일지라도 암호 문서를 두 벌 다 지녀야 하는 거라고 우리는 생각할 수밖에 없다. 얼마 전에, 아프리카 전투에서 몽고메리 장군이 자기 부대의 모든 장병은 장군의 계획을 꼼꼼하게 다 알고 있다는 점을 강조했다는 소식을 신문에서 본 적이 있다. 그게 참이라면, 그 얘기는 우리가 지금 논하는 것을 훌륭하게 보여 준다."(24) 모든 대원이 똑같은 장군의 명령을 숙지하고서 군사 작전에 임한다는 뜻이다. 이런 군사적인 명령Command과 통제Control에 더해, 여기에서는 지방 정부들 간의 소통Communication이 강조된다. 이 대목은 슈뢰딩거가 의도하지는 않았겠지만 정보 이론의 'C3' 개념을 유전자의 작동 메커니즘에 적용하는 것처럼 비친다는 점에서도 흥미롭다.

슈뢰딩거는 지금 유기체의 각 세포 안에서 생명 분자가 보여주는 고도의 질서 정연한 행동 방식을 설명하는 데, 평범한 물리학 법칙이 무용지물일 수 있음을 지적하는 중이다. 물리학자와 화학자들은 무생물의 자연법칙으로 설명할 수 없는, 이전에 한 번도 다뤄 본 적 없는 완전히 다른 생물학의 메커니즘을 마주해야 하기 때문이다.

그런데 이렇게 말하는 건 과학자보다는 시인한테 어울릴 법한 환상적인 묘사일 수 있다. 하지만 우리가 여기에서 마주하는 사건들이 물리학의 '확률 메커니즘'과 완전히 다른 '메커니즘'에 의해 규칙적이고 법칙적으로 전개된다는 점을 인식하는 데는 시적 상상력이 아니라 명확하고 냉철한 성찰이 필요할 뿐이다. 왜냐면 각 세포에 있는 지침 원리는 하나의 사본(아니면 때로는 두 사본)에만 있는 단일한 원자 연합체 안에 구현되었음은 관찰된 사실이며, 또한 그 결과로 놀랍게 질서 정연한 사건들이 일어난다는 점도 관찰된 사실이기 때문이다.

작지만 고도로 조직화된 원자 무리가 이런 방식으로 행동한다는 점을 우리가 놀랍게 받아들이건 아니건, 또는 개연성이 매우 높다고 생각하건 아니건, 이런 상황은 전례 없으며 살아 있는 물질 아니고서는 어디에서도 볼 수 없다. 무생물을 연구하는 물리학자와 화학자들은 이런 식으로 해석할 수밖에 없는 현상을 이전에 결코 본 적이 없다. 그런 사례가 제시된 적이 없어서 우리의 멋진 통계 물리학도 이를 다루지 못한다. 물론 당연하게 우리는 통계 물리학을 자랑스럽게 생각한다. 그 덕분에 우리는 장막 뒤편을 볼 수 있고 그리하여 정밀한 물리 법칙의 장엄한 질서가 원자와 분자의 무질서에서 나온다는 것을 알게 됐다. 또한 가장 중요하고 가장 보편적인, 만물을 포괄하는 엔트로피 증가 법칙이 결국에 분자 무질서 자체이므로 임시방편의 특별한 가정 없이도 이해될 수 있음을 보여 주었다. 하지만 그런 우리 이론도 살아 있는 물질에 있는 고도로 조직화한 원자 무리의 행동 방식을 설명하지는 못한다. (84-85)

그리하여 원자와 분자의 행동을 다루는 확률과 통계의 물리학 이론도 이제껏 다뤄 본 적 없는, 유전자 분자가 보여 주는 매우 질서 정연한 행동에 대해 아무런 설명을 할 수 없다. 당연히 새로운 설명과 이론을 찾아야 한다. 하지만 그 새로운 이론은 어디에서 어떻게 찾을 수 있을까? 무엇보다 슈뢰딩거에게는 새로운 이론이 원자와 분자의 세계를 확률과 통계로 다루는 통계 물리학의 관점과 어떻게 충돌 없이 조화를 이룰 수 있을지가 매우 중요한 문제로 떠오른다.

또한 새로운 이론을 찾아 나설 때에 잊지 말아야 할 제일의 원칙은 생명의 능력을 초자연의 신비한 힘으로 설명하려 들지 말아야 한다는 점이다. "살아 있는 물질"의 새로운 법칙이 물리학을 초월할 수 없다는 것은 슈뢰딩거가 포기할 수 없는 굳건한 믿음이다.

생명을 설명하는 새로운 법칙은 물리학을 초월하지 않는다

슈뢰딩거는 생명의 질서를 설명하는 데에는 이전에 알려진 메커니즘과 다른 '새로운 메커니즘'이 존재하리라고 단언한다. 지금까지 '우리의 멋진 이론'으로 여겼던 확률과 통계의 물리학 메커니즘과도 아주 다른 새로운 메커니즘이 생명 분자의 질서를 설명할 수 있을 것이다.

생명이 전개되는 과정에서 나타나는 질서 정연함은 다른 원천에서 나온다. 질서 있는 사건을 만들어 내는 데에는 서로 다른 두 가지 '메커니즘'이 있는 듯하다. 하나는 '무질서에서 질서를'order-from-disorder 만드는 통계적 메커니즘이며 다른 하나는 '질서에서 질서를'order-from-order 만드는 새로운 메커니즘이다. (85)

"질서에서 질서를" 만들어 내는 메커니즘은 훨씬 단순하고 그 럴듯해 보인다. 있는 질서에서 새로운 질서가 만들어지니 말이 다. 오히려 눈에 보이지 않는 원자와 분자의 불규칙성을 찾아내 고, 거기에서 어렵게 규칙을 찾아내는 일이야말로 더욱 대단하게 보인다. 이 때문에 물리학자들이 자연에서 애써 찾아낸 "무질서 에서 질서를"이라는 원리의 성취에 매우 큰 자부심을 느끼는 것 도 당연하다고 슈뢰딩거는 말한다. 하지만 그렇더라도 통계 물리 학 이론이 질서에서 질서를 만들어 내는 메커니즘을 설명하지 못 한다는 점 또한 분명하다.

편견 없는 마음으로 볼 때 두 번째 원리[질서에서 질서를 만드는 메커니 즘]는 훨씬 단순하고 그럴듯해 보인다. 의심할 바 없이 그렇다. 바로 이런 점 때문에 물리학자들은 다른 메커니즘, 즉 '무질서에서 질서를' 의 원리를 찾아내고서 그토록 자랑스러워했던 것이다. 실제로 자연은 그 원리를 따르며, 그 원리만이 무엇보다 비가역성을 비롯해 자연계 사건들에 있는 거대한 경향을 이해할 수 있게 해 준다.
하지만 우리는 거기에서 도출된 '물리학 법칙들'이 살아 있는 물질의 거동을 곧바로 설명하는 데 충분하리라고 기대할 수는 없다. 살아 있는 물질의 가장 두드러진 특징이 '질서에서 질서를'의 원리에 폭넓게 기반을 두고 있음을 눈으로도 볼 수 있기 때문이다. 여러분은 서로 다른 두 가지 메커니즘이 같은 유형의 법칙을 불러낼 것이라고 기대하지는 않을 것이다. 여러분 집 열쇠로 이웃집 문도 열 수 있다고 생각하지 않듯이 말이다. (85-86)

알려진 물리 법칙들의 열쇠만으로 생물학의 "문"을 열 수 없는 상황에서 우리는 "살아 있는 물질 안에서 지배적인 새로운 유형의 물리 법칙"을 찾아 나설 준비가 되어 있어야 한다고 슈뢰딩거는 역설한다. 그것은 물리학을 넘어선 다른 곳에서 발견될까?

그러므로 우리는 평범한 물리 법칙으로 생명 현상을 해석하는 데 어려움을 겪는다고 해서 실망해서는 안 된다. 왜냐하면 살아 있는 물질의 구조에서 우리가 얻은 지식으로 생각해 볼 때 그런 문제는 충분히 예측되는 바이기 때문이다. 우리는 살아 있는 물질 안에서 지배적인 새로운 유형의 물리 법칙을 찾을 준비가 되어 있어야 한다. 혹시 우리는 그것을 물리학 바깥의 법칙, 아니 심지어 초超물리학의 법칙이라 불러야 할까? (86)

"아니다"라고 단호하게 말하는 슈뢰딩거는 새로운 원리가 현재 물리학과 아주 다른 외계적인 것이 아님을 강조한다. 이미 20세기 초반에 물리학은 양자 역학이라는 강력한 이론을 손에 넣지 않았던가? 슈뢰딩거 자신은 그 이론의 중요한 설립자이기도 하다.

> 아니다. 나는 그렇게 생각하지 않는다. 여기에서 얘기되는 새로운 원
> 리는 정말 물리적인 것이기 때문이다. 나는 그것이 양자 이론 외에 다
> 른 어떤 것일 수 없다고 생각한다. 이 점은 조금 길게 설명해야 하겠
> 다. 앞에서 제시한 주장, 즉 모든 물리 법칙은 통계학에 기초를 둔다는
> 주장을 일부 수정하고 다듬어서 얘기할 필요가 있다. (86)

슈뢰딩거는 책에서 여러 차례 물리학과 화학의 법칙들이 사
실상 모두 다 통계적인 법칙들이라고 말해 왔다. 그런데 고도의
질서를 유지하며 질서를 만들어 내는 생명 현상, 그러니까 물리
법칙이 다뤄 본 적 없는 질서에서 질서를 만들어 내는 원리를 설
명해야 하는 지금에 이르러서, 그는 이제 우리가 물리 법칙들에
대한 이해를 수정 보완할 필요가 있다고 말한다.

그의 수정 보완은 우리가 직접 경험하는 세계에서는 원자와
분자의 확률 통계가 아니라 기계적인 역학 법칙이야말로 어김없
이 작동한다는 점을 인정하는 데에서 출발한다.

> 내가 여러 번 얘기해 온 ['모든 물리 법칙은 사실상 통계적'이라는] 주장은
> 반박을 불러일으킬 수 있다. 왜냐면 그런 주장과는 다른 현상이 존재
> 하기 때문이다. 실제로 '질서에서 질서를' 만드는 원리에 직접 기반을
> 두는, 그래서 통계나 분자 무질서와 아무 관련이 없는 듯한 특징을 뚜

렷하게 보여 주는 현상들이 있다.

태양계의 질서, 행성 운동의 질서는 거의 무한정한 시간 동안 유지된다. 지금 순간의 별자리는 피라미드 시대 어느 순간의 별자리와 바로 연결되어 있다. 지금 별자리의 과거를 추적하면 그때의 별자리에 이르며, 그 반대도 마찬가지다. 과거 역사에 있었던 일식은 지금 계산할 수 있으며 실제로 그것이 역사 기록과 매우 일치한다는 게 밝혀졌고, 어떤 경우에는 공인된 사료의 기록을 수정하는 데 쓰이기도 한다. 이런 계산들은 어떤 통계도 다루지 않는다. 그것들은 그저 뉴턴의 보편 인력 법칙에 기반을 둘 뿐이다.

좋은 시계나 이와 비슷한 어떤 메커니즘의 규칙적 운동도 또한 통계학과는 아무런 관련이 없는 것처럼 보인다. 한마디로 말해, 전적으로 순수하게 역학적인 사건들은 '질서에서 질서를'의 원리를 뚜렷하게 그리고 곧바로 따르는 것으로 보인다. 그런데 여기에서 '역학적'이란 말은 넓은 의미로 이해되어야 한다.[2] 여러분도 알다시피, 매우 유용한 시계는 전원 장치에서 규칙적으로 전해지는 전기 펄스에 기반을 두고 있다. (86-87)

---

2 역학은 외부의 힘과 물체의 정지, 운동 상태를 설명하고 예측하는 물리학의 분야이다. 역학은 매우 큰 분야인데, 거기에는 뉴턴 고전 역학과 더불어 19세기 이래 발전해 온 전자기학, 열역학, 양자 역학 등이 포함된다. '역학적'이라고 번역된 원어인 "mechanical"은 다른 의미로 '기계적'이라고 번역되기도 한다. 그러므로 mechanical은 물체의 상태를 어김없는 법칙과 원리로 해석하고 예측 가능함을 뜻한다고 이해할 수 있다. 마지막 문장에서 슈뢰딩거는 자신이 쓴 '역학'이라는 말이 전자기학까지 포함하는 넓은 의미를 담고 있다고 밝힌다.

지금까지 슈뢰딩거는 모든 물리 법칙도 따지고 보면 무수한 원자 운동의 확률 통계로 설명된다고 말해 왔는데, 여기에서 이런 이해는 일부 수정된다. 질서를 바탕으로 질서를 생성하는, 그렇기에 현재의 질서를 바탕으로 과거나 미래의 질서를 예측할 수 있는 "전적으로 순수하게 역학적인 사건들"에 대해서는 통계적 법칙이 아니더라도 역학적 법칙으로 충분히 설명된다는 것이다.

원자나 분자의 세계에 불규칙성이 작동하더라도 그 작은 세계에도 어김없이 작동하는 기계적인 역학 법칙이 있으리라는 슈뢰딩거의 생각은 사실 오래전부터 몇몇 물리학자들이 논의해 온 문제였다. 역학적 법칙과 통계적 법칙을 어떻게 통일적으로 인식해야 하는지의 문제는 양자 역학의 역사에서 늘 앞자리에 등장하는 독일 물리학자 막스 플랑크도 진지하게 다룬 주제 중 하나였다.

막스 플랑크는 '동역학적 법칙과 통계학적 법칙'을 주제로 흥미로운 글 한 편을 쓴 적이 있다. 여기에서 동역학적 법칙과 통계학적 법칙의 구분은 바로 우리가 이 책에서 '질서에서 질서를' 원리와 '무질서에서 질서를' 원리를 나눈 것과 정확히 같다. 플랑크의 논문은 거시 규모의 사건을 지배하는 통계학적 법칙들이 원자나 분자의 상호 작용 같은 미시 사건을 지배할 것으로 여겨지는 동역학적 법칙들을 통해서 어떻게 구성되는지를 보여 주고자 했다. 동역학적 법칙의 예시는 행성 운동이나 시계 운동 같은 거시 규모의 역학적 현상에서 볼 수 있다.

이렇게 보면 생명을 이해하는 데 필요한 실제적인 단서로서 우리가 아주 진지하게 지목했던 '새로운 원리', 즉 질서에서 질서를 만드는 원리는 물리학에서 결코 '새로운' 게 아닐 것이다. 심지어 플랑크는 그 원리를 우선시하는 태도를 보였다. 이제 우리는 생명 이해의 단서가 플랑크 논문이 말하는 '시계 작동' 같은 순수한 역학에 바탕을 둔다는 점에 있다는 어찌 보면 우스꽝스러운 결론에 이른 것 같다. 그러나 이런 결론은 우스꽝스럽지 않으며, 나는 완전히 틀린 것도 아니라고 생각한다. 그렇더라도 이런 결론에는 신중해야 하고 '액면 그대로' 받아들이지는 말아야 하겠다. (87)

슈뢰딩거는 질서에서 질서를 만들어 내는 유전자 분자를 이해하는 데에 "순수한 역학"의 접근이 필요할 수 있다는 자신의 견해가 언뜻 엉뚱하게 보이겠지만, 그것이 누구나 존경하는 물리학 거장 플랑크조차 진지하게 고민했던 주제임을 힘주어 강조했다.

플랑크의 고민은 슈뢰딩거의 고민으로 이어진다. 플랑크가 원자와 분자를 하나하나 다룰 수 있다면 거기에서도 행성 운동이나 시계 작동처럼 기계적으로 어김없이 지켜지고, 그래서 과거와 미래 상태를 예측하게 하는 역학 법칙을 찾을 수 있으리라고 기대했듯이, 슈뢰딩거는 질서에서 질서를 만들어 내는 유전자 분자에서 그 원리를 작동하는 역학적 물리 법칙을 찾을 수 있으리라고 기대한다.

이렇게 보면 역학적 법칙과 통계적 법칙은 거시 세계를 다루느냐, 미시 세계를 다루느냐에 따라 나뉘는 게 아니다. 슈뢰딩거의 생각을 따르면, 그것들은 질서에서 질서를 만들어 내는 원리를 다루는 법칙이냐, 무질서에서 질서를 다루는 법칙이냐로 구분될 뿐이다. 그래서 슈뢰딩거의 논의를 요약하면 다음과 같이 단순하게 표현할 수 있다.

'질서에서 질서를' 만들어 내는 원리 = 역학적 법칙

'무질서에서 질서를' 만들어 내는 원리 = 통계학적 법칙

앞에서 슈뢰딩거는 "여러분 집 열쇠로 이웃집 문도 열 수 있다고 생각하지" 말라고 했는데, 그 말을 다시 풀어 보면 통계 물리학(여러분 집 열쇠)으로 '질서에서 질서를'의 메커니즘(이웃집 문)을 열 수 있다고 생각하지 말라는 뜻으로 읽힌다. '질서에서 질서를' 원리로 들어가는 문의 열쇠(역학적 법칙)와 '무질서에서 질서를' 원리로 들어가는 문의 열쇠(통계학적 법칙)는 같을 수 없다.

이 대목에서 우리는 양자 역학의 역사에서 널리 알려진 불확정성 논쟁에 주역으로 뛰어든 슈뢰딩거의 모습을 겹쳐 떠올릴 수 있다. 그는 전자의 위치와 전자의 속도를 동시에 결정할 수 없다는 하이젠베르크 양자 역학의 '불확정성 원리'에 강한 반감을 드러냈던 물리학자 중 한 명이었다. 그는 양자 세계에서도 결국에는 결정론적인 물리 법칙, 즉 역학적 법칙이 불확정성 원리를 대체할 것이라는 믿음을 버리지 않았다. 슈뢰딩거의 이러한 굳은 믿음은 놀랍게도 '질서에서 질서를' 원리를 보여 주는 유전자 분자에서 새로운 역학적 법칙이 발견되리라는 기대로 이어져 『생명이란 무엇인가』에 담겼을 것이다.

하지만 슈뢰딩거는 이런 결론을 책에서 단정적으로 제시하지는 않았다. 그는 유기체와 유전자 분자에서 발견해야 하는 "새로운 원리"를 두고서 "생명을 이해하는 데 필요한 실제적인 단서"라고 표현했는데 보편 법칙이나 확실한 증거가 아니라 단서라는 말을 쓴 점은 자신이 지금 생명의 새로운 원리를 찾아낸 발견자가 아니라 그 탐구 작업의 필요성과 중요성을 말하는 제안자일 뿐임을 말해 준다.

질서에서 질서를 만들어 내는 원리를 역학적 법칙의 관점을 통해 접근해야 한다는 말은 구체적으로 어떤 뜻일까? 슈뢰딩거는 이어서 시계 장치의 비유를 아주 자세하게 설명한다. 시계 장치의 작동을 해석하는 역학적 관점은 생명의 새로운 메커니즘이나 원리를 이해할 때 필요한 실용적인 관점으로 제안됐다.

어김없는 시계의 작동에 비유되는 유전자의 작동

「에필로그」를 빼면 사실상 마지막 장인 7장의 피날레는 시계 장치의 물리학 이야기로 장식되었다. 여기에서 시계 장치는 유전자의 비유물로서 다뤄진다. 슈뢰딩거는 왜 시계 장치를 유전자의 비유물로 선택했을까?

시계 비유가 우연히 선택되지 않았을 것임은 틀림없다. 무엇보다 시계 장치는 질서에서 질서를 창출하는 원리를 보여 주는 데 부족함이 없는 비유물이다. 시계는 늘 어김없이 정확하게 정해진 원리를 따라 작동하면서 시간의 질서를 지킨다. 과거와 미래를 정확히 예측할 수 있는 기계 장치이다. 이런 점에서 시계는 안정적이며 기계적이고 또한 결정론적이다. 시계의 예시와 상징적 이미지를 통해서 슈뢰딩거는 생명의 비밀을 간직한 유전자가 바로 그런 생명 시계의 톱니바퀴 같은 역할을 하고 있음을 강조하려는 것은 아닐까?

시계 장치는 정교한 톱니바퀴로 구성되며, 그런 톱니바퀴들의 정교한 구성 덕분에 질서 있게 작동한다. 시계 장치를 구동하는 스프링 태엽은 시계의 질서를 유지하고 지속하는 동력이 된다. 슈뢰딩거가 앞 장들에서 누누이 강조한 유전자 분자의 탁월한 물질 구조, 그리고 외부에서 들어오는 음의 엔트로피는 유전자의 질서를 유지하는 데 핵심 요소인데, 시계 장치의 톱니바퀴와 스프링 태엽은 그것들을 상징하는 요소로 그려진다.

하지만 슈뢰딩거는 비유는 비유일 뿐임을 강조했다. 시계 장치 예시를 살펴보기에 앞서서 그는 "'액면 그대로' 받아들이지" 않기를 당부하며, 설명을 다 마친 뒤에는 자신이 여러 차례 주장한 물리학적 견해들은 다 빼 버리고 시계와 유전자 비유만을 떼어 내어 비난하지 말아 달라고 요청한다.

시계 장치를 역학적 법칙과 통계적인 법칙의 관점에서 "정확하게 따져 분석"하는 그의 이야기를 찬찬히 들어 보자.

현실의 시계 운동을 정확하게 따져 분석해 보자. 현실 시계는 결코 순수한 역학적 현상이 아니다. 순전히 역학으로만 작동하는 시계라면 스프링 태엽 감기도 필요 없다. 일단 한번 운동을 시작하면 그 운동은 영원히 계속된다. [하지만] 현실의 시계는 스프링이 없다면 몇 차례 추 운동을 하고서는 멈춘다. 그때 역학 에너지는 열로 바뀐다. 이는 극히 복잡한 원자 수준의 과정이다.

그런데 물리학자들이 다루는 일반 모형을 따른다면, 반대 방향의 과정도 완전히 불가능하지는 않다는 점을 인정해야 한다. 즉 시계 톱니바퀴와 주변 환경의 열에너지가 작용해 스프링 없는 시계라도 갑자기 운동을 시작할 가능성이 있으니까. 물리학자는 이런 경우에 이렇게 말할 것이다. '이 시계에 [무작위 운동인] 브라운 운동의 강렬한 들어맞음이 예외적으로 일어난 것이다'라고 말이다. 우리는 2장에서 매우 민감하게 반응하는 뒤틀림 저울(전위계 또는 검류계)에서 그런 일이 늘 일어남을 살펴본 바 있다. 당연히 시계에서 그런 일이 일어날 가능성은 극도로 희박하다. (88)

현실의 시계가 실제로 통계 열역학 법칙을 무시하고서 순수하게 역학 법칙만을 따라 운동하는 것은 결코 아니다. 스프링 없는 시계의 추를 움직여도 마찰이 작용할 것이고 운동 에너지는 열로 소모되어 시계는 '어김없이' 정지한다. 원자의 열운동을 다루는 통계 물리학으로 엄밀하게 따져 보면 이론적으로는 멈춘 시계가 다시 작동할 확률이 절대적인 0인 것도 아니다. 극도로 낮은 확률로 시계 톱니바퀴와 주변 환경에서 일어나는 무작위 열운동이 우연히 들어맞은 덕분에 멈춘 시계가 갑자기 작동하는 일이 절대적으로 불가능하다고 말할 수는 없다.

하지만 거시 규모에서 우리는 스프링 태엽 없이 멈춘 시계가 갑자기 다시 작동하는 그런 기적을 상상할 수 없다. 원자들의 무작위 열운동을 생각하지 않고서도 우리는 시계의 상태를 충분히 예측하고 설명할 수 있다.

스프링 태엽 없이 멈춘 시계의 예를 살펴본 데 이어서, 슈뢰딩거는 스프링 태엽을 갖춘 시계의 운동에 관해서도 마찬가지로 사고 실험을 계속한다. 작동하는 시계에서 스프링 태엽은 아주 약한 힘일지라도 원자들의 미미한 열운동을 넘어서서 질서 있는 시계 운동을 지속한다. 마찬가지로 통계 열역학에서는 아주 낮은 확률이지만 이론적으로야 가능한 기적적인 사건이 시계의 기계적 작동에서는 일어나지 않는다.

> 시계의 운동을 (막스 플랑크의 표현을 써서 말한다면) 동역학적 유형의 법칙을 따르는 사건으로 볼지, 통계적 유형의 법칙을 따르는 사건으로 볼지는 우리 태도에 달려 있다. 먼저 그것을 동역학적 현상이라 부를 때, 우리는 꽤 약한 스프링이 열운동의 미미한 요동을 이겨 내고서 유지하는 시계의 규칙적 작동에 관심을 맞춘다. 그럼으로써 우리는 열운동이 일으키는 미미한 요동은 무시할 것이다. 그러나 스프링 없는 시계는 마찰로 인해 점점 느려진다는 점을 생각한다면, 그 과정이 통계적인 현상으로서 이해될 수밖에 없음을 알게 된다.
>
> 실제적인 관점에서 볼 때 시계에서 마찰과 열운동의 효과가 아무리 미

미할지라도, 이를 무시하지 않는 두 번째 태도가 의심할 바 없이 더욱 근본적인 태도이다. 심지어 스프링에 의해 작동하는 시계의 규칙적 운동을 마주할 때도 마찬가지다. 왜냐면 실제로 구동 장치가 그 과정의 통계적 성격 없이 돌아가는 건 아니기 때문이다. 또한 진정한 물리학의 설명 모형이라면, 규칙적으로 돌아가는 시계도 주변 환경의 열이 작용해 갑자기 거꾸로 돌아가거나 스프링 태엽을 되감게 되는 일이 발생할 가능성조차 완전히 배제할 수는 없다. 물론 이런 사건이 일어날 가능성은 구동 장치 없는 시계에서 '브라운 운동의 들어맞음'이 우연히 일어날 [극히 작은] 가능성보다 아주 약간 더 작을 것이다. (88-89)

구동 장치를 갖추고서 작동하는 태엽 시계의 예시는 질서를 바탕으로 새로운 질서를 만들어 내는, '질서에서 질서를'의 메커니즘을 보여 준다. 꽤 약한 스프링은 원자 열운동을 이겨 내고서 시계의 규칙적 작동을 유지하는데, '구동 장치'를 갖추고서 작동 중인 시계에서 역학적 법칙이 통계적 법칙을 극복하고 넘어서서 지배적으로 작용한다. 역학적 법칙이 '질서'를 유지한다.

하지만 슈뢰딩거는 자신의 비유가 오해를 부를 수 있음을 의식하면서 신중한 태도를 견지했다. 이론적으로 따진다면, 어쨌거나 거시 규모에서 일어나는 시계의 정지와 운동도 원자 수준의 열운동으로 이해하는 게 물리학에서 훨씬 근본적인 태도인 점을 잊어서는 안 된다. 그는 시계의 예시가 이런 점을 부정하는 게 아님을 재차 밝히면서, 또한 "그럼에도 불구하고" 물리학자들에게는 질서에서 질서를 만들어 내는 유기체의 놀라운 특징이 진기하고도 전례 없는 탐구 주제가 된다는 점을 강조했다.

상황을 다시 돌아보자. 우리가 분석한 '단순한' 사례는 다른 많은 예를 대표해서 보여 준다. 아니 실은 분자 통계학의 포괄적 원리에서 벗어나는 듯한 그런 모든 것까지 대표해 보여 준다. (머릿속으로 생각하는 바와 아주 다르게) 현실의 물질 재료로 제작된 시계 장치는 [물리학에서 사고 실험의 대상으로 다루는] 진정한 시계 장치가 아니다. [현실의 시계에서] 우연의 요소는 어느 정도 줄어들고 시계가 갑자기 오작동할 가능성은 미미할 것이다. 물론 그렇더라도 그런 가능성은 그 이면에 언제나 존재할 것이다. 심지어 천체의 운동에서도 비가역적인 마찰과 열의 영향이 없지는 않다. 그래서 지구의 자전 운동은 조수의 마찰로 서서히 감소하고, 이런 감소에 따라 달은 조금씩 지구에서 멀어진다. 지구가 완전하게 단단한 회전 구체라면 달에 이런 일이 일어나지는 않을 것이다.

그럼에도 불구하고 '물리적 시계 장치'가 '질서에서 질서를' 만들어 내는 특징을 아주 뚜렷하게 우리 눈앞에 보여 준다는 점 또한 여전히 사실이다. 물리학자가 유기체에서 그런 특징과 마주쳤을 때, 그것은 물리학자를 흥분시킬 만했다. 결국에 두 경우는 무언가를 공통으로 지니는 것으로 보인다. 그것이 무엇인지, 그리고 유기체를 결국 진기하고 전례 없는 존재로 만들어 주는 놀라운 차이가 무엇인지는 계속 탐구 주제로 남아 있다. (89)

다음은 사실상 마지막 장의 마지막 절이다. 슈뢰딩거는 기계적 질서를 보여 주는 시계의 예시가 유기체의 생명 질서와 어떤 관련이 있는지를 여기에서 최종적으로 정리했다. 유기체 생명을 시계라는 기계 장치에 비유한다는 비난을 무릅쓰고서 그가 말하고자 했던 바는 결국 무엇일까?

이런 얘기[시계 장치의 예시]가 대수롭지 않게 보일 수 있지만, 나는 이 것이 핵심을 짚는다고 생각한다. 시계 장치가 '동역학적으로' 작동할 수 있는 이유는, 그것이 고체로 이뤄져 있고 상온에서 열운동의 무질 서 경향성을 벗어날 만큼 강한 하이틀러-런던 힘 덕분에 자기 형상을 유지할 수 있기 때문이다.

이제 시계 장치와 유기체의 유사성을 드러내는 몇 마디를 보태야 하 겠다. 그것은 다름 아니라 유기체도 어떤 고체에 의해 좌우된다는 점 이다. 여기에서 유기체의 고체는 열운동의 무질서에서 대체로 벗어나 있으면서 유전의 실체를 형성하는 비주기적인 결정을 말한다. 그렇지 만 내가 염색체 섬유를 그저 '유기적 기계의 톱니바퀴들' 정도로 부르 는 게 아니냐고 나를 비난하지 말기를 부탁드린다. 적어도 그 유사성 의 기초인 깊은 물리 이론들을 얘기하지 않으면서 비난하지는 말아 주길 바란다.

왜냐하면 사실 [시계와 유기체] 둘 간의 기본 차이를 거론하고, 생물학 에서 쓰는 진기하고도 새로운 형용 표현들을 그냥 당당히 쓰는 편이 수사학으로 치면 오히려 훨씬 손쉬웠을 것이기 때문이다. (91)

시계 장치가 원자들의 무작위 열운동을 이겨 내고 사실상 순수한 역학 운동을 지속하는 비결은 고체 상태를 유지하는 힘, 더 자세히 말하면 고체의 견고함을 지켜 주는 양자 역학의 힘(하이틀러-런던 힘)에 있다는 얘기다. 마찬가지로 유전자 분자가 원자 열운동에 굴복하지 않으면서 시계 장치의 역학적 운동처럼 안정적으로 질서를 유지하며 새로운 질서를 만들어 내는 능력은 그것이 고체이면서 유전 정보를 담는 '비주기적 결정'이기 때문이라고 요약된다.

앞 장에서 다룬 엔트로피 문제까지 종합해서 슈뢰딩거가 제시하는 생명 분자 모형을 다시 정리해 보자. 생명의 질서는 유전 물질 분자에 담겨 있는데 거기에서는 열역학의 작동보다 역학적 질서가 작동한다. 앞 장에서 살펴보았듯이 그것은 절대 온도 0도에 놓인 물질 상태에 비유되며, 또한 이 장에서 살펴보았듯이 사실상 역학적인 질서를 따르는 시계 장치에 비유될 만하다. 그의 물음을 달리 작성해서 '어떻게 살아 있는 유기체만은 예외적으로 열역학 제2법칙(엔트로피 증가 법칙)을 피해 갈 수 있을까'로 던질 수도 있다. 그가 이 책에서 제시하는 답은 유전자 분자와 음의 엔트로피 덕분이라고 정리할 수 있다.

첫 번째는 독특한 물질 구조를 지닌 유전자 덕분이다. 유전 물질은 마치 고체나 결정에 비유될 정도로 안정적인 물질 구조를 이룬 분자로 세포핵에 담겨 있다. 그래서 쉽게 돌연변이를 일으키지 않으며 항구적인 안정성을 지닐 수 있다. 더욱이 그 분자의 물질 구조는 상대적으로 적은 수의 원자들로 수많은 정보를 담는 유전 암호 체계를 이루고 있으며 정확히 복제되어 후세대에 전달된다. 두 번째는 음의 엔트로피 덕분이다. 엔트로피 증가 법칙은 우주 만물을 지배하지만 생명 유기체만은 엔트로피 증가 법칙을 거스를 만한 음의 엔트로피를 주변 환경에서 자기 몸으로 끌어들임으로써 자신의 생명 질서를 계속 유지할 수 있다.

슈뢰딩거의 생명 모형은 유기체의 세계가 물리학, 특히 양자 역학에 의지해 충분히 설명될 수 있음을 보여 준다. 물론 슈뢰딩거는 생명 현상의 놀라운 특징이 명확하게 밝혀지지 않았음을 인식하면서, 그런 수수께끼가 미래의 물리학과 화학 영역에서 새로운 법칙으로 밝혀지리라는 기대를 잊지 않는다.

슈뢰딩거가 생명에서 본 "가장 놀라운 특징"은 무엇일까? 그는 마지막으로 다음과 같이 짧게 정리한다. 그에게 생명의 유전자 분자는 "신의 양자 역학을 좇아 성취한 가장 정교한 걸작"이다.

가장 놀라운 특징은 다음과 같다. 첫째, 여러 세포로 이뤄진 유기체에서 볼 수 있는 톱니바퀴들의 기묘한 분포이다.[3] 이에 관해서 나는 앞에서 다소 시적인 표현으로 얘기한 바 있다. 두 번째는 단일한 톱니바퀴가 조악한 인간 솜씨로 만들 수 없는, 신의 양자 역학을 좇아 성취

---

3 톱니바퀴는 염색체, 또는 유전 물질, 유전자를 가리킨다. 슈뢰딩거는 유기체를 이루는 수많은 세포가 모두 다 똑같은 유전 물질을 지니고 있다는 점이 놀랍다고 말한다.

한 가장 정교한 걸작이라는 점이다. (91)

흐릿하고 신비하던 유전 물질은 책의 마지막에 이르러 유전 암호 정보를 정교하게 기록한 안정적인 분자이자 물리 화학적 실체로서 모습을 드러냈다. 새로운 발견에 도전하려는 물리학자와 화학자는 유전하는 분자 물질에 관심을 가질 만한 충분한 이유를 여기에서 발견한다. 이렇게 『생명이란 무엇인가』는 생물학자뿐 아니라 물리학자, 화학자도 함께 참여하는 융합적인 분자 생물학이 막 태동하던 시대의 분위기를 보여 주는 고전이 되었다.

모든 논의가 마무리됐지만 슈뢰딩거의 마음 깊은 곳에는 문제 하나가 더 남아 있다. 그의 생명 모형에 따르면 생명은 사실상 정교한 역학적 법칙을 따라 질서에서 질서를 만들어 내는 기계적인 장치와도 비슷하다. 그렇다면 생명은 기계적인 결정론을 따를 뿐이라는 말인가? 자유 의지의 문제는 어떻게 설명할 것인가? 슈뢰딩거는 한층 더 어려운 정신과 물질의 문제를 짧은 「에필로그」에서 다룬다.

9

결정론과
자유 의지
사이에서

지금까지 나는 [생명이란 무엇인가라는] 우리 문제를 두고서 순수하게 과학적인 측면을 아무런 편견 없이 보여 주고자 진지하게 노력했다. 이제는 그 보상으로 그런 논의의 철학적 의미에 관한 나 자신의 견해를 여기에 보태고자 한다. 물론 주관적 견해일 수밖에 없다. (92)

이렇게 시작하는 「에필로그」는 "결정론과 자유 의지에 관하여"라는 제목을 달고서 책 앞쪽의 주제나 분위기와 사뭇 다른 슈뢰딩거 특유의 철학을 전한다. 제목이 말해 주듯이 인과적, 통계적 법칙이 세계에 필연적으로 작동하는 결정론을 우리의 자유 의지와 어떻게 종합해 이해할 수 있느냐의 문제, 즉 나와 세계의 관계, 또는 정신과 물질의 관계는 어떠한가의 문제를 주제로 다룬다.

슈뢰딩거는 이 원고를 책에 싣지 않는 게 좋겠다는 권고를 지인들에게 받았다고 알려져 있다. 그만큼 과학 도서의 독자들에게는 낯선 이야기처럼 들릴 수 있다. 그도 그럴 것이 슈뢰딩거는 우리에게 익숙한 과학자의 면모와는 달리 물질과 정신, 주체와 객체의 오래된 이분법을 비판하면서 또한 고대 인도 철학에 바탕을 두고서 정신과 물질세계는 본디 하나임을 역설하고 있기 때문이다. 지인들의 만류를 무릅쓰고 그가 "주관적 견해"라고 밝히며 「에필로그」를 굳이 실은 이유는 아마도 그 내용이 꼭 말하고 싶었던 그의 오랜 철학적 주제였기 때문일 것이다.

「에필로그」는 슈뢰딩거의 독특한 철학인 일원론monism을 보여 준다. 젊은 시절부터 고대 인도 철학 경전인 『우파니샤드』의 영향을 많이 받은 그는 나와 세계가 본디 하나이며, 정신과 물질세계도 또한 하나라는 '통일'의 철학을 이야기한다. 이제 본격적으로 읽어 보자.

나는 자연법칙을 따라 작동한다, 하지만

바로 앞의 마지막 장에서 그는 질서를 바탕으로 질서를 생성하고 유지하는 유기체를 시계 장치에 비유해 이야기했다. 여러모로 볼 때 그는 생명 유기체를 역학적 물리 법직에 따라 작동하는 시계 장치처럼 상상하는 게 틀림없다. 시계의 톱니바퀴처럼 정교하고 안정적인 유전자 분자의 놀라운 능력 덕분에 유기체는 환경에서 음의 엔트로피를 빨아들이며 살아 있음의 질서를 유지한다고 보았다. 슈뢰딩거가 그리는 유기체의 생명 유지 모형은 마치 기계 장치를 닮았으며, 따라서 생명을 결정론적 관점에서 바라본다는 비판을 피하기는 어려울 것이다.

그런데 생명 유기체가 기계 장치와 같다면, 그래서 모든 질서의 과거, 현재, 미래가 결정되어 있다면 우리가 누구나 분명하게 느끼는 '나'의 자유 의지는 어떻게 설명할 수 있다는 말인가? 책의 마지막 장까지 마치고도 이 물음이 남아 있었다. 이는 슈뢰딩거의 오랜 화두이기도 했다.

그는 유기체를 시계 장치에 비유한 앞 장 내용을 다시 불러내면서 자신의 관점이 결정론이라고 말할 수야 없지만 "통계-결정론"에 가깝다고 스스로 밝힌다. 살아 있는 유기체에서 일어나는 사건들이 통계-결정론적이라는 말인데, 슈뢰딩거가 해 온 설명을 바탕으로 그 뜻을 풀이해 보자. 아마도 그 말뜻은 유기체에서도 당연히 확률 통계로 이해되는 원자와 분자의 무작위 열운동이 일어나지만, 그보다 더 지배적인 원리는 사실상 순수한 역학적 법칙이며 그 덕분에 생명의 질서가 유지된다고 보는 관점을 가리킬 것이다.

이 책 앞에서 제시한 증거를 따르면, 마음의 움직임에 상응해서, 자아를 의식하건 아니건 어떤 행위에 상응해서 살아 있는 존재의 몸에서 일어나는 시공간의 사건들은 (또한 물리 화학의 복잡한 구조와 널리 받아들여지는 통계학적 설명도 함께 고려하면) 엄밀하게 결정론적이라고 말할 수야 없더라도 어쨌거나 통계-결정론적이라고는 말할 수 있다. 물리학자에게는 이렇게 강조하고 싶다. 나의 견해로는, 일부에서 지지를 받는 '양자 불확정성'은 세포 감수 분열이나 자연 돌연변이 또는 엑스선 유발 돌연변이 같은 사건에서 순수한 우연성을 증가시키는 것(이는 어쨌든 자명하며 충분히 인정받는다) 외에 생물학적인 사건들에서 의미 있는 역할을 하지 못한다.

논의 전개를 위해, 나는 살아 있는 존재에서 일어나는 시공간 사건들이 통계-결정론적임을 사실로 간주하고자 한다. 편견 없는 생물학자라면 누구나 그렇게 생각하리라 믿는다. 하지만 '우리 자신이 순수 기계 장치'라고 선언하는 데에는 충분히 불편한 감정을 지닐 수 있다. 그런 선언이 우리가 내면을 돌아볼 때 곧바로 확인할 수 있는 '자유 의지'에 모순되는 것으로 여겨지기 때문이다. (92)

엄밀하게 결정론이라고 말할 수는 없다지만 슈뢰딩거의 관점은 사실상 결정론에 가까워 보인다. 그래서 유기체를 기계 장치에 견주는 비유도 나올 수 있었다. 더 나아가 그는 양자 이론에서 널리 알려진 '양자 불확정성'이 생물학적 사건들에서 의미 있는 역할을 하지는 못한다고 평가했다.

여기에서 슈뢰딩거가 불확정성 원리를 일부러 불러들인 배경을 좀 더 살펴보자. 앞 장에서도 잠시 얘기했듯이 슈뢰딩거는 20세기 물리학 역사에서 빠지지 않고 등장하는 양자 불확정성 논쟁의 주역이었다. 슈뢰딩거와 더불어 양자 역학의 기초를 다진 독일의 베르너 하이젠베르크는 1927년 양자 불확정성의 원리를 발표했다. 그 원리의 의미는 이러했다. 양자의 세계에서 전자 같은 입자를 관측할 때, 관측이라는 행위 자체가 영향을 끼치므로 입자의 위치와 입자의 운동량을 동시에 정확히 측정하는 것은 원리적으로 불가능하다. 위치를 정확히 측정하려다 보면 운동량의 불확정도가 커지고, 반대로 운동량을 정확히 측정하려다 보면 위치의 불확정도가 커진다. 양자 세계에서 일어나는 일이다.

원자와 그 이하 입자들의 양자 세계에서 일어나는 이런 독특한 현상은 더 나아가 양자 이론의 원리로 받아들여지는 또 다른 해석으로 나아갔다. 즉, 측정이 이뤄지기 전에 원자 계의 상태는 결정되지 않으며 다만 어떤 확률 값만을 지닐 뿐이라는 확률론적이며 불확정적인 해석('코펜하겐 해석'이라 불린다)이 제시됐다. 당시 양자 물리학계는 코펜하겐 해석을 지지하는 닐스 보어, 하이젠베르크 등과 이를 반박하는 알베르트 아인슈타인과 슈뢰딩거 등이 맞서면서 큰 논란에 휩싸였다. 슈뢰딩거가 『생명이란 무엇인가』에서 살아 있는 생물의 미시적 사건에 불확정성의 원리가 별 힘을 발휘하지 않는다고 일부러 강조한 대목은 이런 불확정성 원리 논란을 떠올리게 한다.

아무튼 슈뢰딩거는 우연과 확률이 지배적이지 않은, 그래서 사실상 결정론에 가까운 통계-결정론으로서 '유기체는 기계 장치와 같다'는 모형을 제시했다. 그가 스스로 인정하듯이, 이런 비유는 사람들의 마음을 몹시 불편하게 할 뿐 아니라 자유 의지를 생각할 때 명백한 모순처럼 보인다. 통계-결정론을 받아들인다면 대체 우리의 자유 의지는 어디에서 찾을 수 있다는 말인가?

하지만 그는 결정론과 자유 의지가 결코 모순 관계가 아니라고 거듭 강조한다.

그러나 즉각적 경험이 사람마다 아무리 다양하고 다를지언정 서로 모순될 수는 없다고 보는 게 논리적이다. 그러면 다음의 두 가지 전제에서 모순 없는 올바른 결론이 도출될 수 있는지를 살펴보자.

(i) 나의 몸은 자연법칙을 따르는 순수 기계 장치처럼 작동한다.

(ii) 그러나 즉각적 경험을 통해서 내가 내 몸의 동작을 지휘하고 있음을 논란의 여지 없이 나는 안다. 나는 내 몸의 동작이 치명적이고 정말 중대한 영향을 일으킬 수도 있음을 예견하고 그럴 경우의 책임을 충분히 생각하고 받아들인다.

내 생각에, 이런 두 가지 사실에서 얻을 수 있는 유일한 추론은, 나는 어쨌거나 자연법칙을 따르는 원자들의 운동을 통제하는 개별자라는 것이다. 여기에서 나는, '나'를 말하고 지각하는 모든 의식적 정신, 즉 가장 넓은 의미의 나를 가리킨다. (92-93)

내 몸이 자연법칙을 따르는 순수 역학적 기계 장치와 같음을 인정하더라도, 다른 한편에서는 나를 말하고 지각하며 또한 예견하고 책임지는 내가 존재한다는 것은 논란의 여지 없이 분명한 사실이다. 이런 추론은 17세기 철학자인 데카르트René Descartes,

1596-1650의 사유 방식을 떠올리게 한다. 데카르트는 모든 것이 다 감각의 착각일지 모른다고 의심하더라도 '생각하는 나'의 존재만큼은 의심할 나위 없이 명확하고 확실하다고 선언하고 그것을 출발점으로 삼아 철학의 사유를 전개하며 확장했다.

하지만 슈뢰딩거와 데카르트는 다르다. 데카르트의 사상은 몸과 마음을 별개로 구분하여 두 실체로 바라보는 이른바 심신이원론心身二元論이지만, 이어지는 글에서 곧 보겠으나 슈뢰딩거는 본래 몸과 마음은 하나, 더 나아가 정신과 물질은 하나, 그리고 나와 세계는 하나라는 일원론에 서 있다.

일단 슈뢰딩거의 추론을 따라가며 나를 "자연법칙을 따르는 원자들의 운동을 통제하는 개별자"라고 말할 수 있다고 생각해 보자. 그렇더라도 풀어야 할 문제는 또 생긴다. '나'는 수많은 사람의 수만큼이나 많다. 그렇다면 내가 인식하는 나의 세계는 네가 인식하는 너의 세계와 동일하다는 것을 어떻게 보증할 수 있을까? 이에 대한 답을 슈뢰딩거는 일원론에서 찾는다. 그는 사람마다 의식에 담긴 내용은 다르고 그래서 의식 자체가 달라 보이지만 궁극적으로 따지면 의식은 여럿이 아니며 본질적으로 하나라고 말한다.

정신과 물질의 관계를 어떻게 볼지의 문제와 관련해 슈뢰딩거의 철학은 서양의 전통적 관념 체계와 크게 다르며 또한 현재 과학의 세계관과도 다른 면모를 보여 준다. 슈뢰딩거의 철학은 서양의 전통 관념 체계를 비판하는 쪽에 서 있다고 평할 수 있다.

그는 서구 문화에 새로운 통찰이 필요하며 이를 위해 동양 사상에서 일종의 '수혈'을 받아야 한다고 역설해 왔다.

'나'는 자연법칙을 따르는 몸을 지휘하는 개별자라고 잠정적으로 정의한 다음에 이어지는 글에서 슈뢰딩거는 그 동양 사상의 핵심을 간략히 소개한다. 그것은 고대 인도 힌두교 철학의 성전인 『우파니샤드』에 담긴 이야기이다.

슈뢰딩거는 당시 첨단 과학인 양자 역학에서 큰 성취를 내어 노벨 물리학상을 수상한 천재적인 과학자였지만 이런 인상과 달리 젊은 시절부터 신비적인 고대 인도 철학, 특히 『우파니샤드』 사상에 심취해 있었다. 『우파니샤드』는 사실 서구에서 아주 낯설지는 않았다. 쇼펜하우어는 『우파니샤드』에 심취한 철학자로 잘 알려져 있으며, 닐스 보어를 비롯해 당대 저명한 물리학자 몇몇도 『우파니샤드』 철학에 관심을 보였다는 이야기가 전해진다. 이렇게 보면 「에필로그」는 『우파니샤드』 철학과 과학적 세계관을 통합해 물질과 정신의 관계를 어떻게 이해하느냐의 문제, 즉 슈뢰딩거가 젊은 시절부터 붙들고 있던 철학적 사유를 다룬다고 말할 수 있다.

슈뢰딩거의 글을 읽기 전에 고대 힌두교 철학의 기본 사상을 핵심만 간추려 빠르게 살펴보자. 힌두 철학에서 세상은 궁극적으로 하나이다. 그런 우주적인 원리, 근본적인 실재를 브라만 Brahman이라 부른다. 그런데 그 하나의 원리는 세상에 그대로 드러나지 않으며 여러 가지 다른 모습으로 나타난다. 일종의 환영,

허깨비이다. 그런 환영을 마야Maya라 부른다. 우리는 몸과 마음의 수련을 거쳐 마야의 환영 너머에 있는 브라만을 보고자 한다. 여기에서는 '참된 나'의 깨달음이 중요하다. 아트만Atman은 참된 나를 가리키는데, 아트만을 깨닫고 본다는 것은 곧 브라만을 깨닫는 것이 된다. 그래서 우주의 원리 브라만은 곧 그것이 구현된 개별자인 참된 나 아트만이기도 하다. 슈뢰딩거의 이야기를 계속 더 들어 보자.

어떤 개념은 다른 사람들에게 더 넓은 의미로 쓰였고 또 지금도 그렇게 쓰이지만 다른 문화 환경에서는 그것이 한정된 특정 의미로 쓰인다. 그런 문화 환경에서는 이런 결론을 간단히 몇 마디로 말하기는 설부르고 위험하다. [예컨대] 기독교의 표현을 써서 "그러므로 내가 전능한 하나님이다"라고 말한다면 그건 불경스럽고 미친 짓으로 받아들여진다. [그러니까] 그런 결론에 함축된 의미는 잠시 제쳐 두고, 여기에서는 앞의 추론이 생물학자가 한 번에 신과 불멸성을 증명할 수 있는 가장 빠른 길이 아닌지의 문제를 생각하도록 하자.[1]

이런 통찰 자체가 새로운 건 아니다. 내가 알기로 가장 이른 기록은 2,500여 년 전까지 거슬러 올라간다. 초기의 위대한 『우파니샤드』에 있는 '아트만=브라만'이라는 인식(개인 자아는 어디에나 존재하며 모든 것

---

[1] 이 문장의 의미는 분명하지 않지만 다음과 같은 의미로 풀이된다. 종교적인 의미를 직접 따져 민감한 논란을 불러일으키기 이전에, 생물학적으로만 따져 보더라도 거기에서 신과 불멸성 같은 종교적 놀라움을 쉽게 발견할 수 있지는 않은지를 살펴보자.

을 파악하는 영원한 자아와 동등하다는 인식)은 인도 사상에서 결코 불경
스러운 것이 아니었으며 세상만사에 대한 매우 깊은 통찰의 정수를
나타내는 것으로 여겨졌다. 베단타학파[2] 사람들은 읽는 법을 배운 뒤
에는 이 위대한 사상을 진정으로 마음 안에 동화시키고자 분투했다.
다시 몇 세기에 걸쳐 신비주의 힌두 수행자들은 각자 독립적으로, 그
러나 서로 완벽하게 조화를 이루면서 (어떤 점에서는 이상 기체[3]의 입자들
처럼) 제각기 자기 삶의 독특한 경험을 서술했다. 그건 한마디로 '나는
신이 되었다' 같은 문장으로 요약될 만하다.
서구 이데올로기에서 이런 사유는 여전히 낯설어 이해되지 않는다.
그 사유를 대변하는 쇼펜하우어 같은 이들이 있었는데도 말이다. 또
한 서로 상대의 눈을 바라보면서 둘의 생각과 기쁨이 하나임을 느끼
는, 그저 둘이 비슷하거나 같다는 의미가 아니라 대개 감정이 너무 분
주해져 분별 있는 생각을 하기 어려운 지경이 된다는 의미에서 하나
임을 느끼는 진정한 연인들이 존재하는데도 말이다. 이런 점에서 보
면 연인들은 앞서 말한 신비주의자를 무척 닮았다. (93-94)

슈뢰딩거가 말하는 '아트만=브라만'은 『우파니샤드』를 대표
하는 사상인 범아일여梵我一如를 가리킨다. 범梵은 우주의 궁극적
실재인 브라만의 한자어이고 아我는 참된 나를 가리키는 아트만

---

2   힌두 철학의 한 학파. 주로 신비적, 밀교적 가르침을 연구했다.
3   무작위 운동을 하면서 탄성 충돌 외에 다른 상호 작용은 하지 않는 입자들의 기체.

의 한자어이다. 그러므로 범아일여는 곧 브라만과 아트만이 하나임을 말해 준다. 서구 기독교 문화의 입장에서 본다면, '아트만이 곧 브라만이다'라는 말은 '내가 곧 신이다'로 이해될 만한 파격적이고 낯선 사상일 것이다. 이런 점에서 보면, 슈뢰딩거의 일원론은 서구 관념 체계와 근본적으로 충돌한다고 말할 수 있다. 그런 그가 서구 문화의 뿌리 깊은 철학과 관념 체계를 비판하는 것은 당연한 일이었다.

서구의 의식 관념에 대한 비판

슈뢰딩거가 그저 신비주의에 빠졌다고 본다면 큰 오해이다. 그는 원자와 그보다 작은 입자들의 역학을 다루는 양자 역학의 선구자이며 여전히 지도적인 과학자였다. 그의 삶과 태도는 과학적 세계관에서 물러섬이 없어 보인다. 오히려 확률론적인 과학에 반감을 보이며 엄격한 물리학의 법칙을 고수하며 '통계-결정론'으로 자연계를 바라본다. 다만 그는 서구의 과학적 세계관에 뚜렷한 한계가 있음을 파악하고서, 거기에 힌두 철학의 통찰을 수혈한다면 새로운 통찰을 얻어 통일적인 세계관을 이룰 수 있다고 믿었던 것으로 보인다.

서구 문화에 대한 슈뢰딩거의 비판은 칸트 철학 비판으로 거슬러 올라간다. 칸트 철학은 서구 근대 인식론의 뿌리로 여겨지기 때문이다. 칸트Immanuel Kant, 1724-1804는 '물物 자체'가 존재하지만 우리는 그것을 알 수 없으며, 우리 의식은 다만 대상을 표상할 뿐이라고 말하는데, 슈뢰딩거는 이런 칸트 철학이 '의식은 여럿'이라는 생각을 퍼트리는 데 중요한 기반이 되었다고 비판했다.

슈뢰딩거는 바로 앞에서 제기된 문제, 즉 나의 의식과 너의 의식이 다르다면 칸트식으로 말해서 나의 의식에 표상된 세계와 너의 의식에 표상된 세계가 다를 터인데 이는 얼토당토않은 생각일 뿐이라고 비판한다. 슈뢰딩거에 따르면, 우리가 몸 상태에 따라 여러 다른 의식들이 있다고 느끼거나 한발 더 나아가 몸에서 독립한 불멸의 영혼까지 상상하는 미신에 이르게 된 데에는 주체와 객체를 이분화하고서 외부 세상을 각자 주체의 의식에 표상된 바대로 해석하는 칸트 철학의 잘못된 영향이 놓여 있다. 그는 의식을 여럿으로 인식하는 것은 '마야'의 환영일 뿐이라고 믿는다.

영혼과 의식에 관한 그릇된 미신에서 벗어나는 유일하게 가능한 대안은 무엇인가? 그는 의식적인 정신을 지닌 '나'의 존재를 내가 단번에 알듯이, 마찬가지로 "우리의 즉각적인 경험들에 충실한" 생각을 전개한다면 의식이 복수가 아니라 단수임을 깨닫게 된다고 말한다. 슈뢰딩거는 여러 사례를 들어 의식의 단일성을 강조했다.

나의 견해를 조금 더 밝혀야 하겠다. 우리는 의식을 결코 여럿으로 경험하지 않으며 단 하나로 경험한다. 심지어 분열된 의식, 또는 이중 인격 같은 병적인 경우에서도, 두 인격은 번갈아 나타나지 결코 동시에 출현하지는 않는다. 꿈에서 우리는 여러 등장인물의 역할을 동시에 수행하지만 그렇다고 무차별로 그러지는 않는다. 우리는 여러 인물 중 하나가 되어 직접 행동하고 말하지만 때로는 다른 사람의 대답과 반응도 간절히 기다린다. 꿈에서는 그 다른 사람의 동작과 말을 우리 자신처럼 똑같이 통제하는 것도 다름 아니라 우리라는 사실을 알지 못한 채 말이다.

의식이 여럿이라는 관념은 어떻게 생겨날까?『우파니샤드』의 저자들이 그토록 열심히 반대했던 의식이 여럿이라는 관념plurality 말이다. 의식은 한정된 물질 영역, 즉 몸의 물리적인 상태에 긴밀하게 연결되며 또한 그것에 의존함을 스스로 안다(예컨대 사춘기, 노화, 노망처럼 몸이 변하는 동안에 나타나는 마음의 변화를 생각해 보라. 또는 발열, 만취, 혼수상태, 뇌 손상이 어떤 효과를 일으키는지 생각해 보라). 이제 비슷한 몸이 여럿 존재한다고 여겨지고, 그리하여 의식 또는 마음도 여럿이라는 매우 그럴싸한 가설이 생겨난다. 아마도 서구 철학자 다수는 물론이고 단순하고 순진한 사람들이 모두 이런 가설을 받아들였으리라.

이로 인해 거의 즉시 육체의 숫자만큼이나 많은 영혼이 발명되었다. 그리고 영혼은 육체처럼 사멸하는가 또는 불멸하여 스스로 존재할 능력을 지니는가 같은 물음으로 나아간다. 영혼이 사멸한다는 생각은 꺼려지고, 반면에 영혼이 불멸하리라는 생각은 복수형 가설의 토대가 된 사실을 대놓고 망각하거나 외면하거나 그것과의 관계를 끊어 버린다.[4] 이제는 훨씬 어리석은 다음과 같은 물음마저 제기된다. 동물도 영혼을 가지고 있을까? 여자도 영혼을 가지고 있을까? 또는 남자만이

가지고 있을까? 같은 물음조차 제기된다.

잠정적인 생각이지만, 이런 귀결을 보면서 우리는 서양의 모든 공식적 교설에서 공통으로 나타나는 '의식은 여럿'이라는 가설에 의심을 품지 않을 수 없다. 지금 우리는 훨씬 더 큰 난센스로 나아가고 있지는 않은가? 영혼의 미신을 다 폐기한다면서도 '영혼은 여럿'이라는 순진한 관념은 유지한다면 말이다. 그저 우리는 영혼도 사멸할 수 있고, 육체와 함께 소멸한다고 밝히는 방식으로 영혼은 여럿이라는 관념을 '교정'할 뿐이다.

유일하게 가능한 대안은 의식이 단수형이며 그 복수형은 알지 못한다는 우리의 즉각적인 경험들에 충실한 관점이다. 존재하는 것이 하나이며 여럿인 듯이 보이는 것은 환영(인도어로 마야)이 만들어 내는 '하나의 여러 다른 측면'일 뿐이다. 그런 똑같은 환영을 온통 거울로 장식한 미술 전시실에서 경험할 수 있다. 마찬가지로 가우리상카르와 에베레스트는 서로 다른 계곡에서 바라보는 같은 봉우리이다.[5]

우리 마음속에는 이렇게 단순한 인식을 받아들이지 못하도록 방해하는 정교한 허깨비 이야기가 박혀 있는 게 분명하다. 예를 들어, 창밖에 나무 한 그루가 있지만 내가 진정으로 그 나무를 보는 것은 아니라는

4　슈뢰딩거는 영혼의 복수형 가설은 육체의 여러 물리적 상태에 조응하여 의식도 여럿으로 나타난다는 경험적 사실에서 출발했다고 본다. 그런데 그런 경험적 사실에서 벗어나, 이제는 영혼이 독립적으로 존재하며 불멸한다고 믿게 되었다는 것이다.

5　슈뢰딩거는 네팔 히말라야의 가우리상카르(7,144m)와 에베레스트(8,848m)가 같은 봉우리라고 말하지만, 둘은 히말라야산맥에서 이어지는 서로 다른 봉우리이다.

말들을 한다. 진짜 나무는 어떤 교묘한 장치를 통해 나의 의식에 자신의 이미지를 던진다. 그 장치는 상대적으로 단순한 초기 단계만 드러낼 뿐이다. 그럼으로써 내가 인지하는 것은 그 이미지이다. 만일 당신이 내 옆에 서서 같은 나무를 바라본다면, 나무는 마찬가지로 당신의 영혼에다 그 이미지를 던질 것이다. 이렇게 나는 나의 나무를 보고, 당신은 당신의 나무를 본다(당신 나무는 나의 나무와 아주 닮은 것이다). 나무 자체가 어떤 것인지를 우리는 알지 못한다. 이런 터무니없는 생각을 하게 되는 데에는 칸트의 책임이 있다. 의식을 절대적 단수형으로 여기는 사상에서 본다면, 하나의 나무만이 존재하는 게 자명하며, 이미지와 관련한 모든 것들은 허깨비 이야기라는 설명으로 간단하게 대체된다. (94-95)

슈뢰딩거가 말하고자 하는 바를 요약해 보자. 당연히 너의 마음과 나의 마음은 다르다. 수많은 사람의 수만큼 의식에 담긴 내용은 당연히 다 다르다. 하지만 의식이라는 것 자체는 본질적으로 다르지 않다. 그래서 나와 너, 그리고 우리와 그들은 본디 같은 하나의 의식에 저마다 다른 내용을 담고 있을 뿐이며 의식 자체가 다르지는 않다는 것이다. 이렇게 볼 때 의식은 단수로 존재할 뿐이며 여럿일 수 없다는 게 슈뢰딩거의 주장이다.

슈뢰딩거는 우리가 세계를 다 이해하는 데에는 한계가 있다고 생각하지만 칸트처럼 주체와 객체를 구분하고 물 자체를 영원히 알 수 없다고 인식하는 데에는 반대했다. 슈뢰딩거와 『우파니샤드』의 사상에서 의식을 절대적 단수형으로 본다면 나무는 저마다 주관적으로 인식되는 여러 표상으로 존재하는 게 아니라 하나로 존재한다. 현실에서 여럿으로 나타나는 것은 허깨비일 뿐이고, 그런 허깨비를 극복할 때 우리는 하나의 나무를 볼 것이다.

슈뢰딩거는 다른 책인『정신과 물질』에서 "나의 정신과 세계를 구성하는 것은 동일한 요소들"이라는 굳은 믿음을 나타낸다.

물론 우리는 일상에서 '실용적으로 참조하기 위해' 주체와 객체의 구분을 받아들여야 한다. 하지만 철학적 사유에서는 그 구분을 버려야 한다고 나는 믿는다. 그로 인한 엄격한 논리적 귀결을 우리는 칸트에게서 본다. 숭고하지만 공허한, 우리가 영원히 알 수 없는 '물 자체'라는 관념이 그렇다.

나의 정신과 세계를 구성하는 것은 동일한 요소들이다. 개개의 정신과 그것의 세계에서도 마찬가지다. 비록 정신과 세계 그 사이에서는 다 헤아릴 수 없는 '상호 참조'가 무수하게 일어나겠지만 말이다. 세계는 내게 단 한 번만 주어지지, 존재하는 세계가 있고 지각되는 세계가 따로 있지 않다. 주체와 객체는 하나일 뿐이다. 최근에 물리학의 연구 결과에서 주체와 객체 간의 장벽이 무너졌다고 말하는 건 옳지 않다.[6] 그런 장벽은 본디 존재하지 않는다. (137)

내친김에 '객관화'를 바라보는 슈뢰딩거의 독특한 철학을 그의 다른 책『정신과 물질』에서 조금 더 인용하여 살펴보자. 그는 현대 과학에서 과학적 방법의 토대로 널리 받아들여지는 일반 원리를 두 가지로 요약하는데 '자연의 이해 가능성' 원리와 '객관화'의 원리가 그것이다. 하나는 자연을 인과의 연결로 이해할 수 있다는 믿음의 원리이며, 다른 하나인 객관화 원리는 인식 주체인 과학자 자신이 세계에 속하지 않는 구경꾼 또는 관찰자로 물러나야 한다는 원리이다.

그런데 슈뢰딩거는 현대 과학의 객관화 원리를 비판적으로 바라본다. "무한히 까다로운 자연의 문제를 정복하기 위해 우리가 채택한 일종의 단순화"(127)인 객관화가 과학 지식을 구축하는 실용적 목적에는 좋은 방법이자 원리이지만, 다른 한편으로는 과학이 다루는 세계에서 정신과 의식을 배제함으로써 세계를 온전하게 바라보지 못하게 하는 한계도 있다는 것이다. 정신과 물질이 본디 하나인데 과학은 그 하나를 배제함으로써 온전히 보여 주지 못한다는 뜻이다.

슈뢰딩거는 이를 '객관화의 대가'라고 말한다. "물질세계는 자아, 즉 정신을 배제하고 제거하는 대가를 치르고서야 구성되었다."(128) 객관화는 우리에게 자연을 이해하는 유용한 과학을 선

---

6 1927년 하이젠베르크는 우리의 관측 행위 자체가 미립자의 상태에 영향을 준다는 양자 불확정성 원리를 발견해 발표했다. 관찰자가 있느냐 없느냐에 따라 물체의 상태가 달라진다는 의미이므로, 이런 현상은 주체와 객체의 경계가 무너짐을 보여 주는 현상으로도 해석됐다. 슈뢰딩거는 주체와 객체의 구분 자체가 없으므로 이런 해석은 옳지 않다고 주장한다.

사하지만 거기에서 정신과 물질의 상호 작용을 다룰 기회는 사라졌다. "과학의 세계는 너무 끔찍하게 객관화되어 정신과 그 즉각적인 감각이 들어설 자리가 없어졌다."(129) 물론 그는 과학의 방법에서 주관과 정신을 배제함으로써 얻어지는 실용적인 유용성을 높게 평가하지만 과학이 정신과 물질을 하나로 다루지 못하는 대가를 치러야 한다는 점만은 분명히 지적한다. 이런 점에서 슈뢰딩거는 과학적 세계관에 대해 굳건한 믿음을 지니면서도 과학의 완벽성에 대해서는 거리를 두는 성찰적인 과학 철학자의 면모를 함께 보여 준다.

그의 자전적인 또 다른 글인 「내 삶의 스케치」에서 눈에 띄는 대목 하나를 여기에 옮겨 보자. 그는 염색체가 유전에서 결정적인 역할을 한다는 과학적 사실이 밝혀졌다고 해서 다른 사회적, 문화적 요소가 간과되어도 좋다는 뜻은 아니라는 견해를 분명하게 밝힌다.

이 대목에서 보다 일반적인 언급을 덧붙이고 싶다. 염색체가 유전에서 결정적인 역할을 하는 요소라는 사실의 발견은 사회에게 그와 동등하게 중요하고 더 잘 알려져 있는 다른 요소들, 즉 의사소통이나 교육이나 전통 같은 요소들은 간과해도 좋다는 허가를 주는 듯했다. 이 요소들은 유전학의 관점에서 볼 때 충분히 안정적이지 않기 때문에 그다지 중요하지 않다고 여겨졌다. 물론 맞는 말이다. 그러나 예컨대 카스파어 하우저Kaspar Hauser, 1812?-1833의 사례도 있고, 태즈메니아 '석기 시대' 문명의 아이들이 영국 환경에서 최고의 교육을 받아 영국 상류층의 교육 수준에 도달한 사례도 있다. 이 사례들은 우리와 같은 인간을 산출하는 것은 염색체와 문명화된 인간적 환경 둘 다라는 것을 증명하지 않는가? 다시 말해 모든 개인의 지적인 수준은 '자연'과 '교육'에 의해 성장한다는 것이다. [……] 건강한 가정 또한 학교가 뿌릴 씨앗이 자랄 토양을 준비하기 위해 마찬가지로 중요하다.[7]

나는 무엇인가?

의식은 하나이며 또한 주체와 객체도 본디 하나라고 말한다면, 그런 슈뢰딩거의 사상에서 '나'는 대체 어떤 존재일까? 그는 '나'를 경험과 기억이 그려진 '캔버스'에 비유해서 설명한다. 나는 경험과 기억의 축적일 뿐 아니라 그것들이 그려지는 바탕, 즉 캔버스와 같다는 것이다. 이렇게 본다면 기억 상실은 나의 상실이지만, 그렇다고 완전한 상실은 아니다. 새로운 경험과 기억이 '나'라는 바탕에 담기면서 나는 또 다른 나로 변해 간다. 나는 경험과 기억을 쌓아 가며 늘 변화하고 흘러가는 '됨'becoming이지 굳은 채로 멈춘 '임'being이 아니다.

---

7   에르빈 슈뢰딩거, 전대호 옮김, 「내 삶의 스케치」, 『생명이란 무엇인가·정신과 물질』, 궁리, 2007, 279-280쪽. 카스파어 하우저는 1828년 독일에서 발견된 16세의 정체 불명 소년으로, 발견 당시에는 문명을 전혀 알지 못했으나 이후에 정상적인 교육을 받았다. 태즈메이니아는 오스트레일리아 동남쪽에 있는 섬이다.

그렇지만 논란의 여지 없이 우리는 각자 자기 경험과 기억의 총합이 저마다 아주 다른 단일체를 이룬다고 분명하게 생각한다. 우리는 그것을 '나'라고 부른다. 대체 '나'는 무엇인가?

여러분이 세밀히 분석한다면 그것이 저마다 다른 데이터(경험, 기억)의 총합보다 아주 약간만 더 큰 것일 뿐임을 알게 된다. 다시 말해 [나는] 그것들이 담긴 일종의 캔버스이다. 그래서 우리가 자기 내면을 깊이 들여다보면 우리가 말하는 진정한 의미의 '나'는 경험과 기억을 담아 두는 바탕물ground-stuff임을 발견할 것이다. 당신이 먼 나라로 이주해 이제 친구를 볼 수 없다면 그 친구들을 거의 잊을 것이다. 새 친구를 사귈 테고 옛 친구들과 그랬듯이 새 친구들과 더불어 삶을 살아갈 것이다. 당신이 새로운 삶을 살아가면서 여전히 예전을 회상하더라도 그 의미는 점점 줄어든다. '왕년의 청년', 이렇게 당신은 젊은 시절의 자신을 삼인칭으로 부를지도 모른다. 사실 당신이 지금 읽는 소설의 주인공이 어쩌면 당신 마음에 더 가깝고 훨씬 더 생동감 있고 익숙할 것이다. 그렇다고 해서 ['과거의 나'와 '현재의 나' 사이에] 단절이 있는 것도 아니고 죽음이 있는 것도 아니다. 능숙한 최면술사가 당신의 어린 시절 기억을 완벽하게 다 지운다 해도, 당신은 최면술사가 [과거 기억과 함께 과거의 존재인] 당신을 죽였다고 생각하지는 않을 것이다. 어떤 경우에도 슬퍼해야 하는 개인 존재의 상실은 없다. 앞으로도 마찬가지로 그런 일은 없을 것이다. (95-96)

「에필로그」의 앞쪽에서 슈뢰딩거가 말한 '나'의 의미를 다시 생각해 보자. 나는 자연법칙 안에서 존재하며 살아간다. 내 몸은 자연의 원리와 법칙을 어김없이 따른다. 나는 지각하고 판단하고 예견하며 책임을 생각하는 의식적인 정신으로서 그런 몸을 제어하며 살아간다. 너와 나는 본디 같은 의식으로 각자 삶의 경험과 기억을 담으며 각자의 나를 만들어 간다. 나와 세상은 모두 동일한 요소로 구성된 하나이다. 나와 세계는 하나로 연결되며, 나와 다른 이, 다른 생물, 다른 사물도 역시 근본적으로는 하나로 연결된다.

그런 나는 내 몸의 삶과 세상의 변화와 더불어 늘 '됨'으로서 변화한다. 새로운 경험과 기억은 나를 새롭게 하지만, 나는 경험과 기억의 총합 그것만이 아니므로 기억 상실로 나를 상실하지는 않는다. 그렇게 보면 나를 이해하는 데에는 내가 지금 어떤 경험과 기억을 쌓아 가고 있느냐의 문제가 더 중요할 터이다.

기계적인 결정론이 지배하는 자연법칙, 그 법칙을 따르는 내 몸은 고도의 질서를 유지하는 유전자 분자가 톱니바퀴처럼 작동하는 시계 장치와 같다 하더라도, 그런 내 몸에서 나는 여전히 자유 의지로써 새로운 경험과 기억으로써 새로운 나를 만들어 간다.

생명이란 무엇인가,
그 이후

에르빈 슈뢰딩거는 『생명이란 무엇인가』에서 20세기 초·중반까지 이룬 물리학과 화학, 특히 통계 물리학과 양자 역학의 지식으로 생명 현상의 비밀스러운 구조와 메커니즘을 풀어 보고자 했다. 결국 그는 생명 현상도 자연법칙 안에서 일어남을 보여 주었다.

　그는 생명이 무질서로 나아가는 자연의 경향성을 거스르며 스스로 안정적이고 견고한 질서 체계를 유지한다는 점을 생명의 가장 큰 특징으로 주목했다. 핵심에는 유전 물질이 있었다. 또한 그 유전 물질은 '비주기적 결정' 구조를 이루며 건축자의 설계 도면과 같은 유전 정보로서 갖가지 '살아 있음'의 세상을 빚어내니 경이로운 기적과도 같았다. 슈뢰딩거는 이론과 가설을 동원하는 지적 탐험을 통해 생명이 왜 무질서로 흐트러지지 않고 질서에서 질서로 유지되는지를 설명하고자 했다.

하지만 그는 그것만으로 생명 현상이 다 설명되었다는 결론을 내리지는 않았다. 생명 현상을 설명하는 새로운 법칙이 필요하며 그것을 밝히는 일이 앞으로 과학의 과제가 되리라는 점을 힘주어 강조했다.

슈뢰딩거의 책 출간 이후에 생명의 분자 DNA를 이해하는 과학 기술은 얼마나 더 나아가고 얼마나 달라졌을까? 영원한 철학적 물음과도 같은 '생명이란 무엇인가'에 관한 이야기는 또 어떻게 이어지고 있을까?

생명의 분자 DNA를 읽고 쓰고 편집하다

유전학과 분자 생물학은 사실 슈뢰딩거가 상상하지도 못했을 정도로 빠르게 발전했다. 당장에 슈뢰딩거가 『생명이란 무엇인가』에서 단백질로 소개한 유전자는 단백질이 아니라 DNA 고분자임이 여러 실험 증거로 더욱 분명해졌으며, 더 나아가 1953년에는 제임스 왓슨과 프랜시스 크릭이 DNA가 염기 아데닌과 티민, 구아닌과 시토신이 짝을 이뤄 상보적으로 결합하는 이중 나선 구조임을 처음 확인했다.

DNA의 독특한 구조가 확인되면서 유전 정보가 어떻게 발현하여 단백질 합성에 이르는지의 문제는 뜨거운 관심사가 되었다. 스무 가지 아미노산으로 구성되는 단백질의 아미노산 서열을 염기 정보가 어떤 방식으로 지정하는지, 즉 DNA는 유전 암호로서 어떻게 작동하는지의 수수께끼를 풀려는 많은 시도가 이어졌다. 이런 가운데 1961년 미국 생화학자 마셜 니런버그Marshall Nirenberg, 1927-2010와 하인리히 마테이Heinrich Matthaei, 1929-가 유전 암호의 작동 방식을 실험으로는 처음 실증했다. 3개의 핵산 염기가 아미노산 하나를 지정하는 암호 단위(코돈)로 작용했다. 이후에 DNA 정보에서 출발해 RNA를 거쳐 단백질 합성에 이르는 과정이 점점 명확해졌다. 슈뢰딩거가 『생명이란 무엇인가』에서 쓴 '유전 암호'라는 표현은 단백질 합성에 사용되는 유전 정보를 가리키는 용어로 사용되었다.

유전자를 자르고 붙일 수 있는 효소들이 발견되면서, 유전학은 1970년대를 거치며 유전자를 변형하는 유전 공학의 시대로 나아갔다. 1972년 미국 생화학자 폴 버그Paul Berg, 1926-는 당시 알려져 있던 DNA를 자르는 제한 효소, 이어 붙이는 연결 효소와 합성 효소 등을 사용해 다른 생물종의 유전자를 시험관 내에서 재조합할 수 있음을 실험으로 입증해 세상을 놀라게 했다. 이렇게 확인된 유전자 재조합 기술은 유전 공학의 기반 기술이 되었으며, 지금도 유전자 변형 작물, 유전자 치료술, 신약 개발 기초 연구 등에 활용되고 있다.

21세기에 크나큰 진전이 이뤄졌다. 21세기 초에 방대한 인간 유전체(게놈) 염기 서열 정보를 모두 다 해독하는 인간 게놈 프로젝트HGP가 완수되었다. 또한 DNA 염기 정보 읽기에 이어 DNA 염기 정보를 작문하고 편집하는 새로운 기술들이 등장했다. 그중 하나로 인공 세포를 합성 기술로 제작하려는 시도가 이어졌다. 2010년에는 미국 생명 공학자 크레이그 벤터Craig Venter, 1946- 연구진이 자연의 박테리아 유전체를 모사한 인공 유전체를 합성 생물학 기술로 만든 다음에 그것이 박테리아 안에서 자연의 유전체를 대체해 작동할 수 있음을 실험으로 보여 주기도 했다. 합성 생물학은 DNA 정보를 읽는 데에서 더 나아가 생명을 작동하는 DNA 정보를 직접 작문하는 기술의 가능성을 제시했다.

2012년 말 이후에는 유전자의 특정 염기 서열 구간을 식별해 자르고 바꾸는 유전자 편집이 주도적인 기술로 떠올랐다. 표적으로 삼은 유전자의 특정 염기 서열 구간을 식별해 찾아가는 안내자-RNA와 정확하게 그 지점에서 DNA를 절단하는 효소가 짝을 이룬 이른바 '유전자 가위' 복합 분자는 이전의 유전자 재조합 기술에 비해 더 정확하고 값싸고 간편하다는 장점 덕분에 생명 공학 분야에서 빠르게 활용 분야를 넓혀 갔다. 유전자 편집 기술을 개발한 업적으로, 제니퍼 다우드나Jennifer Doudna, 1964-와 에마뉘엘 샤르팡티에Emmanuelle Charpentier, 1968-가 2020년 노벨 화학상을 수상했다. 새롭고 혁신적인 생명 공학 기술의 발전과 더불어 생명을 조작하고 편집하는 과학 기술의 안전성과 윤리에 관한 논란이 함께 커졌다.

생명의 비밀은 다 밝혀진 것일까? DNA 유전 정보를 읽고 쓰고 편집하는 시대에 이르렀지만, 여전히 생명 현상의 복잡성은 다 풀기 어려운 과제로 남아 있다. DNA 유전 정보만으로 생명 현상을 모두 설명하기 어렵고, 풀어야 하는 더욱 복잡한 문제가 등장함으로써 후성 유전학을 비롯해 새로운 연구 분야들도 생겨나고 있다.

생명을 다루는 생명 과학은 슈뢰딩거 시대에 생각하지도 못한 발전을 이루면서 생명 현상에 관한 새로운 발견을 쏟아 내고 있다. 2020년 1월 코로나19 감염병 발생 직후에 코로나 바이러스의 유전체 염기 서열과 단백질 3차원 구조가 곧바로 규명되고 11개월 만에 백신이 개발된 성과는 이런 생명 과학의 발전 덕분이었다. 이런 점에서 보더라도 슈뢰딩거의『생명이란 무엇인가』는 생명에 관한 과학 지식의 교본이 아니라 과학적 사유를 견지하며 생명의 비밀에 접근하고자 했던 통찰과 탐구의 교본으로 읽어야 마땅하겠다.

살아 있는 지구의 관점에서 바라보면

'생명이란 무엇인가'라는 물음은 생물과 환경의 관계라는 다른 차원의 연구 분야에서도 다루어졌다. 이와 같은 제목의 책들이 슈뢰딩거 이후에도 여럿 나왔는데, 그중에서 린 마굴리스Lynn Margulis, 1938-2011가 아들 도리언 세이건Dorion Sagan, 1959-과 함께 쓴『생명이란 무엇인가』는 슈뢰딩거가 주목한 세포핵 안의 유전 물질을 넘어서서 더 큰 생명의 본질을 다루었다는 점에서 눈길을 끌었다.[1]

미생물학자 린 마굴리스는 1970년대에 대기 과학자 제임스 러브록James Lovelock, 1919-과 함께 '가이아'Gaia라는 독특한 이름의 이론을 제시해 주목받았다. 가이아는 그리스 신화에 등장하는 대지 여신의 이름에서 따왔는데, 이들의 가이아 이론은 지구 행성을 다른 죽은 행성들과 달리 '살아 있는 자기 조절 되먹임feedback의 체계'로 파악했다.

먼저 러브록의 설명을 조금 들어 보자. 그에 따르면, 지금처럼 생물이 살 수 있는 대기와 기온 같은 지구 환경의 항상성은 지난 35억 년 동안 지속된 생물권의 되먹임 작용이 있었기에 가능했다.[2] 즉, 생물권의 되먹임 덕분에 수십억 년 동안 큰 격동 없이 산소와 이산화 탄소의 대기 중 농도는 일정하게 유지되고 탄소, 황 같은 물질 순환이 항상적으로 이뤄질 수 있었다. 생물권이 없었다면 지구 환경은 지금과 달랐으리라는 얘기다. 가이아 이론은 생물이 환경에 적응하는 수동적 존재이면서 또한 환경을 생물권에 적합하게 바꾸는 능동적 존재라는 점, 달리 말해 생명과 환경이 긴밀한 상호 작용으로 '얽혀 있다'는 새로운 인식을 제시해 주목받았다.

마굴리스는 1995년에 낸 책『생명이란 무엇인가』에서 '살아 있는 지구'를 좀 더 자세하게 설명했다. 마굴리스는 이 책을 슈뢰딩거의 이야기로 시작한다. "아직 DNA가 발견되지 않았던 빈세

1   린 마굴리스·도리언 세이건, 김영 옮김,『생명이란 무엇인가』, 리수, 2016.
2   제임스 러브록, 홍욱희 옮김,『가이아』, 갈라파고스, 2004.

기 전, 오스트리아의 물리학자이자 철학자인 에르빈 슈뢰딩거는 '생명이란 무엇인가'라는 영원한 철학적 문제를 과학적 표현으로 바꿔 말함으로써 당대의 과학자들에게 영감을 주었다."[3]

마굴리스는 슈뢰딩거의 과학적 사유에 경의를 표하면서 슈뢰딩거가 다루지 못한 지구 행성 차원에서 생명의 문제에 접근했다. 그는 생명의 본질이 물질대사를 통해 자신을 생성해 가는, 즉 '자기 생산'autopoiesis의 과정 자체에 있다고 보았다. 이런 관점은 칠레 생물학자 움베르토 마투라나Humberto Maturana, 1928-2021와 프란스시코 바렐라Francisco Varela, 1946-2001가 생명과 진화 현상을 관찰하며 정립한 자기 생산 이론[4]을 받아들인 것이었다. 그는 "DNA는 지구의 생물에게 의심할 나위 없이 중요한 분자지만 그 자체는 살아 있지 않다. DNA 분자는 복제를 하지만 물질대사를 하지 않으므로 자기 생산적이지 않다"[5]고 보았다.

또한 끊임없이 물질대사를 행함으로써 살아 있는 생물을 자기 생산의 관점에서 보면, 생명은 환경 없이 존재할 수 없다. "대다수의 생물 교과서 집필자들은 생물이 환경과 분리되어 독립적으로 존재하며, 환경은 대체로 정적인 무생물 배경이라고 암시한다. 하지만 생물과 환경은 서로 얽혀 있다. 예컨대, 흙은 죽어 있

---

3 린 마굴리스·도리언 세이건, 앞의 책, 15쪽.

4 움베르토 마투라나·프란시스코 바렐라, 최호영 옮김, 『앎의 나무』, 갈무리, 2007.

5 린 마굴리스·도리언 세이건, 앞의 책, 35쪽.

는 것이 아니다. 그것은 부스러진 바위, 꽃가루, 곰팡이의 균사, 섬모충의 포낭, 세균의 포자, 선충류를 비롯한 여러 미생물들이 뒤섞여 있는 혼합물이다", "생물이 탄생한 이후로 모든 생물은 각 개체의 몸이나 개체군이 성장하는 동안 직접 혹은 간접적으로 서로 연결되어 왔다. 생물이 물과 공기를 거쳐 연결되는 동안 상호 작용이 일어난다." 지금의 지구 생물권을 낳은 것은 "무수한 상호 작용들의 총합"[6]이었다는 것이다.

가이아 이론에 따르면, 지구 환경은 생물 없이 무생물이 저 홀로 만들어 낸 것이 아니다. 대기, 지질, 해양의 지구 환경은 생물권과 상호 작용하며 생물이 살기에 적합한 환경으로 바뀌며 진화해 왔다. 마굴리스는 지구의 독특한 대기를 그 증거로 제시한다. "이웃 행성의 대기는 90퍼센트가 이산화 탄소인 반면, 지구는 대기권의 이산화 탄소 양이 0.03퍼센트에 불과하다. 만일 지구의 생물권이 이 이산화 탄소를 소비하는 생물(수많은 생물 중에서 식물, 조류, 광합성 세균과 메탄 생성 세균)로 이루어지지 않았다면 우리의 대기는 이미 오래전에 이산화 탄소가 풍부한 화학 평형에 도달했을 것이다. [……] 하지만 실제로는 자기 생산 활동을 하는 지표면 생물들이 연합하여 적어도 7억 년 동안 대기 중 산소 농도를 약 20퍼센트 수순으로 유지했다."[7]

---

6   린 마굴리스·도리언 세이건, 앞의 책, 37쪽.

7   린 마굴리스·도리언 세이건, 앞의 책, 38쪽.

러브록과 마굴리스의 가이아 이론이 지구 행성을 "살아 있는 체계"라고 말하는 것은 이런 이유 때문이다. "체온과 혈액의 화학 작용과 조절이 인체를 구성하는 세포들 사이의 관계에서 비롯되듯이, 지구의 조절도 지구에 거주하는 생물들 사이의 수십억 년에 걸친 상호 작용에서 진화한 것이다." 그렇기에 "당연한 추론으로 생물이 지구 표면에 존재하는 것이 아니라 지구 표면이 곧 생물이다. [······] 생명은 지구에 생기를 불어넣는다. 진정한 의미에서 지구는 살아 있다. 이것은 철학적 주장이 아니라 우리의 생명에 관한 생리학적인 진실이다".[8]

생명을 환경과 생물권의 얽힘과 상호 작용 관계로 바라보는 가이아 이론의 관점은 인간 활동으로 지구 환경이 파괴되면서 그 영향이 생물권과 인간에게로 되돌아오는 기후 위기의 시대, 인류세[9]의 시대에 다시 새롭게 조명되고 있다. 가이아 이론에서 보면, 생명의 '살아 있음'은 지구 행성의 '살아 있음'과 떼려야 뗄 수 없는 사실상 같은 문제로 인식된다.

---

8   린 마굴리스·도리언 세이건, 앞의 책, 41쪽.

9   인류세Anthropocene는 인간 활동이 지구 지질과 생태계에 뚜렷한 영향을 끼칠 정도로 지구 환경이 위험에 처해 있음을 경고하는 말로 널리 쓰이고 있다. 1만 년 전부터 현재에 이르는 지질 시대인 홀로세Holocene와 구분될 정도로 지구 환경이 바뀌었다는 인식에서 새로운 지질 시대의 이름으로 과학계에서 제안되었다. 국제 지질학계에서 새로운 지질 시대의 정식 채택 여부를 논의하고 있으나 아직 결론이 나지는 않았다(2022년 6월 기준).

생명이란 무엇인가는 계속된다

슈뢰딩거의 『생명이란 무엇인가』를 다 읽고 나면, 그가 생명을 그저 유전자의 문제로만 파악하고 있지 않다는 점이 분명해진다. 그는 유전자에 초점을 맞추어 생명의 이야기를 전개하지만, 책의 「에필로그」에서는 '결정론과 자유 의지' 문제를 다루면서 유전자 결정론에서 물러나듯이 훨씬 유연하고 자유로운 관점을 보여 주었다. 그는 자신을 기계적인 결정론자가 아니라 통계학적 결정론자라고 불렀다.

그는 생명체 개개의 삶과 생활을 유전자로 모두 이해할 수 없음을 알고 있었다. 뇌가 물질로 이뤄졌기에 정신은 당연히 물질에서 비롯하지만 결정론적 법칙으로 다 설명될 수 없으며 우리의 경험, 기억, 자유 의지는 물질 법칙으로 다 밝혀지지 않는다. 그는 과학적 유물론을 견지하며 데카르트와 칸트의 관념 철학을 강하게 비판하면서도, 정신과 자유 의지, 삶의 기억과 경험을 과학적 결정론으로 다 설명할 수 없는 문제로서 깊게 사유한다. 이렇게 보면 유전자를 생명의 핵심으로 주목했던 슈뢰딩거이지만, 그의 관점을 유전자 결정론이나 환원주의로 보기는 어렵다는 생각에 이른다.

슈뢰딩거는 '살아 있음'을 유전자 물질의 구조와 메커니즘 차원에서 주목해 다루었다. 다른 차원에서 마굴리스는 '살아 있음'을 DNA 고분자만으로, 생물 개체만으로 분리해 설명할 수 없다고 보면서 생물과 환경의 지속적인 얽힘이 곧 '살아 있음'이라는 점에 주목했다. 슈뢰딩거의 이야기에서 DNA와 유전자는 생명의 핵심 기반이며, 마굴리스의 이야기에서 생물과 환경의 얽힘과 접속은 생명의 존재 양식이다.

그러므로 '생명이란 무엇인가'라는 물음과 관련한 이야기는 DNA와 단백질 분자 수준에서, 그리고 개체의 생활에서, 생물종의 진화에서, 또한 생물과 환경의 상호 작용과 얽힘에서 다양하게 다루어질 수 있다.

생명이란 무엇인가? 그 이야기의 지형은 훨씬 넓어지고 다채로워질 수 있다. 하나의 차원, 하나의 측면에 우리 시선을 온통 고정하고서 생명의 모든 것들을 다 설명할 수 있다고 말할 이론은 없을 것이다. 생명은 DNA의 이야기, 세포의 이야기만으로도 경이롭지만, 이야기는 거기에서 그치지 않는다. 슈뢰딩거도 생명이 질서를 잃지 않는 비결을 생물이 환경에서 얻는 '음의 엔트로피' 덕분이라고 추론했듯이 환경 없이 홀로 존재하는 생명은 생각할 수 없다. 그래서 생명은 '살아 있는' 지구 행성의 이야기이기도 하다. 생명이란 무엇인가를 묻고 답하려는 과학과 철학의 이야기는 계속될 것이다.

도움받은 글

• 1차 자료

Schrödinger, Erwin, *What is Life?&Mind and Matter*, Cambridge University Press, 1967[1944].

에르빈 슈뢰딩거, 서인석·황상익 옮김, 『생명이란 무엇인가』, 한울, 2001.

_____ , 전대호 옮김, 『생명이란 무엇인가·정신과 물질』, 궁리, 2007.

• 2차 자료

곽영직, 『클라우지우스가 들려주는 엔트로피 이야기』, 자음과모음, 2005.

린 마굴리스·도리언 세이건, 김영 옮김, 『생명이란 무엇인가』, 리수, 2016.

마이클 머피·루크 오닐 엮음, 이상헌·이한음 옮김, 『생명이란 무엇인가? 그 후 50년』, 지호, 2003.

미셸 모랑쥬, 강광일 외 옮김, 『분자 생물학』, 몸과마음, 2002.

아이앤 사인·실비아 로벨, 한국유전학회 옮김, 『모건』, 전파과학사, 1995.

에미리오 세그레, 박병소 옮김, 『X-선에서 쿼크까지』, 기린원, 1994.

움베르토 마투라나·프란시스코 바렐라, 최호영 옮김, 『앎의 나무』, 갈무리, 2007.

월터 무어, 전대호 옮김, 『슈뢰딩거의 삶』, 사이언스북스, 1997.

제임스 러브록, 홍욱희 옮김, 『가이아』, 갈라파고스, 2004.

제임스 왓슨, 최돈찬 옮김, 『이중 나선』, 궁리, 2006.

J. P. 메키보이, 이충호 옮김, 『양자론』, 김영사, 2001.

Gartler, Stanley M., "The Chromosome number in humans: a brief history", *Nature Reviews: Genetics*, Vol. 7, Aug, 2006.

Keller, Evelyn Fox, *Refiguring Life*, Columbia University Press, 1995.

Moberg, Christina, "Schrödinger's What is Life? — The 75th Anniversary of a Book that Inspired Biology", *Angewandte Chemie*, Vol. 59, No. 7, 2020.

Perutz, M. F., "Physics and the riddle of life", *Nature*, Vol. 326, 9 April, 1987.

Pietzsch, Joachim, "What is Life?", NobelPrize.org, 1962. https://www.nobelprize.org/prizes/medicine/1962/perspectives/

Strauss, Bernard S., "A Physicist's Quest in Biology: Max Delbrück and Complementarity", *Genetics*, Vol. 206, 2017.

감수의 말

　내가 물리학을 전공하던 대학 시절, 4학년 때 수강했던 '생물 물리' 수업 첫 시간에 교수님이 슈뢰딩거가 쓴 『생명이란 무엇인가』라는 책을 소개해 준 기억이 난다. 보통 물리학과 학생들은 '양자 역학' 및 '열통계 역학' 과목을 3학년 때 필수적으로 듣고, 졸업을 앞둔 4학년 때는 생물 물리와 같은 세부적인 전공과목을 선택해서 듣는다.

　1920년대에 새롭게 떠오른 양자 이론을 파동 방정식을 통해 멋지게 정립한 슈뢰딩거는 같은 양자 이론을 행렬 방정식으로 정립한 하이젠베르크와 더불어 많은 학생들의 동경의 대상이었다. 그래서인지 슈뢰딩거가 생명 과학이라는 전혀 다른 분야에서 생명이란 무엇인가라는 근본적인 질문을 던졌다는 점이 아주 놀라웠다. 이 책은 이후에 많은 과학자들 특히, 후대 물리학자에게 큰 영감을 주었는데, 그중 대표적 인물로 제임스 왓슨과 함께 DNA 이중 나선의 구조를 밝힌 프랜시스 크릭이 잘 알려져 있다.

　나 역시 학생 때 이 책을 읽어 봤지만, 생물학 관련 지식이 많지 않은 상황에서(특히, 당대의 생물학 지식수준이 어떠했는지를 알지 못한 상황에서) 이 책의 '정수'를 찾아내기가 쉽지 않았다. 한편 생물학도가 이 책을 찾아 읽었을 때도 마찬가지로, 열역학과 통계 역학의 기본 개념이나 '양자 도약' 같은 이론을 모르는 상태라면 슈뢰딩거가 강조하고 싶은 부분을 충분히 이해하지 못할 것이라는 생각을 했다.

이런 점에서 고전이라 일컬어지는 『생명이란 무엇인가』를 당대의 생물학 지식에 기반을 두어 의미를 해석하고, 기본적인 물리학 지식들을 같이 소개해 주어 누구나 쉽게 읽고 이해할 수 있도록 돕는 해설서가 나와 참으로 반갑다.

19세기 말, 20세기 초는 지난 200여 년간 이어져 온 '뉴턴 역학'으로는 도저히 설명할 수 없는 실험적 결과물이 쏟아져 나와 이를 새롭게 해석하기 위해 상대성 이론이나 양자 이론, 열통계 이론 등이 완성되어 가던 시기였다. 지금 돌이켜 봐도 20세기 초반은 이론 물리학이 꽃을 피웠던 때라 할 수 있다. 한편으로, 아직은 과학의 영역에 들어오기에 부족해 보였던 생명 과학은 멘델의 유전 법칙과 다윈의 진화론을 만나면서 자연 과학의 핵심 축으로 떠오르고 있었다. 생명 과학은 1953년 왓슨과 크릭에 의해 유전 물질인 DNA 분자 구조가 밝혀지고 새로운 '분자 생물학'이 태동하며 크게 성장하였다. 지금은 32억 개가 넘는 인간의 DNA 서열을 읽을 수 있게 되었을 뿐 아니라, 특정 염기 서열을 원하는 대로 매우 정밀하게 편집해 내는 시대지만, 20세기 초만 하더라도 유전 물질이 무엇인지도 불분명했다.

이러한 시대적 배경 속에서 1933년 노벨 물리학상을 수상한 양자 물리학의 대가인 에르빈 슈뢰딩거가 1943년 아일랜드 더블린의 트리니티 칼리지에서 강연한 내용을 엮어 출간한 『생명이란 무엇인가』는 매우 특별하다. 슈뢰딩거가 당대의 지식을 바탕으로 생명체의 유전 물질은 DNA가 아니라 단백질이라고 생각했던 오류가 부차적으로 느껴질 만큼, 그가 던진 질문과 추측은 심오하면서도 경이롭기까지 하다.

"생명체의 유전 물질은 눈에 보이지 않을 정도로 매우 작은데 (수억 분의 1미터) 어떻게 수천수만 년의 세월 동안 파괴되지 않고 형태를 유지할 수 있을까, 유전 물질의 변성을 통한 돌연변이는 양자 도약으로 설명할 수 있는가, 생명체의 영위는 엔트로피가 증대되는 방향으로 흘러간다는 자연의 법칙(열역학 제2법칙)에 위배되는가"와 같은 질문들은 매우 흥미롭다. 이는 생명체와 생명 현상에 대해 물리학자의 관점에서 에너지, 통계 등을 이용해 해석하려는 시도라 할 수 있다. 나 역시 생명체의 돌연변이를 양자 도약에 빗대어 설명하는 과정에 크게 감동받았다. 현재의 지식으로 보면, DNA의 한두 개의 염기 서열 변이가 곧바로 생명체의 특성을 바꾸지는 않는다. 하지만, 이렇게 쌓인 변이들이 우연한 과정을 통해 생명체의 결정적인 변화를 유도하기도 한다. 예를 들어, 동물에만 침투하던 코로나 바이러스(바이러스가 완전한 생명체라 할 수는 없겠지만)가 돌연변이를 통해 인간에게도 감염된다든가, 정상적인 세포가 변이를 통해 통제를 벗어나 무한 증식이 가능한 암세포로 바뀌는 현상들을 보면 양자 도약과 매우 닮아 있다는 생각이 든다.

이뿐만 아니라 슈뢰딩거는 당대의 생물, 화학적 지식을 바탕으로 다음과 같이 해석했다. '유전 물질은 건축자의 설계 도면이면서 동시에 건설자의 솜씨를 한 몸에 담고 있는 셈이다.' '모스 부호가 점과 선의 조합만으로도 인간이 사용하는 모든 단어를 표기할 수 있듯이, 제한된 숫자의 유전 물질이 가진 암호 문서 역시 조합하게 되면 생명체가 모두 표현될 수 있다.' 매우 흥미로우며 지금의 눈으로 봐도 전혀 어색하지 않은 표현이다. 그리고 '유전 물질은 고체와 같이 매우 견고하면서도 다양한 표현을 담을 수 있도록 비주기적 결정 형태를 지닐 것'이라는 그의 놀라운 추측은 실제 DNA 이중 나선 구조가 밝혀지면서 상당 부분 들어맞았다는 것이 증명되었다. DNA는 이중 나선 형태로 구조적인 결정을 가지고 있지만, 아데닌과 티민, 그리고 구아닌과 시토신으로 이뤄진 네 가지 염기가 비주기적인 형태로 나열되면서 생명체의 모든 생로병사를 표현해 내고 있는 것이다.

21세기 4차 산업 혁명 시대의 핵심 키워드 중 하나는 'BT(바이오 테크놀로지)', '융합 과학'임을 부인할 사람들은 없을 것이다. 특히 코로나19로 인한 팬데믹(대유행) 시대를 거치면서 의생명 과학/생명 공학 학문과 산업에 대한 인류의 필요성은 더욱 커져 가고 있다. 1940년대에 슈뢰딩거가 고민하고 노력했던 통섭과 창의적인 지혜가 더욱 필요한 시기라 할 수 있다. 이 책이 많은 독자들에게 영감을 주어 우리나라 과학 기술 발전에 도움이 되길 바란다.

서울 대학교 의과 대학 생화학 교실 부교수
배상수